成长也是一种美好

BUILDING EXPERIMENTS IN PSYCHOPY

实验编程

PsychoPy从入门到精通

[英] 乔纳森 · 皮尔斯（Jonathan Peirce）
[新西兰] 迈克尔 · 麦卡斯基尔（Michael MacAskill）◎著
何吉波　王胤丞　王雅琦◎译

人民邮电出版社
北京

图书在版编目（CIP）数据

实验编程：PsychoPy从入门到精通 /（英）乔纳森·皮尔斯（Jonathan Peirce），（新西兰）迈克尔·麦卡斯基尔（Michael MacAskill）著；何吉波，王胤丞，王雅琦译. -- 北京：人民邮电出版社，2020.7（2024.1重印）
ISBN 978-7-115-53608-2

Ⅰ. ①实… Ⅱ. ①乔… ②迈… ③何… ④王… ⑤王… Ⅲ. ①程序设计 Ⅳ. ①TP311.1

中国版本图书馆CIP数据核字(2020)第045898号

◆ 著 [英] 乔纳森·皮尔斯（Jonathan Peirce）
[新西兰] 迈克尔·麦卡斯基尔（Michael MacAskill）
译 何吉波 王胤丞 王雅琦
责任编辑 王振杰
责任印制 周昇亮

◆ 人民邮电出版社出版发行 北京市丰台区成寿寺路11号
邮编 100164 电子邮件 315@ptpress.com.cn
网址 https://www.ptpress.com.cn
涿州市般润文化传播有限公司印刷

◆ 开本：787×1092 1/16
印张：15.75 2020年7月第1版
字数：320千字 2024年1月河北第4次印刷

著作权合同登记号 图字：01-2019-0419号

定 价：99.80元

读者服务热线：（010）81055522 印装质量热线：（010）81055316

反盗版热线：（010）81055315

广告经营许可证：京东市监广登字20170147号

赞　誉

本书包含了运用 PsychoPy 所需的所有提示和技巧。从设计简单的实验到相当专业的实验，每个阶段都有不同的内容供研究者学习。我真希望我刚开始攻读博士学位时就能有这本书！

——丽贝卡·赫斯特，诺丁汉大学博士生

本书涵盖了你需要知道的所有知识，包括图形用户界面（GUI）的基本知识和高级的调试/编程技能等。不论你是一名本科生还是经验丰富的研究者，本书或多或少都会为你提供一定的帮助。

——约书亚·巴斯特斯，伦敦皇家霍洛威大学心理学系讲师

推 荐 序

认知（神经）科学的研究得益于开放的研究平台，包括从分子微观尺度的科学仪器到脑成像等大型的多模态硬件平台，以及搭载在科学计算和统计软件基础上的开源工具包。作为优秀的科学计算和编程语言，MATLAB、Python、R 等为包括认知科学在内的诸多学科的研究提供了便利，并且能够非常便捷地为各类研究设备提供稳健的编程接口。其中，在 MATLAB 架构下开发的开源心理－物理实验工具箱 Psychtoolbox，以及基于 Python 的 PsychoPy 软件（Peirce & MacAskill，2018），是目前被广泛使用的两款利器。两款软件都已经迭代至第 3 版。国内外众多的研究人员也以无私的奉献精神在发表的期刊论文中贡献代码或进行二次开发，以此优化、整合并构建友好的 Builder 界面和数据分析流程（比如 fMRI 数据的批处理）。

出于研究习惯，本人比较频繁地使用 MATLAB 中的 Psychtoolbox（PTB）。在一次眼动数据分析的培训会上，本人了解到 PsychoPy 不但可以便捷地实现 PTB 的大部分功能，而且与眼动仪有良好的接口，Python 也成为机器学习和深度学习等领域使用广泛的编程与科学数据分析工具。最近一次偶然的机会，本人购买了乔纳森·皮尔斯与迈克尔·麦卡斯基尔的 *Build Experiments with PsychoPy* 的电子书，怀着浓厚的兴趣第一时间读完了本书英文版。本书（含电子资源）虽然篇幅不大，但是深入浅出，既面向初级应用的研究者，也照顾到高阶需求的读者。同时，本书非常强调心理与认知科学实验中的关键要素和编程逻辑，并且符合问题导向驱动与 DIY 的原则。恰逢何吉波教授（学弟）乐意贡献自己的时间和智慧，来翻译原著，这实在是学术界的一个福音。

何吉波博士于 2012 年毕业于以工程心理学著称的伊利诺伊大学，现任清华大学心理学系副教授。他拥有扎实的科研和教学经验，并且精通 Python，还曾多次开办暑期专题课程和其他类型的培训课程。他在人因学的研究方法和实践、眼动实验设计与数据分析以及用户界面设计等领域均有卓越丰硕的成果。本书经他翻译，精准地再现了原著的精髓，在此基础上期待何博士对学术界做出更大的贡献。

鉴于优秀教材和诠释者双方的完美结合，我强烈推荐何吉波博士翻译的这本书。希望以此为契机，何博士与广大的科研工作者一道，促进我国定量化认知科学研究的蓬勃发展。

陈立翰

北京大学心理与认知科学学院副教授

脑与认知科学系副主任

致 谢

本书的问世得益于许多人的帮助与支持。

Jonathan 非常感谢家人的支持。无数个周末和夜晚，他都在编写这本书，孩子有时只能由家人代为照顾。在这里，Jonathan 要特别感谢 Shiri Einav，在 Jonathan 为写这本书而努力的时候，Shiri Einav 为 Jonathan 做了很多事情。Michael 要感谢的是 Sarah Kirk 和 Paige MacAskill，感谢他们包容 Michael 未能经常在家陪伴他们，他还想感谢 Jonathan，因为 Jonathan 不仅首先创建了 PsychoPy，还建立了以 PsychoPy 为中心的社区，奠定了社区内和睦、热情的氛围。同样需要感谢的还有我们各自所属的机构——诺丁汉大学和新西兰大脑研究所，他们为我们研究这些项目提供了经费。

除了感谢那些在我们写书的过程中给予我们帮助的人，我们要感谢的人还有很多。可以说，没有 PsychoPy，就没有本书；还有很多参与到这个项目中的人，在此我们也表示感谢。PsychoPy 是一个社区项目，在实验和教学之余，人们自愿参与其中。这些志愿者通过很多方式提供帮助：一些人负责开发软件，修复漏洞；其他人负责在论坛中解答新用户的疑惑。提出疑问的人也同样做出了贡献，正是因为这些问题，我们才能发现软件中那些不是很有特色或需要改进的地方，以及本书还需要讲解哪些方面的内容。

在这里，还需要特别提及一些参与者，他们为这个项目投入了大量的时间。Jeremy Gray 和 Sol Simpson 在软件开发与用户支持上投入了大量的时间，像评定量表和 ioHub 这些非常重要的功能完全是他们的成果，他们为整个项目提供了代码。他们和他们的家人为这个项目牺牲良多，他们不图任何经济收益，仅仅想为用户的实验运行提供帮助。

在这个项目中，Richard Höchenberger、Hiroyuki Sogo、Jonas Lindeløv、Damien Mannion、Daniel Riggs、Oliver Clark、Yaroslav Halchenko、Jan Freyberg 和 Eric Kastman 等在程序设计或论坛维护方面投入了成百上千个小时。另外，还有一大群人在不同程度上为这个项目付出了他们的心血（如果这里没有您的名字，我们表示非常抱歉）。

我们非常感谢整个社区对该项目的支持，感谢大家相互之间的帮助。和这样一个无私、负责的团队一起工作，我们感到非常愉快。这个开源、开放社区的不断发展，正是人们共同合作、共同进步的证明。

读前必看

PsychoPy 是一个开源（免费）的软件包，可以用来为心理学、神经科学和语言学设计丰富、动态的实验。本书是第一本有关 PsychoPy 使用方法的教科书，其中包括心理学、神经科学或语言学方面的相关例子和内容。本书为如何使用 PsychoPy 提供了详细的指南，能够满足本科生、研究生和研究人员的学习需求。本书特色能够指导您完成整个 PsychoPy 之旅。

本书内容

本书分为 3 部分，适合作为本科生研究方法方面的教材，或作为专业科学家的参考书。

本书特色

- **解决方案**：为完美主义者提供专业的解决方案，用于提高你的工作效率。
- **延伸阅读**：为好奇的读者提供更多的信息和背景资料。
- **实操方案**：为快速阅读的读者提供浅显易懂的实操方法，这对学习 PsychoPy 非常重要，同时还将指出常见错误。

练习和拓展

书中的练习会测试你对本书内容的理解程度。

在线资源

你可以通过 sagepub 网站找到相关学习资源，这些资源包括学习目标、有关 PsychoPy 的网站和论坛，以及每一章额外的讲解。

译 者 序

PsychoPy 是一款强大的心理学实验编程开源软件，最早由英国诺丁汉大学的皮尔斯教授为简化实验刺激的呈现而开发。经过数年的发展，PsychoPy 已更新到 PsychoPy 3.2.4，并凭借其良好的稳定性、可移植性和拓展性，正在逐渐替代传统的心理学实验软件，如 E-Prime 等。因而，在一定程度上，PsychoPy 可以被称为心理学研究工具中的"独孤九剑"。简单来说，它具有以下特点。

- **基于功能强大的 Python 语言**。E-Prime 使用较为古老的 VB 语言，Psychtoolbox 使用 MATLAB 语言，PsychoPy 则使用功能强大的 Python 语言。随着 Python 的广泛应用，用户在使用 PsychoPy 时不仅可以提高其自身的 Python 应用能力，而且当遇到编程问题时，他们完全可以直接向身边众多的 Python 专家请教。
- **完全开源且免费**。E-Prime 和 Psychtoolbox 是目前较为常用的心理学实验软件，但这两款软件价格昂贵，PsychoPy 则完全免费。并且，PsychoPy 是一个开源软件，这意味着任何人都可以去优化这个软件。
- **适用于不同水平的用户**。PsychoPy 中有一个 Builder 模式，即图形用户界面，用户只需拖拽和设置各种组件与控件即可编写常用的实验程序，这不仅大大降低了初学门槛，还能让不懂编程的人也可以轻易地编写实验程序。此外，PsychoPy 还有一个 Coder 模式，即代码界面，用户可以通过 Python 语言直接在该界面下调用各种第三方库来编写十分复杂的实验程序。
- **与外部设备连接的拓展性好**。PsychoPy 调用大量的拓展包和第三方库，用它们简单地实现程序与 fMRI、EEG 和眼动仪等实验设备之间的通信与设置，并进行相关实验。
- **数据简洁易分析**。PsychoPy 自带的数据格式十分简洁，同时用户也可将实验数据文件输出为 xlsx、csv 或 txt 等格式，而这些格式的文件也基本上都可以在数据处理软件中直接进行分析。

我这些年在清华大学、北京大学和中科院心理所等单位讲课时，学生们对这款软件有着极大的热情和兴趣，教室常常座无虚席。但目前为止，我始终没有找到一本令我完全满意的 PsychoPy 中文教材，于是我萌生了翻译本书的念头。本书的作者皮尔斯教授既是广博精深的心理学教授，又是 PsychoPy 社区创始人，本书是他积累 10 余年开发、应用经验写就的心血之作。本书有如下特点。

- 不论是零基础的入门读者，还是精通 Python 的专业人士，他们都可以从本书中获益。
- 本书提供了大量的扩展资源，希望你可以好好利用。
- 本书基于实际研究中的案例展开讨论，避免琐碎、刻板地介绍概念，旨在以项目和目标为导向，让读者读后能够立刻上手操作，非常适合作为教材。
- 本书的案例并不局限于心理学领域，像语言学、认知神经科学和行为科学等学科的专业人士也可以从中获得启发并用本书的知识指导自己的实验研究。

总而言之，通过学习本书，老师和同学可以快速掌握实验设计技能，呈现简洁直观的研究结果，大大节省编写和运行实验的时间与精力。即使不用于学术研究，PsychoPy 在其他方面也有广泛的用途。在这个人工智能时代，掌握 PsychoPy 也能为学习 Python 打下良好的基础，从而让用户跟上时代的潮流。

本书内容涉及心理学、计算机科学、图形学和物理学等多学科的专业知识，且自原书撰写以来，PsychoPy 软件的版本由 1.85.0 升级到 3.2.4（截至 2019 年年底）。因此，为了适应广大用户和不同水平的读者，我们在翻译的过程中对内容进行了大量更新。全书由王胤丞、王雅琦与我共同完成，王嘉璇协助编辑。在翻译过程中，我们得到了清华大学心理学系各位老师、同事和同学的支持和帮助。同时，该软件的使用者、本实验室的同学和研究助理以及其他好友们也积极地参与了本书的出版与社群维护的相关工作，他们是常文杰、黄建平、霍俊好、李儒佳、李欣瑞、梁琼丹、刘传军、刘湉、娄熠雪、马欣然、邵一洧、王浩狄、吴迪、夏誉宁、张晓辉、赵成钢和赵斯涵等（按姓氏拼音排序）。最重要的是，本书的顺利出版离不开人民邮电出版社各位领导和编辑的支持。感谢所有为本书的出版付出努力的朋友！

本书的资料多为网络链接，因此如果你无法正常获取资源，请前往 usee tech 网站，以便获取最新资源和加入 PsychoPy 研讨社群。

因水平有限，我们在翻译和更新的过程中难免存在错漏，欢迎各位专家和读者批评指正，如有问题，请发送至 tsinghuahaillab@outlook.com 或 lucasyc@163.com。

何吉波

清华大学心理学系副教授

清华大学心理学系 AI 实验室主任

目录

第一部分 写给初学者

第 1 章 简介

第 2 章 创建你的第一个实验

第 3 章 使用图像——面孔知觉研究

第 4 章 计时与短暂刺激——空间线索化任务

第 5 章 创建动态刺激（文本显示及刺激移动）

第 6 章　提供反馈——简单的代码组件

第 7 章　评定——测量“大五”人格结构

第 8 章　随机化、区组和平衡处理——双语 Stroop 任务

第 9 章　使用鼠标输入——创建视觉搜索任务

第二部分 写给专业人士

第 10 章 用随机化实现研究设计

第 11 章 坐标和颜色空间

第 12 章 计算机的计时问题

第 13 章 显示器和显示器控制中心

第 14 章　调试实验程序

第 15 章　专业提示、技巧和鲜为人知的功能

第三部分　写给专家

第 16 章　心理物理学、刺激和阶梯法

第 17 章 fMRI 研究中的注意事项

第 18 章 创建 EEG 实验

第 19 章 在实验中添加眼动追踪

附录 A 数学知识

附录 B 部分练习的参考答案

参考文献

第一部分

写给初学者

本书第一部分旨在对 PsychoPy 进行基本的介绍。这一部分会用一些偏重实用性的内容帮助你进行一系列实验设计。希望这部分内容能为所有用户提供帮助，即使是实验设计经验很少的心理学本科生也能有所收获。

第 1 章

简　　介

本书的目的是带你入门，让你能够运用 PsychoPy 软件包编写和运行实验。无论你是学生、老师还是研究人员，我们都希望本书能为你提供一定帮助。虽然有些人认为计算机技术在某种意义上很具挑战性，但我们希望通过本书让你相信，即使你并不擅长计算机，也可以利用 PsychoPy 编写实验；即使你讨厌计算机，甚至无法理解计算机的某些高级功能，你也可以完成大多数标准的实验设计。

对于那些擅长计算机的人，我们希望本书能为你提供 PsychoPy 的一些高级用法，让你相信，PsychoPy 能用简单的方式完成无聊的事情（例如，存储数据、追踪随机化内容等），与此同时还能实现一些简洁的效果（例如，用网络摄像头直播或呈现一个“跳动的心脏”之类的刺激[①]）。

为满足广大读者的需要，我们这本书分为 3 部分。

第一部分（第 1~9 章）旨在介绍在设计行为科学实验时可能需要用到的基本技巧（以及一些高级技巧）。每一章都会通过一系列实验引入一些新的概念，你可以以此为基础进行更深入的研究。例如，我们将通过编写探究面孔倒置效应的实验来教你如何呈现和操作图片。

第二部分（第 10~15 章）涵盖了更多实验编写和运行的原理知识。如果你是一名科学家，并且想将 PsychoPy 运用在发表的研究成果中，那么该部分非常重要。对于任何领域内的科学专家来说，都推荐阅读该部分。

第三部分（第 16~19 章）涵盖了特别的专题研究。该部分只有一些人会用到，比如只有那些做 fMRI 研究或学习视觉感知的人，才会用到 fMRI 的内容。读者可以根据自身情况选读该部分。

1.1　编写实验

早期，心理学家需要工程人员的帮助才能完成实验。教授可能会深入车间并让工程人员制作一些能使光线以非常精确的频率闪烁的电子箱设备，或者从专业公司购买速示器（一种可以像照相机快门那样快速并在短时间内呈现视觉刺激的设备），然后在每次实验中安排博士生不停更换快门后面所呈现的刺激（如照片）。

后来，计算机出现了，许多之前用来做实验的硬件和电子方式因此过时了。大多数研究

① 刺激（Stimulus）是心理学等学科中的基本概念。非相关专业的读者可将其简单理解为可能或需要引起被试者（实验参与者）反应的事物，例如，刺激可以是文字、图片、视频、声音及其组合物等。一般来说，实验人员在计算机上呈现某个刺激（如“跳动的心脏”，可理解为一张 gif 格式的动态图），并记录被试对该刺激的反应。——译者注

部门关闭了硬件制造车间。取而代之的是程序员，他们能按照需求操作计算机。教授每次想做一个实验，程序员就为这个实验写一个程序；不过当实验有了变化时，教授只能请程序员回来做必要的修改。

随着时间的推移，实验所用的编程语言也逐渐变得易于使用（先是C语言取代了汇编语言，现在C语言也逐渐被解释型的脚本语言所取代，例如Python、MATLAB和Java[①]）。这些改变让那些有技术头脑的人，即使非计算机科学出身，也能够编写实验。

最近，一些软件包让你即使没有进行“编程”，或者说，至少不是传统意义上写代码的那种编程，也可以进行许多实验。现在，即使你不懂编程，也可以独立进行研究，尽管你会觉得这个说法匪夷所思。本书展示了如何利用PsychoPy（众多便利选择中的一种），来进行基础实验。对于那些需要进行高级实验的人，本书也会展示如何使用简单的编程来扩展这些图形化的实验。或许你会发现，编程并不像想象中那么难，你也许可以从中得到些许满足（后面会介绍相关内容）。

虽然本书会教你如何自己编写实验，但这并不意味着你完全不需要程序员和技术支持人员。如果你身边有擅长技术、擅长编程的人，这会对你很有帮助，尤其是在你的程序出现错误或者你想做一些更高级的实验时，他们能给予你及时的援助。身边有人懂这些技术总是好的。当然，如果你把力所能及的事情做好，只是让他们做最后的微调，他们也会感激不尽。

1.2 构建与编程

在使用一些实验设计软件（如Psychtoolbox和Presentation）编写实验程序时需要写很多行代码。虽然它们的功能很强大，但是要求你懂编程；即使你懂编程，采用这些软件编写实验也非常耗时，还经常出错。

其他的软件（如E-Prime、PsyScope和OpenSesame）允许你用图形用户界面可视化地编写实验。对于简单的实验，这些工具一般很容易使用，但将其应用在复杂的实验上就不太可能了。你只有创建相当复杂的可视化图形才能得到你想要的结果。但是这样一来，你还不如学习编程。当图形化工具包不能帮助你编写特定的实验或者不能处理某种“随机但有少数例外”的刺激时，你可能会感觉很恼火，但能满足所有实验需求的图形用户界面太复杂，你又很难学会。

PsychoPy是我们在本书中一直提及的软件包，它提供了两种用户界面来编写实验：程序员可以使用Coder界面，而喜欢用图形界面的人可以使用Builder界面。Coder界面将为比较有能力的程序员提供强大的灵活性和齐全的功能，让他们完成他们喜欢的和具有任何可能的设计，享受完美的用户体验。与此相反，Builder界面则设计得非常简单，心理学的本科生（他们当中很多人不喜欢编程）也可以在其中编写和运行自己的实验。这样一来，用户就可以用简单的方式编写“标准”的实验。为了实现这个目标，我们设计了Builder界面，

① 原文为“...been supplanted by interpreted scripting languages like Python, MATLAB and Java.”其中Java需要先编译成非直接执行的字节码，再由Java虚拟机运行。通常认为Java是编译型和解释型结合的语言。然而，大多数人认为Java并不能被称为脚本语言。——译者注

而事实上它也非常成功，它甚至能够编写比我们设想中更加复杂的实验。现在，许多大学将它用于本科教学，同时，许多经验丰富的科学家，甚至那些完全可以自己编写代码的研究人员，也使用 Builder 界面运行他们的大多数实验。虽然我们编写了 PsychoPy 软件包，这显得我们好像是比较专业的程序员，但其实我们也用 Builder 界面进行大多数的实验，因为用 Builder 界面能让实验更快地运行，而且没有许多需要修复的漏洞。

当 Builder 界面不能帮助你完成设想的实验时，单击“保存”按钮后，你在 Builder 界面里面做的所有工作都不会丢失，你可以通过继续添加代码来进行更高级的研究。也许你的硬盘不支持图形界面，也许你需要特定的刺激序列，可能不是简单的“随机”序列或“有序”序列，例如，刺激 A 在同一行不重复两次的随机序列。这些用图形用户界面很难办到，但编写代码通常是可行的（第 8 章将涵盖这些内容）。

此外，许多用户（包括我们）同时使用上述两种方法：首先在 Builder 界面下编写大部分实验程序（因为单个试次以及存储数据通常来说比较简单），然后简单地通过添加代码组件或进入 Coder 界面来处理不容易用图形用户界面建构的内容（例如，随机化的某些内容）。

对于很多用户来说，在 PsychoPy 中编写代码不仅提高了研究水平，还让他们学习了 Python 编程的基础知识。有一些人会发现编程并不是如他们一开始想象的“洪水猛兽”一般可怕（或者他们根本没有意识到他们正在编程），甚至有一些人发现编程还挺有趣。和玩数独一样，编程旨在解决问题，而且编程的结果十分有用。总而言之，相对于 Builder 界面来说，Coder 界面是更加通用的一种工具，通过代码它不仅可以帮助你管理文件、自动执行任务、分析数据，甚至将研究成果可视化，还可以帮助你自动运行实验。

虽然能够编写代码非常好，但是在 PsychoPy 中编写大多数实验最快、最不易出错的方式是使用 Builder 界面。

1.3　开源软件的优缺点

开源软件的兴起对于很多人来说是一件不可思议的事。一个人可以不要报酬去编写代码再将它免费地供他人使用，这种做法有点奇怪。人们也在怀疑这样的软件或许质量低下，或许缺少特性（如果软件精良，你就会选择卖掉，对吧？）。其他人则猜测这只不过是一种策略，如果该软件有足够大的市场，早晚都要开始收费。以上这些想法并不都是正确的。举个例子，可以看一看强大而专业的 Mozilla 组件（如雷鸟邮件客户端和火狐浏览器）。Python 编程语言、R 统计软件包和 Linux 操作系统是更好的例证：它们已经被证明是漏洞很少、可持续使用且功能强大的产品，而且不会花费你一分钱。

所以，这是怎么回事呢？他们为什么这么做？通常来说，开源软件是某些特定领域的发烧友所编写的，他们觉得现有的软件不能满足他们的需求，所以便开始自己编写软件。换位思考，如果你仅仅是为了把产品做好（记住，你现在是发烧友）而不是从中赚钱，让软件变得更好的一个方法就是让每个人都能看到代码。这或许能激励其他人参与其中并帮助修复漏洞以及给软件增加新的特性。当然，因为你给了每个人源代码，这也就意味着你无法售卖它，不过如果你不是为了钱，这就无所谓了。上述就是许多开源产品研发的根本动力。

传统的软件是公司收取软件费用，并招聘专业程序员编写代码，不过这两者有何区别呢？事实上，开源软件确实爱出毛病，而且因为它开源免费，所以程序员没有义务修复你关心的那些漏洞。他们希望软件变得更好，但他们的时间有限。而商业软件公司不希望发布的软件有漏洞，也担心被投诉，因此他们会事先投入大量时间做测试。开源软件的另一个潜在缺点是许多开源项目很快就无疾而终了，只剩下几个忠实的支持者。许多程序员开始了一个项目，然后觉得没意思就不做了。你肯定不想花时间学习几年后就消失的软件吧。以上这些就是目前开源项目的最大问题。不过，随着用户日渐增多，贡献者的数量也会增长，这意味着有更多的人参与到修复漏洞和增加新特性的工作中来，于是这个项目就不太可能烂尾了。

开源项目成功发布后会变得非常引人注目。这些发烧友免费为你编写软件。另外，他们也使用这些软件。在实验设计领域中，这意味着那些真正自己做实验的人在编写运行实验的软件，他们能了解其他学者的想法及其想要的是什么。

最后一个优点是，你能接触到所有代码。如果软件未能按照你的想法运行，你可以自己修改软件；如果你是一位喜欢什么都探究清楚的科学家，你也可以查看代码，探究一下。“开放”的科学家喜欢搞清楚他们手上到底是什么东西。

1.4　了解你的计算机

一些人对计算机的了解非常浅显。但如果你在乎研究的准确性，那么你在做实验时，对计算机有适当的了解是十分重要的。很多时候，实验结果不准确不是因为软件的问题，而是因为用户真的不了解他们的计算机。通过下面 3 个例子，我们可以了解导致实验结果不准确的常见误区。

计算机屏幕以精确且固定的频率刷新。通常，计算机屏幕以 60Hz 的频率刷新，而你只能在屏幕刷新期间更新你的刺激（例如，让它出现或消失）。这就意味着，刺激出现或消失的持续时间只能是某个特定值，我们一般把这些更新周期称为帧（Frame）。例如，你可以让刺激出现 200ms（0.2s），因为在屏幕刷新频率为 60Hz 时 0.2s 正好对应 12 帧（$0.2\times60=12$）；你也可以让刺激出现 250ms，也就是 15 帧（$0.25\times60=15$）。然而，220ms 并不是一个有效时长，因为这意味着你的刺激会占用 13.2 帧，这根本不可能实现。所以关于屏幕，还有更多值得你了解的事情。例如，计算机从屏幕顶端扫描到底端大约需要 10ms，因此屏幕顶端的刺激总是比屏幕底端的刺激早出现 10ms。

键盘的延时严重。虽然软件包可以提供亚毫秒级的时间精度，但你通常无法获得那种精度的实验数据，因为计算机键盘在检测按键按下时大约有 30ms 的延时和 15ms 的误差。参照计算机上精确的时钟，软件包也许确实可以提供“亚毫秒级”的时间精度，但如果这个方法不适用于每种情况，亚毫秒级又有什么用呢（因为没有软件能够适用于所有情况）？

延伸阅读：PsychoPy 的起源

PsychoPy 项目最初叫 PsychPy，最早于 2002 年 3 月在 sourceforge 网站上注册，字母“o”是后添加的。它最初由乔纳森·皮尔斯（Jonathan Peirce）编写，从原理上论证了 Python 利用图形硬件加速（OpenGL）程序可以作为传递实时刺激的有力工具。2003 年，乔纳森开始在诺丁汉大学讲授心理学课程，决定进一步研发该项目并在实验室内进行实验。那个时候，在项目中用 Python 写的库函数仅仅是为了方便编程。

从2004年开始，乔纳森实验室里的所有实验都使用PsychoPy来运行。由于他本人及其博士生的需求，PsychoPy的功能迅速增加。然而，由于PsychoPy是为乔纳森的实验研发的，因此它对其他用户的支持很少。即，如果你觉得它有用，那很好；如果觉得没用，那就不要使用。渐渐地，人们开始思考："我喜欢你们写的库，但是我想是不是可以……"。乔纳森乐于革新，而且人们要求的有些功能听上去很有趣，所以他就把它们一点一点地加上。

几年之后，乔纳森添加了一个独立的"应用"（application），而不仅是一个库。该应用包含一个代码编辑器，上面有一个绿色的"运行"按钮用于运行脚本。由于该应用很容易安装和试用，很多用户开始试用它。2007年，乔纳森撰写了第一篇描述该软件包的论文。到2009年，又有几百名热爱编程的人愿意修复PsychoPy的漏洞。逐渐地，这些用户［值得提及的是杰里米·格雷（Jeremy Gray）和迈克尔·麦卡斯基尔］开始着手修复漏洞、增加新的特性，并在用户论坛上互相帮助，共同优化软件包。

同时，乔纳森在本科教学中不愿教授学生如何使用E-Prime，并开始思考下一个大动作，即编写一个图形用户界面，以便学生能充分理解他的课程。他认为图形用户界面本质上是用来写Python脚本的。Builder界面在2010年已经基本可以使用，从2011年开始也应用于许多本科实验课堂。

随着Builder界面中新功能的增多，用户数量以及软件优化与维护的贡献者数量也急剧增长。在写本书时（2017年），该软件包已经拥有超过16000名用户（每个月通过IP地址来统计）和超过70名贡献者了（贡献程度不同）。

总而言之，PsychoPy开始没有如此庞大，它只是在不断地成长。看到这样一个有爱的社区伴随着PsychoPy成长，且我们能参与其中，我们感觉非常高兴和自豪。

从磁盘中加载图片不是瞬时的。如果你有一部500万像素的相机（按照现代标准，分辨率不算高），每个像素都用R.G.B值表示（事实上，还有一个alpha通道），那就意味着有1500万个数字需要从磁盘中加载、处理并发送到你的显卡上。虽然如今的计算机可以非常迅速地处理和移动数据，但并不能保证马上做到，总是会有一些延迟，尤其是在你从磁盘中加载数据的时候。

上面的问题都有解决方案，且这些解决方案在大多数情况下有效：你可以在多帧的间隔中呈现刺激，也可以购买计时更精确的仪器设备（尽管在大多数情况下，你并不需要你所认为的那种精确度），图片也可以预先加载，甚至比你想象中的更小而不损坏画质。重要的是，你需要了解这些问题，从而明白如何避免。

1.5 PsychoPy

PsychoPy是多个事物的集合。正如前面的"PsychoPy的起源"部分所解释的，以下部分逐步发展又相对独立。

- Python 编程语言库（library）。
- Python 编程语言的一个发行版（Python 和其他依赖库各有独立的安装包，因此你没必要自己另外下载 Python，而且先前安装的 Python 也不会受到影响）。
- 代码编辑器（叫作“Coder 界面”），它也是用 Python 编程语言写的。
- 图形用户界面（叫作“Builder 界面”），即，可视化的实验编写界面，它也可以将实验的可视化的内容转换成代码。

如上所示，“Python 编程语言”的字样出现了很多次。这里为不了解 Python 的人解释一下：Python 是一种普适、高级的解释型脚本语言。简单来说，“普适”意味着 Python 可以在很多平台上运行，macOS 和大多数 Linux 发行版把它作为操作系统的一部分，因为它真的非常好用。“高级”意味着你可以用简单的几行代码完成很多事情。与其他一些语言对比，这些代码可能非常易于阅读（当然，也取决于谁来写代码）。“解释型”意味着在你写完代码时，你不用将代码“编译”为“机器代码”，而且它还可以在多种计算机上运行。如果你曾经编译过 C 语言代码，或曾经尝试在不同的计算机平台上以相同的方式运行 C 语言代码，那么你会深刻体会到 Python 的简便性。

Python 本身并不能为 PsychoPy 提供很多内容，但发烧友们为 Python 写了很多库。这样一来，PsychoPy 的开发人员就不需要自己编写代码了。例如，要加载图像，可以使用 Python 图像处理库（PIL/Pillow，这由一些图像处理方面的发烧友编写）；要操作图像，可以使用 Python 数值计算库（numpy，这由负责许多数据处理的人编写）。所有这些库都由所属领域的发烧友所写，并且免费开放。因此，PsychoPy 在某种程度上是将这些不同的库编织起来的一个集成应用。这样一来，用户就不需要十分了解每一个库的编写了。

1.6 开始操作

为了能充分使用本书，你需要在计算机上安装 PsychoPy 软件。在 PsychoPy 网页上的右边有一个 Download 链接。但当你打开页面时，你会发现一系列不同选项，大多数初学者应该选择标记为“StandalonePsychoPy________”的链接。在写本书时，PsychoPy 当前的版本是 1.85，但是我们推荐你使用最新版本[①]。

当你开始运行 PsychoPy 的时候，你会发现它是通过“Start Up Wizard”打开的，它会检查你的系统，看看计算机怎么样，你也可以跳过此步。

之后你可能会看到两个界面，即 Builder 和 Coder。Builder 界面将会是本书的重点，而 Coder 界面在我们需要查看某些 Python 代码时（我们必须这样做，代码其实并没有那么难）会偶尔出现。

① 截至 2019 年 11 月，最新的 PsychoPy 版本为 3.2.4。——译者注

1.7 更进一步

在读完本书后，如果你还有很多疑问，你可以在 PsychoPy 的用户论坛上找到很多信息，或者直接用搜索引擎搜索问题或错误消息，看看搜索引擎上有没有答案。实际上你会惊喜地发现，网上经常有答案[①]。

在论坛里，请尽量相互理解。大多数回答问题的人只不过是热心的志愿者，他们在工作之外来回答问题，因此让他们帮你完成整个项目是不合适的。如果需要了解计算机的基本知识（例如，如何安装软件），你也许应该和身边的技术人员探讨而不是利用论坛。如果问题过于宽泛，你也许应该和身边的同学与老师进行探讨。当然，如果你知道其他人所问问题的答案，你也可以直接回答。

对于具体的问题来说，用户论坛是一个获取信息的绝佳地方。

解决方案：更新 PsychoPy

独立安装包提供了 Python 发行版和 PsychoPy 运行所需的所有依赖库，以及 PsychoPy 应用程序和库本身的代码。（我们希望你读懂了这句话，否则你可能需要再读一遍。）现在，如果你想更新至 PsychoPy 的最新版本——具备更少漏洞（我们希望是这样）和更多功能（大概是这样），你不需要下载或者安装整个独立软件包（大概有几百兆字节），通常你可以让 PsychoPy 自动更新到最新版本或者从菜单栏中选择 Tools → Update 并在弹出的同一个 Update 对话框里下载标记为“PsychoPy-_.___._.zip”的文件之一以安装特定版本。

你可能需要以管理员身份运行这一应用才能进行更新。在 Windows 操作系统里，在桌面上右击 PsychoPy 图标，选择“以管理员身份运行”。

解决方案：使用论坛

如果你在 PsychoPy 用户论坛上发布信息、寻求帮助，请说明清楚下面这些信息：

- 你在使用 Builder 界面还是 Coder 界面工作；
- 你想要做什么；
- 软件在运行失败时的状态（单纯说明“它运行失败”没有任何帮助）；
- 你使用的操作系统及 PsychoPy 的版本。

1.8 本书的体例

本书正文中大部分的字体是宋体或新罗马体，但是一些需要在 PsychoPy 界面中输入的

① 对于中国读者来说，通过百度、bing 等网站也可以找到很多有用的信息。——译者注

代码采用了代码体，如 `event.getKeys()`。专业术语用楷体表示，而 PsychoPy 中的专业术语首字母大写[①]，如“Routine”和“Flow”。

PsychoPy 在 Windows、macOS、Linux 系统上均可运行。然而，不同操作系统中的快捷键可能略有区别。我们一般描述的是 Windows 操作系统中的快捷键（例如，Ctrl-L 表示切换视图），在macOS系统上等同于Cmd（⌘）键[②]。当涉及按键时，可能会提到Return键。许多人把 Return 键称为 Enter 键，但严格来说，Enter 键与 Return 键指的是不同的键，它通常在数字小键盘上方。Return 键有一个先向下再向左指的箭头，这个词来源于“回车”，可追溯到打字机时代，在那时你需要将打字机的“字车”推回到一行开始的位置。

除了这些排版上的约定，还有一些特别的模块，内含解决方案、延伸阅读、实操方法、练习和拓展。希望你现在知道如何阅读这本书了。现在让我们开始一起学习吧。

解决方案：写给完美主义者

用于展示专业人士通常的做法。你可以选读，但是如果你能学习使用该知识，它就可以帮助你提高工作效率或者至少能赢得朋友的赞赏。

延伸阅读：写给好奇的人

这些信息并非你进行研究所需的信息，但你可能会感兴趣。这里可能会提供一些背景信息，也可能会提供一些浅显的科技信息。如果你不感兴趣，跳过不读即可。

实操方法：写给快速阅读的读者

即使你没有阅读本书中的任何其他内容，也请留意实操方法。这里会提示一些常见错误，或你在没有意识到的情况下做的一些糟糕事情。

① 事实上，在 PsychoPy 软件中，个别术语的首字母并没有大写。——译者注

② 原文如此。然而，在部分 MacBook 计算机上这个键被标注为“Command”。——译者注

第2章

创建你的第一个实验

学习目标：本章将通过创建一个简单的实验介绍 PsychoPy 中 Builder 界面的所有基本操作和 Stroop 任务。

你可能在想："我到底该如何从头到尾创建一个实验呢？"你可能还会想："我并不擅长使用计算机，这应该非常困难吧！"我们希望你相信，你绝对可以自己创建实验。即使最不懂计算机的用户也可以入门。

首先，你需要了解，你没必要一次编写完整个实验。一次只处理一小部分内容，将其保存并查看是否有效。通过这种方式，你不但会觉得每一个部分都是可控的，而且在实验出问题时，你也可以缩小检查范围，因为很可能错误和你刚刚执行的操作有关。因此，我们将通过一系列环节来思考如何定义单次实验的结构（包括如何呈现刺激以及如何收集反应），然后在此基础上思考如何重复多次实验、如何使每次重复有所区别以及如何提取你刚刚收集的数据。我们创建的实验将会非常基础，你可以通过多种方式对其进行拓展甚至改进，但这些基础的实验已经足够用来测量某种效应了。

在开始之前，让我们快速了解一下 PsychoPy 中的 Builder 界面。

2.1 Builder 界面

PsychoPy 中的 Builder 界面允许用户通过可视化视图快速地编写和运行大量实验。我们看一下 Builder 界面都有哪些组成部分。如果你启动 PsychoPy 后并没有立刻看到 Builder 界面，那么你可能看到 Coder 界面。在菜单栏中选择 View → Builder，或直接按 Ctrl-L（在 Mac 计算机上是 Cmd-L）。

Builder 界面主要有 3 个面板：

- Flow 面板；
- Routine 面板，包括一个或多个可在流程中组合的程序；
- Components 面板，包括几个可在程序中组合的组件。

延伸阅读：为什么 Builder 界面不能设计所有实验

你可能希望 Builder 界面拥有更多功能，但它的初衷就是简单，更易于处理大多数实验设计。如果界面涵盖了每个实验设计的全部必要控件，那么初学者第一次接触它，就会更加难以掌握。

2.1.1　组件

组件是组合后可以用来创建实验的基础部件，通常指各种刺激［例如，图像（Image）或者文字（Text）组件］或各种反应方式，如，鼠标（Mouse）或键盘（Keyboard）组件，也可指实验中需要执行其他操作的节点，例如，连接外部硬件。根据需要，实验可以有尽可能多的组件，且无论怎么选择，每个组件都可以相互作用。Builder 界面右边的面板展示了可以使用的所有组件，并根据不同组别进行了分类（见图 2-1）。

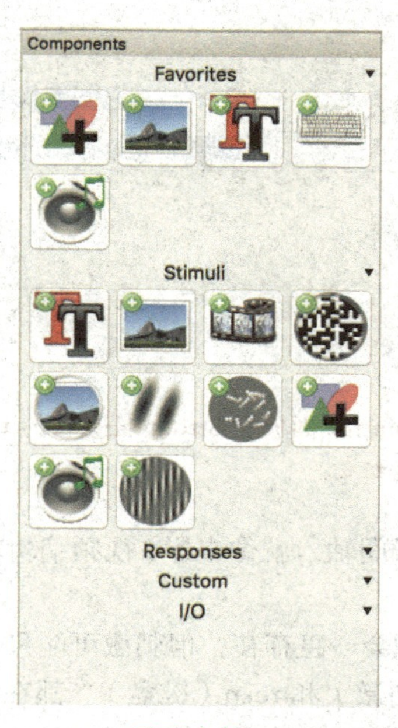

图 2-1　Builder 界面中的 Components 面板

注：根据组别分类，这些组别可以通过单击来展开或收起。请注意，面板中这些组件及其外观会根据计算机以及 PsychoPy 的版本不同而有所区别。

解决方案：收藏常用的组件

如果你可能会多次使用某一组件，可以将它增加到 Favorites 组内，方便之后使用。

当单击某个组件时会弹出一个对话框，请你设置组件的不同变量。如果单击 OK 按钮，组件就会被添加到当前选择的程序里。

2.1.2　程序

程序定义了组件如何及时地交互。典型的程序指的是一个试次（Trial）[①]，比如在试次中呈现一个或多个刺激并获取响应，但也可能指指令、反馈或其他信息。同样，一个试次可以包含多个程序。

图 2-2 展示了 Routine 面板里 Stroop 任务中的 `trial` 程序。

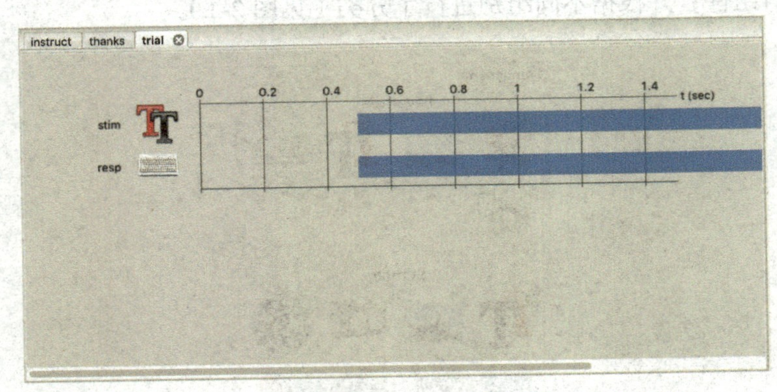

图 2-2　Routine 面板里 Stroop 任务中的 `trial` 程序

注：该程序由文字组件和键盘组件组成。

你可以看到程序中有一个时间轴，就像电影 / 视频编辑软件的时间轴编辑工具，它可以帮助你及时、独立地控制组件。

实验中，被试的注视点可能会一直存在，但刺激可能只会呈现一小段时间。

在 Stroop 任务中，stim（刺激）和 resp（键盘）[②] 都在程序开始的 0.5s 后才开始生效。它们的持续时间无限长，只是计算机无法显示整个时间轴。

2.1.3　流程

Flow 面板在 Builder 界面的底端。当你刚刚开始创建实验时，在 Flow 面板中只在时间轴上呈现表示（默认）trial 程序的红框。Flow 面板展示了一个流程（见图 2-3），控制着程序的执行顺序，以及程序是否循环执行。但流程并不能控制程序持续运行的时间，也不包含程序中的具体信息。Flow 面板里的每个部分都持续到自身结束，之后才进入下一个部分（或下一轮循环）。

① 心理学实验中常见的基本概念，非相关专业读者可将其简单理解为一个试次包括某个（些）刺激的呈现和被试的反应获取等，一个完整的实验由一个或多个试次构成。——译者注

② 原文为“In the Stroop demo the stimulus and keyboard both…”，为尊重原文，将 keyboard 译为键盘，但在图 2-2 中可以看到键盘图标出现在“resp”的后面，这表示实验参与者在该试次中将通过敲键盘的方式进行实验。——译者注

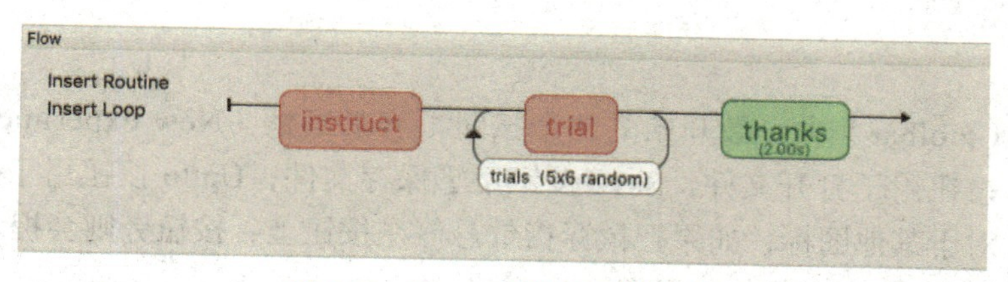

图 2-3 Flow 面板展示的流程

注：Builder 界面中的 Flow 面板呈现了一个流程，用于说明实验中的各个部分及其顺序。在当前的 Stroop 任务中，有 3 个程序按顺序运行，其中 trial 程序在循环中重复数次。

根据需要，可以将很多程序添加到 Flow 面板中。如果有太多程序以至于很难分辨清楚，那么可以从 View 菜单中将 Flow 面板放大或缩小。当然，如果程序过多，也许你应该更高效地安排实验[①]。同时，一个程序可以在流程的不同阶段多次添加或使用。例如，在正式试次开始前，可能有几个练习试次。此时，可以使用那个叫作 `trial` 的程序，这个程序会在两个不同的阶段出现。

2.1.4 循环

循环（loop）用来控制实验的重复，也可以使每次重复都有所区别。循环属于流程的一部分，其可以嵌套在一个或多个程序之间，也可以嵌套在流程中的任何部分，包括再次嵌套循环。

循环可用于选择随机或顺序呈现条件（见图 2-4），或者用于创建“阶梯”式程序，即下一个条件由前一个条件的响应决定的程序（见图 2-5）。

图 2-4 用于顺序呈现条件的循环

注：一个练习（practice）循环，包含 trial 程序、feedback 程序和另一个控制主要试次的循环（即 trials，该循环不包含反馈程序，因此无法得到任何反馈）。

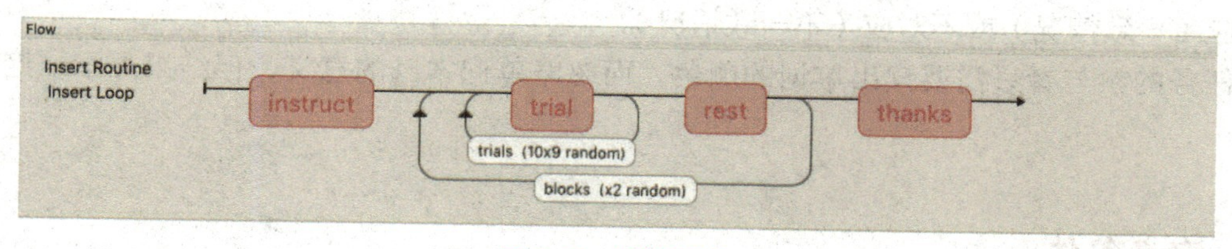

图 2-5 区组设计

注：其中，两个区组（block）各包含 90 个试次，每个区组结束后进行休息。

---

① 如果程序多或过于冗杂，建议重新检查并简化实验设计。当然，有时程序看起来过于复杂也可能源于实验设计者并不是很熟悉 PsychoPy 的组件和相关功能。——译者注

2.1.5　工具栏

在工具栏（toolbar）中，最开始的几个按钮很容易理解（New experiment 按钮用于新建实验，Open 按钮用于打开文件，Save 按钮用于保存文件，Undo 按钮用于撤销，Redo 按钮用于重做）。对于其他图标，如果把鼠标指针悬停在按钮上，按钮旁则会提示它的功能。

以下两个按钮涉及应用整体的设置。

- 用于改变应用的偏好设置。
- 用于控制显示器校准，显示 PsychoPy 窗口的大小。

以下 4 个按钮控制当前的实验。

- 用于改变当前实验的设置，例如，是否全屏运行实验，打开的对话框应包含什么信息。
- 表示 Builder 界面最终会生成一个有点复杂的 Python 脚本。单击该按钮可以浏览即将运行的 Python 代码。
- 用于运行当前的实验。
- 用于强制退出当前的实验。

实操方法：若使用按钮中止实验，数据将无法保存

通常情况下 PsychoPy 会自动保存数据。即使实验参与者按 Esc 键中止实验或实验在快结束时出现错误，数据也不会丢失。然而，如果你单击按钮，数据将无法保存。这是一个强制性的退出指令，任何数据都无法得到保存。

2.2　创建 Stroop 任务

我们会创建一个任务来测量 Stroop 效应（Stroop，1935）。简单来说，屏幕上会出现表示颜色的单词，而该单词本身又以某种颜色进行呈现。表示颜色的单词可以和单词本身的颜色对应（一致情况）或不对应（不一致情况）。

任务的参与者只需要读出单词的颜色，而忽略单词本身的意义，但结果显示，这很难做到。

2.3　定义条件

使用 PsychoPy 创建实验的关键在于思考每个试次中有哪些改变，有哪些不变。程序的结构决定试次（接下来会讨论），并控制那些不变的内容（例如，呈现图片或记录反应）；而在每个试次中改变的内容则由条件文件（conditions file）控制。

例如，在 Stroop 任务中，我们一直呈现文字刺激（某个单词），然后收集来自键盘的反应，这些是不变的。改变的则是每个试次中所呈现的单词、单词的颜色及其正确答案。这些是变量（variable），我们需要创建一个条件文件来决定它们在不同试次中的值。

延伸阅读：Stroop 效应

约翰·里德利·斯特鲁普（John Ridley Stroop）首次展示了一个简单却很强的心理干预效应：人们说出单词的颜色，而单词的含义却是另外一种颜色。在可以用计算机做这类实验之前，他就开始了这项研究。他让实验参与者大声朗读卡片上的单词，并用秒表为他们计时。他的控制条件是颜色和单词，二者互不干扰，实验参与者需要关注的是单词的颜色，而不是单词本身的含义。而在现在的大多数类似实验中，则比较单词颜色和单词含义不同时（不一致情况）以及单词颜色和单词含义相同时（一致情况）实验参与者的反应时。

这一效应于 1935 年被发现，并成为斯特鲁普博士论文的一部分。直到现在，它还被广泛地应用于心理学和语言学的研究领域。他的博士论文的引用次数已超过 1 万。人们用它来研究“执行功能”和注意力。大多数人发现他们很难忽略看到的单词，因此这个效应还可以用来研究个体差异，比如，为什么特定群体的人或多或少会表现出 Stroop 类型干扰（Stroop-type interference）。详细内容请参阅麦克劳德总结的（虽然有些过时了）关于这些研究的文献综述（Macleod，1991）。

另外，一些人认为这是很好的脑部训练。在谷歌上搜索“brain training Stroop”则会出现 14 万条内容，大多数内容建议你采用基于 Stroop 效应的游戏进行脑部训练。不过，有人认为“Stroop 任务会延长你的智力活跃时间”，但我们对这种说法不发表任何观点。

可以使用任何电子表格应用程序创建条件文件，如 Microsoft Excel、OpenOffice Calc 或 Google Sheets。虽然一些应用程序允许通过对话框创建条件文件，但很多电子表格应用程序的功能已非常强大，请你务必好好利用。你需要的只是一个可以存储逗号分隔值（Comma-Separated Value，CSV）或 Microsoft Excel（xlsx）文件的应用程序。

文件应由行、列组成，列为变量（即每个试次需改变的内容），行则为计划运行试次的种类。在 Stroop 任务中，行和列可能如表 2-1 所示。

表 2-1　Stroop 任何中的行和列

word	letterColor	corrAns	congruent
red	red	left	1
red	green	down	0
green	green	down	1
green	blue	right	0
blue	blue	right	1
blue	red	left	0

word 变量指的是每次试次中出现的文字，而 letterColor 变量则代表屏幕上字母的颜色。word 和 letterColor 变量有一半值相同，而另一半值不同。

另外，还有 corrAns 列。任务中，参与者看到红色字母时按下方向键“←”（当然，你也可以按你想按的任意一个键），看到绿色字母时按下方向键“↓”，看到蓝色字母时按下方向键“→”。注意，红色、绿色和蓝色字母对应着 3 个方向键，记住这些键是任务中最难的部分。文件中写明每个试次的正确答案（corrAns 变量），这样一来，我们就可以用 PsychoPy 检查参与者是否回答正确。

最后一列（congrnent 变量）并不是必需的，但它可以简化数据分析。请记住，我们的目的是检测一致情况和不一致情况下参与者的反应时。通过这一列变量的值（用 1 或 0 表示真或假），我们能够简单地对数据加以区分，更容易比较每个试次的结果。

在命名变量（也包括使用组件）时，需要遵守几条非常重要的规则：

- **条件文件中的变量名必须唯一。**文件中变量的名称应互不相同，也应不同于实验程序中的其他变量。如果一个变量叫作 word，一个组件也叫作 word，那么 PsychoPy 就无法分辨 word 指代的到底是哪个。
- **变量名不能包含空格、标点等符号。**变量名会转化成 Python 脚本，而且变量名只能使用 ASCII[①]。下划线可以使用，变量名不能以数字开头，实验程序里的所有命名均需如此。
- **每列（含值）顶部都需要有变量名。**含值的每一列顶部都应有变量名，不然你在使用 PsychoPy 时会感到非常困扰。（“这里有一些值，但我不知道它们是什么。帮帮我！”）
- **变量名和条件名区分大小写。**Stimulus 和 stimulus 在 PsychoPy 中是不同的变量。（如果你同时使用这两个变量名，你可能会混淆这两个变量！）

实操方法：小心条件文件里的空格

如果你在表头（例如，在变量名的结尾处）添加了空格字符，虽然它一般很难被发现，但它会被视为变量名里的隐藏字符。

2.4 定义试次结构

为了明晰每个试次如何运行，我们需要思考不变的内容是什么。在 Stroop 任务中，每个试次均包含呈现的文字刺激和由键盘记录的反应情况。上述这些可以在一个程序中完成，但某些实验可能需要多个程序。

① ASCII（American Standard Code for Information Interchange）即美国信息交换标准码，是全球通用的信息交换标准，等同于国际标准 ISO/IEC 646。这是一套基于拉丁字母的计算机编码系统，主要用于显示现代英语和其他西欧语言，目前共定义了 128 个字符。——译者注

打开PsychoPy的Builder界面，新建实验并立即保存，将其命名为Stroop.psyexp（扩展名.psyexp是自动生成的），与条件文件放在一个文件夹内。注意，PsychoPy中实验文件的扩展名.psyexp与Python脚本文件的扩展名.py是不同的。请务必记住文件夹和文件的位置。有时，我们告诉用户实验的数据保存在“experiment file”文件夹内，但他们不知道“experiment file”文件夹在哪里。

创建刺激：首先，我们要为每个试次加入文字组件。单击Components面板（Builder界面的右边）中的T按钮，新建文字组件。注意，单击Components面板中的按钮会新建组件，但也可以单击图标或者Routine面板中的时间轴来编辑已有组件。在Routine面板中右击图标可以选择移除组件。如果在苹果计算机中右击，则并不能选择移除组件。苹果系统用户可以在系统设置（System Settings）中将鼠标右键的操作功能打开。

所有的组件都需要命名，命名规则遵循变量的命名规则（唯一、无标点符号、区分大小写等）。例如，我们不能将添加的组件命名为word，因为条件文件中已有变量word，因此我们不妨把它命名为stim[①]。

解决方案：使用合适的名称

当实验有很多组件和变量时，务必好好思考组件的命名。一年后，如果你回顾实验，发现3个分别叫作image_1、image_2和image_3的组件，你可能分不清这些组件分别代表什么。如果你将它们命名为target、flank_left和flank_right，那它们就会非常容易被识别。对于响应对象（例如，键盘组件），其名称同样会出现在输出数据的表头中。如果它们有清晰的名称，你就更容易地区分出哪一列需要进行分析。

如果刺激在程序的一开始就呈现，那么在上一个试次结束后下一个刺激就会立即出现。这种情况将会给予参与者很大的压力，他们会抱怨实验“进行得太快”。通过创建试次间间隔（Inter-Trial Interval，ITI），可以让刺激的开始时间延迟0.5s（500ms）。请将文字组件的Start时间设置为0.5（PsychoPy中所有的时间单位为秒，但这并不意味着PsychoPy软件包没有其他以毫秒作为时间单位的软件包精确）。实际上，我们能使刺激持续任意时间，现在先删除Stop框内的所有内容，这样stim就会持续地呈现。最后，将Text框的值设置为red。此时，对话框应该如图2-6所示。

注意，我们更改了以下设置的默认值。

- Start时间变更为0.5（单位为秒，表示程序开始后0.5s才开始）。
- Stop时间设置为空白，当然，也可以设置得短一些。
- Text框变更为red。

---

① stim仅为举例，它符合组件命名的规则。本章后面将仍以stim文字组件进行举例。——译者注

许多文字组件的参数很常见。上面已经讲解了 Start 和 Stop，但需要注意的是，我们还可以使用其他几种方式来对它们进行设置。

- 目前，我们仅使用了“秒”这个计时单位，这是测量刺激时间最直观但不是最精确的方式。

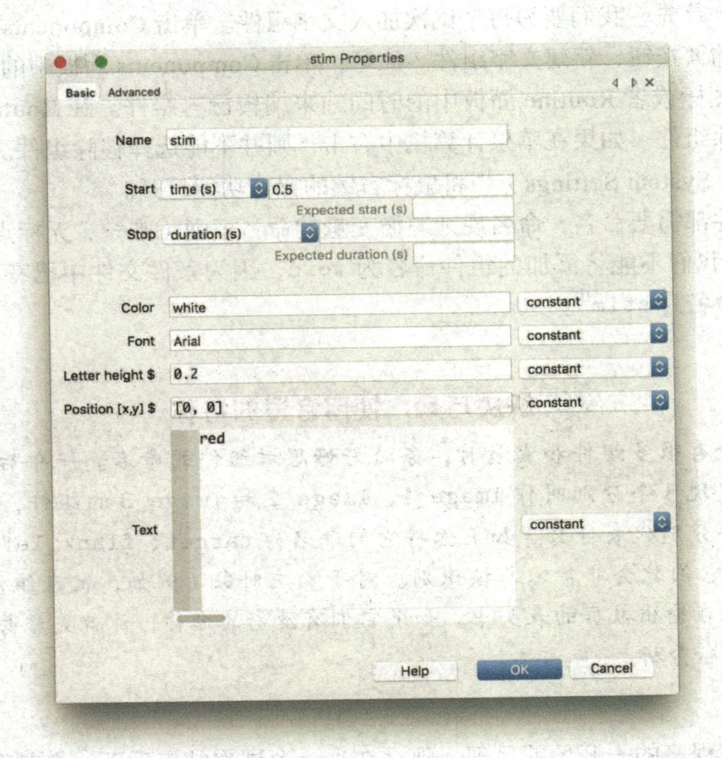

图 2-6　单词“red”的字母颜色为白色，时间从 0.5s 开始，持续到永远

- 对于短暂刺激的呈现，也可以用“帧数”计时，而不是“秒”，这种方式会更加精确。
- 也可以使用 Python 表达式来一个一个地控制刺激。例如，尽管你无法提前知晓刺激的开始或停止时间，但你可以设置 `distractor.status==FINISHED` 来让程序在 `distractor` 停止的时候开始或停止。
- 有时我们无法提前知道开始和停止时间（因为它们或基于变量，或基于条件，或基于帧数，而帧数因计算机而异），它们也不会自动出现在程序的时间轴上。但如果你希望它们在时间轴上可见，你可以设置 Expected duration (s)，这个设置对实际实验没有影响。

大部分视觉刺激（visual stimuli）可以用颜色来定义，颜色也可以用多种方式设置，分别是名称（X11 颜色中的任何一个），十六进制数值（如 #00FFC0），以及不同色彩空间（RGB、RGB255、DKL、HSV 等）中的 3 个数值。这些会在本书 11.2 节详细说明。

对于大多数刺激来说，位置（position）指的是刺激的中心。而文字组件的位置则取决于组件设置为左对齐、右对齐还是居中。刺激中心或组件的坐标由已设置了单位的实验刺激（或整个实验）所控制。PsychoPy 使用的坐标系支持多种单位，这些会在本书 11.1 节详细说明。一般来说，屏幕中心的坐标都为 (0,0)。在由两个值构成的坐标中，第一个值表示在屏幕中心的左边还是右边，在中心左边是负值，在中心右边是正值，而第二个值表示在屏幕中心的下边还是上边，在中心下边是负值，在中心上边是正值。默认情况下，经过归一化，屏幕左边位置的横坐标为 -1，右边位置的横坐标为 +1，底端位置的纵坐标为 -1，顶端位置的纵坐标为 +1。注意，请不要混淆不同单位。错误使用单位，刺激便无法呈现。你可能偶然把刺激置于屏幕右端 4m 的位置，也可能使它只有像素点大小的 1%。所以请认真阅读 11.1 节。

另外，文字组件的一个参数叫作 Letter height。它用于设置字母的高度，但需要注意，这里的高度指的是前面所有字母的最大高度。显然，字母“e”既不会在顶部，也不会在底端，它的实际高度会比所设置的字母高度要小很多。字母“E”非常靠近所设置的字母高度的顶端，而字母“g”则非常靠近底端。不过也有例外，字母“É”显然要比字母“E”更高。如果你希望字母的高度非常准确，你要么测量你想用的字体的准确高度，要么创建文字的位图并以图像的形式呈现。

要了解文字组件的其他参数，可以将鼠标指针悬停在图标上，或在对话框底部单击 Help 按钮，这会为你提供在线帮助。请注意，Advanced 选项卡中有额外参数，如 Opacity（不透明度）。大多数视觉刺激可以设置为半透明，这样你可以看见它们后面的内容；若将不透明度设置为零，即 `opacity=0`，那么就看不到该组件的任何内容了。

2.4.1 收集键盘反应数据

由于刚刚我们将文字组件 stim 设置为永远呈现，因此我们最好确保我们可以以某种方式终止该试次。通常情况下，一个试次在参与者对刺激做出反应后即终止，在 Stroop 试次中也是如此。

现在，我们将添加键盘组件（单击 Components 面板中的键盘图标）。键盘组件的构建和前面讲的操作方法相似。首先需要为键盘组件命名，在这里就命名为 resp。我们不想让参与者在刺激出现之前做出反应，但刺激出现后，我们希望他们能尽快做出反应。我们将键盘的 Start 时间设置为 0.5s[①]（即在刺激出现的同时开始检测按键动作）。键盘组件会从一触发就开始测量反应时，因此反应时的结果也和刺激开始的时间有关。

请确保将键盘的持续时间设置为无限长（将 Stop 值设置为空）。如果刺激显示在屏幕上却不检测按键动作，那么实验看起来就会像是“宕机”了。实际上，实验还在运行，但刺激无法跳出无限的循环。

---

① 前面我们已经将刺激呈现时间延迟了 0.5s，并将刺激的 Start 时间设置为 0.5s。——译者注

解决方案：为什么需要在按键名称列表中使用引号和逗号

有两个原因。第一个原因是让 PsychoPy 区分 "left" 和 "l""e""f""t"。如果我们仅写 left，表达的意思就会模糊不清。第二个原因是为了确保 Python 中的代码有效，并且很容易被 PsychoPy 编译和解释。

我们可以插入一系列按键名称来设置按键。每个按键都应使用引号（或者用单引号 '' 或者双引号 ""）并用逗号隔开。本试次中我们使用 'left','down','right' 按键，直接将键名输入文本框中。同样，文本框中也可以什么也不写（换句话说，在框中输入任何按键都可以）。但是，如果你已经告知参与者要使用方向键来进行实验，但他们按了别的键，那么这些按键就无法被视为“反应”。

最后，我们需要检查目前键盘组件的设置情况，查看强制终止程序（Force end of Routine）功能是否启用。该功能默认启用，但以防万一，最好检查它是否被无意关掉。该功能会终止当前程序，将后续程序提前。

2.4.2　保存并运行

文件保存后，可以单击绿色的“运行”按钮（在 Windows、Linux 系统中按 Ctrl-R 快捷键；在 Mac 系统中按 Cmd-R 快捷键）运行实验。若一切顺利，屏幕上会出现一个对话框，让你提供参与者身份编号和会话号。目前这二者都不重要，随意输入后直接单击 OK 按钮。此时，屏幕上出现刺激，同时你应该可以按下向左、向下或向右的方向键来终止本试次（目前整个实验只有这个试次）。如果程序运行中出现问题，按 Esc 键就可以退出实验。此时，你需要首先检查键盘组件，然后检查是否将 Stop 时间设置为空，最后检查是否正确设置了 Allowed keys。

2.5　增加循环并重复试次

从技术上来讲，可以为实验创建大量的程序（每个程序只对应一个试次），并按顺序添加到流程中，但这可能效率很低，而且无法让程序以不同顺序呈现。使用**循环**（loop）则会让编程变得更有效率、更加灵活。

在 Flow 面板中单击 Insert Loop 按钮，插入循环，如图 2-7 所示。

图 2-7　单击 Flow 面板上的 Insert Loop 按钮（不要双击）

单击 Insert Loop 按钮后，时间轴上会出现一个小圆点。这个小圆点可以移动至任何地方来表示循环的开始或结束（这两者无须区分）。在 Flow 面板中的 trial 程序前面单击，插入小圆点，用于结束循环，如图 2-8 所示。

图 2-8　把鼠标指针悬浮在循环开始或结束的地方并单击（不要双击）

然后，单击循环开始和结束的小圆点（先单击哪个没有关系）。如果循环只剩一个有效试次区域，其会自动添加另一个小圆点。

通常情况下，你需要插入循环开始和结束的小圆点。但是，如果循环开始的小圆点插入后，只存在一个有效区域（反之亦然），PsychoPy 会自动插入循环结束的小圆点。

当添加完循环开始或结束的小圆点后，会出现 Loop Properties 对话框，让你修改设置（见图 2-9）。在程序中添加组件后，可以单击其名称或图标来编辑已有循环的参数，也可以右击其名称或图标来删除该循环。

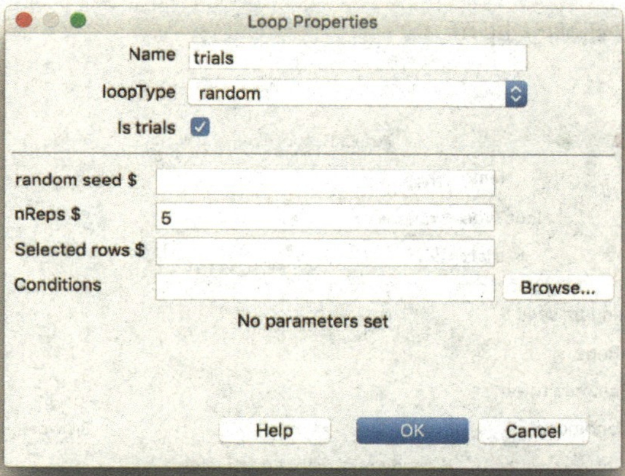

图 2-9　Loop Properties 对话框

注：可以在 Loop Properties 对话框中设置参数，控制条件重复的次数和随机化的方式。

同样，我们也需要为循环命名。命名遵循同样的规则——名称应唯一且不包含标点符号和空格。在这里的试次中，默认名称 `trials` 没有问题，但如果你有练习试次和主试次，最好在循环的命名中区分它们。

`loopType` 参数决定插入的是哪一类循环。通常该参数设置为 `random`，即循环中的每次重复将在条件文件中随机抽取（还有 full random 选项，二者的区别将在 10.2 节中说明）。也可以设置为 sequential，即条件文件将按照指定的顺序运行。此外，还有 staircase 选项，这部分将在 16.6 节讨论。

勾选 Is trials 复选框表示每个值应该出现在数据文件的新一行中。因为循环中可能并不是只有一个试次，所以我们才勾选了该复选框。也许会在内层循环（inner loop）中呈现 10

个刺激，而这 10 个刺激代表的是一个试次，你不希望对于每个刺激都新建一行数据，而是希望对于后面 10 个试次才新建一行数据。或者，你也许会用一个外层循环（outer loop）表示关于试次内层循环的区组（参阅第 8 章）。

现在，在不改变刺激的前提下，我们将 `trials` 重复 5 次来检查它是否顺利运行。所有已存在的属性设置都维持原样。当你保存并运行实验时，这 5 个“试次”（尽管每次都相同）就开始运行了，你可以每次都按方向键来结束该实验。

2.6　改变试次中的刺激

到目前为止，因为刺激一直未变，实验的成果较小。现在，我们只需要从创建的条件文件中获取变量，再与组件的参数链接，实验就完成了。

单击你已创建的 `trials` 循环来编辑属性[①]，单击 Browse 按钮找到条件文件 conditions.xlsx[②]。如果新建文件时一切顺利，条件文件的位置会出现在对话框中，且下方有提醒信息，即你已经设置了 6 个条件和 4 个参数。如果下方未出现信息，说明你的文件没有正确读取，即文档中有错误（例如，名称中有空格或缺少列标题）。循环的设置如图 2-10 所示。6 个条件将重复 5 次，因此一共将有 30 个试次。每一次循环中，条件文件中的某一行就将被随机选中。最后，单击 OK 按钮确认即可。

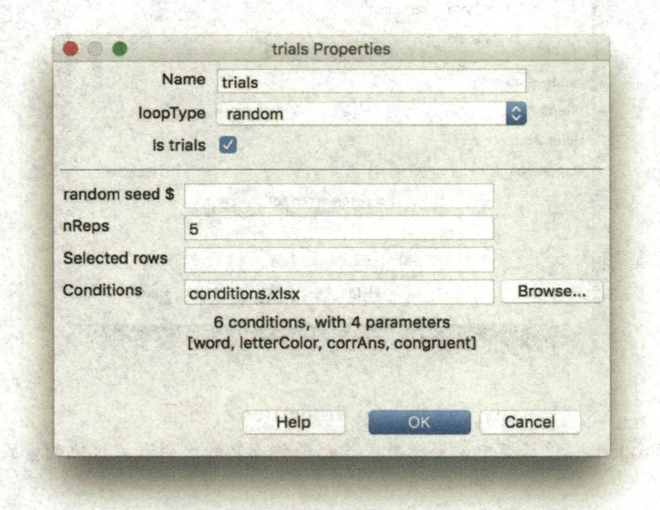

图 2-10　循环的设置

注：该对话框中显示了你导入的条件文件（出现提示信息表明它已成功导入）。5 次重复的结果是有 30 个试次。

① 单击 Flow 面板中的 trials 框。如果你之前将循环命名为“xunhuan”，那么你需要单击面板中的 xunhuan 框。——译者注

② conditions 也是我们对条件文件的命名，当然，也可以将该文件命名为 tiaojian，但我们建议你将条件文件命名为 conditions。——译者注

此时，流程图如图 2-11 所示。

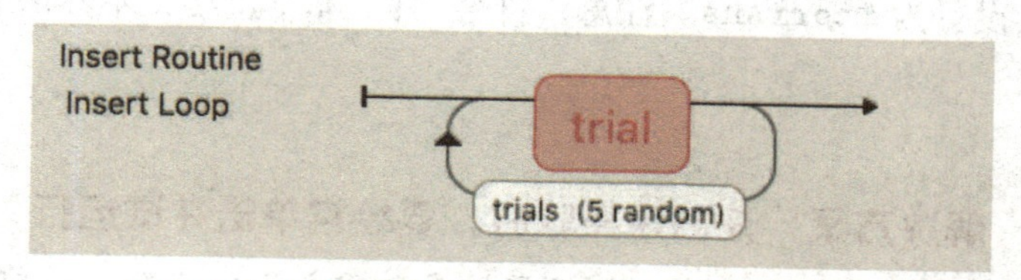

图 2-11　添加循环后的 Stroop 基本实验流程图

2.6.1　在每次试次中更新文字

试次中不同的变量和试次种类设置完之后，刺激和键盘就可以与之连接。现在需要编辑 `trial` 程序中的文字组件。我们希望在条件文件中呈现文字变量，而不是在每次试次中呈现单词 `red`[①]。如果我们在文字组件的 Text 框中只输入了 `word`，那么单词"word"（引号仅代表引用，不需要输入对话框中，下同）将作为刺激呈现。因此，我们需要在 Text 框中添加符号 $，让 PsychoPy 将其识别为代码，而非纯粹的文字。注意，Position 框中出现的内容应全部被识别为代码，因为该框前本来就有符号 $，你无须再添加，不过为了保险起见，添加了也无妨[②]。最后，删除 `red`，添加 `$word`。确保单词的拼写和条件文件中变量的名称完全一致，包括大小写等[③]。

对于大多数设置为变量的参数，其也需要告诉 PsychoPy 应何时更新变量的值。在值右边的列表框中可以进行相应的选择，即 constant（常量）、set every repeat（每次重复时更新）和 set every frame（每一帧更新）。

本实验中，文本的 Color 需要设置为 `$letterColor`[④]，这样它才会作为变量进行呈现。另外，在 Color 和 Text 框后请务必选择 set every repeat[⑤]。

现在，可以再次运行实验，检查它是否顺利运行，刺激能否在每个试次中正确变换文字和字母颜色。

2.6.2　在每个试次中更新正确答案

根据条件文件中的变量，正确答案也随之变化，因此你需要更新键盘组件的设置。单击键盘组件的图标（严格参照说明，该组件应该叫作"resp"），编辑相关参数。勾选 Save

---

① 如果现在运行已有的程序，你会发现虽然你可以按相应的方向键，但屏幕中只会反复出现 `red`。因为我们在文字组件中的 Text 框中只输入了 `red`。——译者注

② 在 PsychoPy 文字组件的参数设置中，Letter height 和 Position 框前已默认添加了 $ 符号。——译者注

③ 该条件文件即是 trials 循环的设置中 Conditions 方框内的文件。——译者注

④ `letterColor` 是前面提到的条件文件中第二列的命名。——译者注

⑤ 如果没有选择 set every repeat 则程序会报错。例如，如果在 Text 框后的选择框内选择了 constant，那么实验运行时你会发现，在输入实验参与者编号后，实验程序报错且自动退出，在进入 Coder 界面找到文字组件的代码后你会发现 `text=word`，但 word 并非一个已定义的变量，该变量无效。——译者注

correct response[①]复选框，会出现新的对话框，在此你可以说明正确的反应是什么。根据条件文件，应该将其设置为 `$corrAns`。注意，符号“$”非常重要，不然所有反应都会“不正确”（incorrect）。

解决方案：在创建实验时，要经常单击并试运行

在前面的讲解中，你会发现我们经常保存并重新运行实验，这样做的优点是，如果实验出现问题，你可以在相对较小的范围内检查并找出原因。

在试运行实验以检查漏洞时，可以将重复次数设置得比正式实验时少，这样就不会每次测试都花费很长时间了。另外，如果你不想运行某部分（例如，训练或适应期），你可以将循环次数设置为零。

此时，stim 和 resp 的设置分别如图 2-12 和图 2-13 所示。

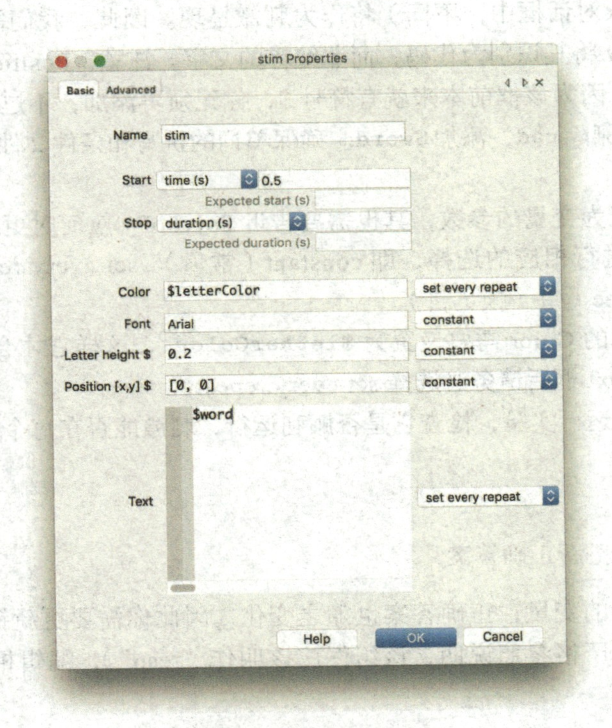

图 2-12　文字组件 stim 的设置

注：在变量名前插入符号“$”，且对于部分变量和参数要选择 set every repeat。

① 在 PsychoPy 3.2.4 版中，该复选框为 Store correct，勾选后则会出现 Correct answer 对话框，在该对话框中填入 `$corrAns`。请注意，`corrAns` 是条件文件中第 3 列的名称。——译者注

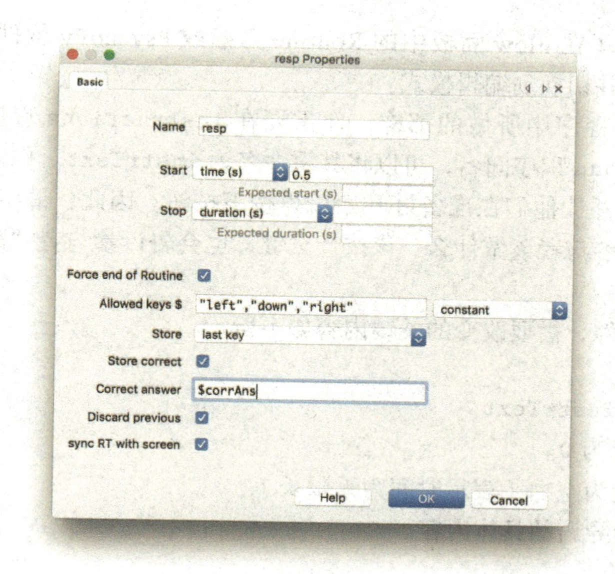

图 2-13　键盘组件 resp 设置的最终情况

注：请注意方向键名需要使用引号（单引号和双引号均可以，但一定要前后匹配，并用逗号隔开，且均为西文字符）。请确保将 Correct answer 设置为 $corrAns 而不是 corrAns，否则，PsychoPy 在运行实验时会检测参与者是否按下根本不存在的 corrAns 键。

2.7　添加指导语

如果实验能正常运行，刺激能正确更新，键盘可以结束试次，就意味着你的实验完全可以运行并展示 Stroop 效应了。当然，还有可以提升的空间。例如，实验开始前，最好能对参与者就按键规则有所提示并确保他们有准备时间（如果你输入实验参与者身份编号并单击 OK 按钮，屏幕就立刻进入第一个试次，这会让参与者感觉很不愉快）。

添加指导语有两种方法。第一种方法比较简单。在 Flow 面板中单击 Insert Routine 按钮，选择 new 选项，将它命名为 instructions，将其设置为在试次循环开始前出现（如图 2-14 所示）。第二种方法有两个步骤。首先，选择 Experiment 菜单里的 New Routine 选项，创建一个新程序。然后，单击 Flow 面板中的 Insert Routine 按钮，插入创建的程序（包括 Flow 面板中已有的其他程序）。

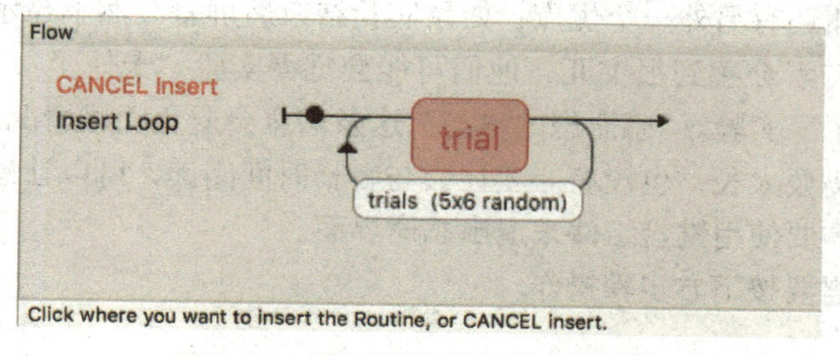

图 2-14　添加指导语的第一种方法

注：在 trial 循环前添加程序，用于保存实验指导语（将小圆点移动到图中位置并单击，完成添加）。

单击插入的程序（在 Flow 面板中的 Routine 方框或 PsychoPy 软件可视化界面顶端的 Routine 选项卡中），并切换到编辑模式。

正如你在 trial 程序中所做的那样，你需要在 instructions 程序中添加文字组件。它不能和 instructions 程序同名，可以将其重命名为 instrText。你需要给予参与者充分的时间阅读指导语，并让他们在准备好开始后再按下按钮。因此，请将 Stop 时间设置为无限长。指导语会告诉参与者该做什么、该按什么键，也会告诉参与者“准备好后按任意键开始实验”。

因此，对于该组件，需要改变的关键内容如下所示。

- Name 设置为 instrText。
- Start 时间设置为 0。
- Stop 时间设置为空白（表示时间为无限长）。
- Text 设置为指导语的具体内容。

由于我们将指导语的持续时间设置成无限长，因此要结束程序，就必须添加一些内容，否则将永远无法开始主实验。

添加键盘组件，其参数设置如下所示。

- Name 设置为 ready（也可取名为其他合法名称）。
- Store 设置为 nothing。
- Stop 时间设置为空白（表示持续时间为无限长）。
- 勾选 Force end of Routine 复选框。
- Allowed keys 设置为空白（表示任意按键均可）。

再次强调，将键盘的持续时间设置为空白。如果 1s 后（这里假设将持续时间设置为 1s）键盘组件就停止对按键反应的检测，那么 PsychoPy 将永远不会检测到参与者已经按下按键。此时，用户只能按 Esc 键退出实验。

2.8　添加感谢界面

实验程序的最后，虽然不必要向参与者表示感谢，但向参与者致谢会显得很有人情味。此外，向参与者致谢还有另外一个优点：如果实验结束后屏幕突然不显示任何内容，也没有任何信息，那么参与者会感到很突兀，他们可能会觉得实验“卡住了”，甚至会有很多参与者认为他们“搞砸了”实验。“感谢您的参与”这条信息会避免上述情况。

感谢的内容不需要太长，也没有必要让参与者长时间阅读，可以让感谢语在屏幕上停留两三秒，之后也不需要使用键盘组件来退出感谢界面。

添加感谢界面需要按下方步骤操作。

- 在 trials 循环后添加 thanks 程序。

- 在该程序中添加文字组件，命名为 thanksText，内容为简单的感谢语。
- 将文字组件设置为立即开始并持续 2s。

2.9 更改信息

在 Experiment Settings 对话框中，你可以改变开始时收集的信息和修改其他选项。例如，在实验开始时，有一个值叫作 session。如果你不在同一天进行你的研究，那么一开始在会话对话框中输入的 session 值可以用来区分某个参与者处在哪个会话中，但如果每个参与者只参与一次实验，那么 session 在这里就没有必要进行设置了。本实验中（假定）我们此时不关心 session 的值，可将 session 所在的行删除。然而，我们关心参与者的性别，因为之后我们可以统计有多少参与者是男性或女性。

单击实验设置图标[①]，将 session 名称变更为 gender(m/f)。也可以提供一个默认值（如 f），以告诉参与者你期望的填写格式。请务必保留 participant 的设置（它用来指定每个参与者的数据文件名称）。

同样可以添加 "age" 这一行数据（如图 2-15 所示）。单击 + 按钮添加新的一行。你在这里填进去的内容都会和数据文件一起存储。你还有其他想要顺便存储的数据吗？输入的顺序无所谓（最后都会按字母排序）。

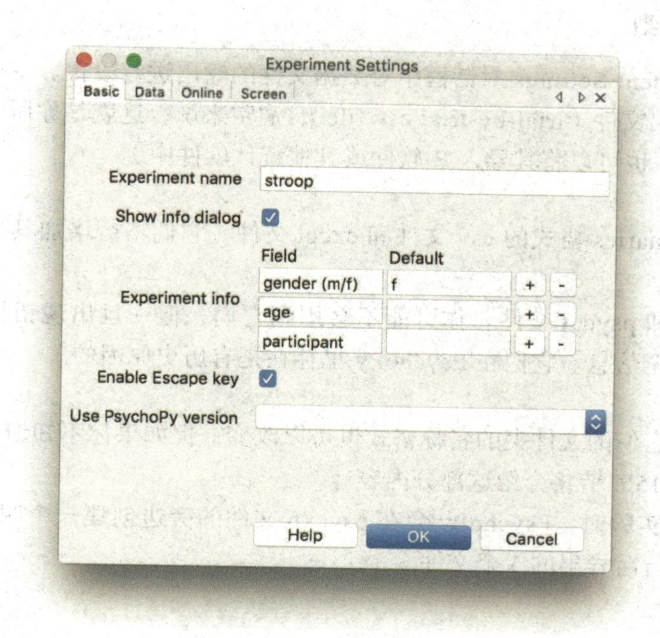

图 2-15　添加 "age" 这一行数据

注：对于 Stroop 任务，在 Experiment Settings 对话框中，没有 "session" 信息，增加了 age 和 gender。

① 不同版本的 PsychoPy 中，实验设置的图标不同。——译者注

通过 Experiment Settings 对话框，可以控制屏幕的其他属性，例如：

- 指定鼠标是否可见；
- 指定屏幕背景颜色是什么；
- 指定是否以全屏模式显示。

解决方案：在窗口模式而非全屏模式下排除漏洞

当实验在全屏模式下试运行时，如果出了差错就很难退出（例如，实验卡在循环中或者加载文件时间太长）。通常可以通过计算机的任务管理器（task manager）强制退出程序，但那样很麻烦。如果实验在完全顺利运行之前仍处于窗口模式，那么（试运行一旦出现错误）你就可以单击红色的“停止”按钮强制退出实验。

2.10　数据分析

2.10.1　数据文件类型

可以在 Experiment Settings 对话框中对数据文件的输出进行设置。主要的文件输出是指每次实验的数据输出文件（trial-by-trial csv file），通常来说，这就是你所需的实验数据（可以用 Excel 打开它，也可以将其导入 R 软件或其他统计软件中）。

- 不要用 summaries 格式的 csv 文件和 excel 文件，它们不会增加其他数据信息，却会拖慢程序①。
- 请保存 log 和 psydat 文件。你可能不会用到它们，但一旦出现错误，它们会提供一些有用的安全信息。它们在 PsychoPy 里存在是有历史原因的。

文件以及保存它们的文件夹的名称格式也可以改变，但如果你不知道操作方式，就很容易产生问题。本书 15.6 节将介绍这部分内容。

当我们在运行实验时，PsychoPy 会在 psyexp 文件的旁边创建一个叫作 data 的文件夹。它包含每次实验运行后导出的 3 个文件。

---

① 单击 Experiment Settings 对话框的 Data 选项卡，就可以进入保存数据的设置界面，在选择保存的数据格式时，可选择保存 excel file、csv file(summaries)、csv file(trial-by-trial)、psydat file 和 log file 等。一般情况下后三者是默认保存的数据格式，因此，如果没有特殊的情况，不必使用前两种数据文件。——译者注

- csv 文件[①]：用来分析的数据文件。数据按行、列的形式存储在文件中，每一行代表每个试次的情况（按时间顺序排列）。它可以用任何电子表格应用程序打开，例如 Excel，这个文件是我们下面进行数据分析的重点。
- log 文件（文本文件）：用来记录细节的文件。每次实验有改动，就会按照时间顺序向日志文件发送信息（带有时间戳）。这有利于检查刺激的计时功能是否正常，并查找一些之前认为不需要的数据。但该文件对常规数据分析的用处不大，因为里面信息量太大。
- psydat 文件：在 Python 脚本中进行分析的文件。这份文件不容易读取，也不能在该应用里打开（就目前来讲），但它包含了大量信息。当不慎丢失或损坏 csv 文件时，可以用它修复全部数据，或找回原来运行的整个实验。不过，只能通过 Python 代码加载或使用这个文件。请务必保存这个文件，在发生错误时它们将大有帮助。

解决方案：打开 log 文件的应用

log 文件是简单的文本文件，即常说的 txt 文件（用制表符分隔）。在 Mac 计算机上，默认在控制台（console）中打开文本文件，这没问题。不过在 Windows 系统中，默认在记事本应用程序中打开文本文件，这就很糟糕了。记事本无法识别 log 文件中的行结束字符（line-end character），因此大多数人无法读取这些内容。可以免费安装 Notepad ++，以打开 log 文件，或者使用 Excel 等软件打开 log 文件。

2.10.2 分析 csv 文件

打开最近保存的 csv 文件。如果实验在开始时记录了参与者的名字（或编号），那么它会显示在文件名中；否则，你可能会需要选择最近保存的文件。早期那些测试实验是否正常运行的文件都可以删除。（以后测试时，可以将文件命名为 test 或不命名，这样很容易分辨哪些文件有真正的实验数据，那些文件是用来调试实验的。）

双击 csv 文件，在电子表格应用程序中将其打开。后面我们假设你用 Excel 进行分析。但事实上我们将用到的所有分析功能（按列排序和计算均值）在其他常用软件包里应该都有。

用 Excel 打开 csv 数据文件后要做的第一件事就是直接将它另存为 xlsx 文件。csv 格式的文件简单，而且可以兼容多款应用软件。但 xlsx 文件在存储内容方面更加强大，例如，可以存储图表。用这种方法（开始用 csv 文件，之后用 xlsx 文件进行分析）有如下优点。

- Excel 不会一直询问是否需要更改格式。

---

① 即逗号分隔值（Comma-Separated Values）文件，有时也称字符分隔值文件，其以纯文本形式存储表格数据，每条记录都由字段组成，字段与字段之间存在分隔符（通常为逗号或制表符）。——译者注

- 可以添加图表或公式，且可以保存。
- 如果这次分析失败了，还可以重新打开 csv 文件，重新进行分析。

我们来看看数据[①]，示例数据文件如图 2-16 所示。每一行代表一个试次，且按时间顺序排列，而每一列代表不同的变量。某些变量（本次实验中的前 4 个）来自条件文件，告诉你每个试次中字母的颜色和单词本身的含义是什么。后面的列中包含了关于循环和试次编号的信息。

- `trials.thisRepN`：表示 `trials` 循环中的 5 次重复完成了多少次（从零开始计数）。
- `trials.thisTrialN`：表示本次重复中出现了多少个试次（从零开始计数）。
- `trials.thisN`：表示整个实验总共完成了多少个试次（从零开始计数）。
- `trials.thisindex`：表示本条件出自条件文件的第几行（从零开始计数）。

解决方案：扩展 Excel 中的列

在 Excel 中，如果你无法在表中看到所有数据，你就需要扩展列的宽度。双击两列中间的分割线，列的宽度将会得到扩展。

你会发现，某些单元格（cell）或整列的数据都是“########”。不要紧张，数据没有问题。在 Excel 中，数字太长而不能在一列里显示时，就会发生这种情况。尝试扩展列的宽度，看看数据是否出现。

在关于实验循环的这几列信息之后，是几列关于参与者的反应信息。

- `resp.keys`：resp 键盘组件中参与者按下的某个键（如果需要同时按下多个键，也可以是某些键）。如果没有检测到反应，这一列会是空白的。
- `resp.corr`：根据条件文件，答案的正确与否将会存储在这里。希望这一列出现很多“1”（正确），只偶尔出现“0”（错误）。如果出现的都是“0”，请检查键盘组件中是否正确使用了 `$corrAns`，而不是仅有 `corrAns` 或其他内容。
- `resp.rt`：键盘组件开始时计时的时间，单位是秒，大多数情况下表示反应时。

最后几列记录了实验开始时对话框中记录的信息（年龄、性别、参与者等）以及计算机的附加信息（如显示器的帧率）。

本次分析中，你需要计算颜色与意义一致的试次和不一致的试次的平均反应时[②]。可以

---

① 如果你是初学者，请务必一步一步按本书操作，输出的数据和接下来出现的命名均是严格按照之前的步骤而得来的。否则你会感到非常疑惑：为什么又出现了一个新的命名？为什么我的数据里没有这个东西？——译者注

② 在本次分析中，暂时并未考虑错误率、正确率等，且只是非常简单地比较两类情况下平均值的大小，如果你不是初学者，那么你可以跳过 2.10 节。——译者注

用计算器进行计算，但用 Excel 的 average 函数计算会更加简单。

首先，以“条件是否一致”为标准筛选数据。请先确保选中所有数据（如果只选中部分列，就筛选数据，这些列中的数据将无法和其他列中的数据按顺序匹配，即无法拓展到其他区域）。可以按 Ctrl-A 快捷键（Mac 计算机上按 Cmd-A 快捷键）或单击工作簿左上角的方框全选数据，如图 2-16 所示。

	B	C	D	E	F	G	H	I	J	K	L	
1	corr_ans	word	congruent	trials.thisRep	trials.thisTria	trials.thisN	trials.thisInde	resp.keys	resp.corr	resp.rt	participant	age
2	right	green	0	0	0	0	3	right	1	0.73378301	B29	
3	down	red	0	0	2	2	1	down	1	0.38496304	B29	
4	left	blue	0	0	5	5	5	right	0	0.60185504	B29	
5	right	green	0	1	1	7	3	left	0	0.48583984	B29	
6	left	blue	0	1	3	9	5	left	1	0.76696897	B29	
7	down	red	0	1	4	10	1	down	1	0.8667202	B29	
8	down	red	0	2	0	12	1	down	1	0.63551593	B29	
9	right	green	0	2	1	13	3	right	1	0.46806097	B29	
10	left	blue	0	2	4	16	5	left	1	0.43487597	B29	
11	down	red	0	3	1	19	1	down	1	0.75152683	B29	
12	right	green	0	3	2	20	3	right	1	1.23473191	B29	
13	left	blue	0	3	5	23	5	left	1	0.38493991	B29	
14	right	green	0	4	0	24	3	right	1	1.03395796	B29	
15	left	blue	0	4	1	25	5	down	0	0.71801591	B29	

图 2-16　Stroop 任务中的示例数据文件

注：单击左上角（圆圈内）的方框来全选数据（在筛选数据时非常重要），知道这个图标的人不多。

所有数据经过筛选后，不一致的数据在表格上半部分，一致的数据在表格下半部分（或相反）。现在，可以计算 resp.rt 列中上半部分数据的平均值，并与下半部分的平均值进行比较。单击某个空白单元格，用 average 函数计算平均值。通过以下几种方法进行这个操作。

- 从功能选项卡（Ribbon tab）中找到公式（formulas）选项，单击插入（Insert）按钮（可能位于左侧），在统计（Statistical）组别里选择求平均值（Average）。拖动鼠标，可以在出现的对话框里输入要求平均值的单元格[①]。
- 选择菜单栏的插入（Insert）菜单，找到函数（Function）选项。同样会出现上述的对话框，拖动鼠标，输入要求平均值的单元格。
- 如果你无法找到上面的选项，也可以在某一个空白单元格中简单键入 =average（选择要求平均值的单元格，或者直接键入左圆括号和这些单元格中的数据，最后键入右圆括号），计算平均值。

第一种方法要求找到相关菜单项，无须键入。但因为 Excel 版本不同，按钮的位置也可能不同。所以最好还是学习第三种方法（键入命令）。

请重复上述步骤，计算一致情况下数据的平均值，并比较其反应时相对于不一致情况是

① 有的版本中，从“公式”选项里单击“插入函数”按钮，在左侧会出现“公式生成器”，直接选择 AVERAGE，然后选择需要求平均值的单元格即可。——译者注

变短还是变长。

总而言之，在本章中，我们创建和运行了实验，并分析了实验数据。

练习和扩展

练习 2.1　微调参数

（a）将整个实验中屏幕的颜色从灰色调整为黑色。

（b）将指导语的文字从白色变为红色。

答案请见附录 B。

练习 2.2　变换实验的语言

可以测试 Stroop 效应受第一语言影响的程度。例如，可以用法语创建一个任务，word 变量的值将变成 rouge、vert 和 bleu。这种情况下还会有干扰效应吗？（当然，如果你的第一语言不是英语，那么现在你可以用第一语言进行测试。）

答案请见附录 B。

练习 2.3　测量反转的 Stroop 效应

你可以运行相似的实验来观察反转的 Stroop 效应（Reverse Stroop Effect）。本章的实验中，我们探索的是单词本身的含义对你说出的单词文字的颜色产生的干扰。相反，文字的颜色是否会干扰你读出的单词？斯特鲁普的论文表明，文字的颜色不会干扰文本阅读。但是，他是在使用纸与墨水的年代完成这个实验的，当时，参与者大声说出答案，而他用秒表计时。现在有了更精确的计算机计时技术，也许我们可以发现这个效应。

答案请见附录 B。

练习 2.4　查看完整实验

本次任务在 PsychoPy 的演示中还有一个扩展版本，该版本增加了反馈程序和训练试次程序，其中，仅在训练阶段才有反馈。目前来说，从头开始创建实验还很困难，但你浏览一遍将来要学习的内容会对你之后的学习很有帮助。

答案请见附录 B。

第3章

使用图像——面孔知觉研究

学习目标：本章不仅会更多地介绍图像文件及其在PsychoPy中的应用，还会更加深入地讨论路径名称（使用相对路径）以及图像尺寸的知识。

一般用户可能没有意识到，创建在其中更改图像文件的实验要比创建在其中更改文本的实验容易很多。在本章中，我们将重新开始创建另外一个实验，重点介绍如何在试次中加载和操纵图片。

我们将研究面孔倒置效应（Face Inversion Effect），实际上在人脸倒置时是非常难以识别的。Burton等在2010年提出了格拉斯哥人脸匹配任务（Glasgow Face Matching Task），在本章中，我们将重新创建该任务并对其进行调整，即每个面孔都出现两次：一次正置，另一次倒置。

虽然听起来本实验比简单地改变文本更加复杂，但事实并非如此。本实验中，我们同样需要创建条件文件，设置试次，这和之前几章的操作类似，希望你已经在之前的学习中掌握了这些技能。

3.1 正确率与反应时

本章的内容和前一章有所区别：我们不会将反应时作为衡量标准，而会测量正确率，即正确答案在全部答案中所占的比例。许多任务中，参与者几乎每次都能得出正确答案，这种情况下测量正确率没有意义。在Stroop任务中，大多数参与者能正确说出字母颜色，只是在不一致情况下比一致情况下花费的时间更长。而在另外一些任务中，参与者的反应时可能差别不大，或许因为参与者反应很快，又或许因为他们花费的时间都太长，速度上的差别没有那么明显。在这些案例中，我们也许可以发现正确率的不同。在本章的测试中，参与者可以长时间观察刺激，不过大部分人仍会犯错，因此我们可以对错误的性质进行研究。

某些实验的速度和正确率只会受其中一个条件的影响，实验人员很喜欢这种情况。如果在某条件下参与者的反应时变长而正确率降低，那么可以确定在某种程度上参与者难以满足该条件。

延伸阅读：速度与正确率的权衡

在一些研究中，你可能需要权衡速度与正确率。如果在某些条件下参与者反应速度变快（即反应时变短），正确率却下降，那么最终结果将难以解释。不同的参与者通常会采取不同的策略：实验前若告知参与者“请尽可能快速并准确地做出反应”，那么一些参与者会更关注正确率，而另一些则更关注速度，不同策略产生的结果也会不同。这不一定会对你的研究产生消极影响，但你应该了解，为参与者提供的指导语可能会影响参与者在实验中采取的策略。

3.2　面孔识别测试

基于格拉斯哥人脸匹配测试，我们创建任务来测试面孔识别（Face Recognition）的正确率。任务中，在观察两幅图片后，参与者需要回答图片中是不同的人还是相同的人。这是一项艰巨的任务。

延伸阅读：格拉斯哥人脸匹配测试

我们觉得自己非常擅长识别人脸。识别朋友和家人确实很容易，即使在拥挤的场所，我们也可以快速地认出他们。然而，我们却不太擅长识别不认识的人脸。在不认识某人时，很难判断两幅图片里的人是否是同一个人。这也是格拉斯哥人脸匹配测试关注的重点。你觉得自己很擅长识别人脸，甚至经常嘲笑计算机程序低下的面孔识别能力，而在格拉斯哥人脸匹配测试中，参与者的平均正确率是 89.9%。这意味着所有参与者平均每 10 次测试中就有一次回答错误。

3.2.1　实验所需材料和条件文件

实验所需的材料可从 sagepub 网站[①]下载并保存。

在 PsychoPy 中打开 Builder 界面，直接新建并保存实验。在下载目录中打开你从 sagepub 网站下载的材料，其中有两个存储实验图片的文件夹，已分别命名为 different 和 same，将这两个实验图片文件夹与实验程序文件一起保存在同级目录下并将该目录文件命名为 GFMT，表示 Glasgow Face Matching Test[②]。

下载的材料中，有一个包含测试条件的 Excel 文件，你无须再输入文件名。首先，在电子表格应用程序（如 Excel）中打开文件，见图 3-1。其次，图片文件保存在 same 和 different 文件夹中。最后，还有一个完整的、可运作的 PsychoPy 实验文件，但是强烈建议你根据书中的提示自己新建实验。实际操作越多，学得越好。

---

① 在 sagepub 网站搜索 peirce-macaskill-building-experiments-in-psychopy，进入原书后，单击 Online Resources，然后单击 Chapter Exercises and Instructions 即可下载。——译者注

② 事实上，在下载的实验材料文件夹中，所有的东西都已经准备好，无须你再做调整，但是对于初学者来说，建议你在参考这些材料的基础上，亲自动手进行操作。——译者注

	A	B	C	D	E
1	imageFile	corrAns	sameOrDiff		
2	same/020_C2_DV.jpg	left	same		
3	same/025_C2_DV.jpg	left	same		
4	same/068_C2_DV.jpg	left	same		
5	same/069_C2_DV.jpg	left	same		
6	same/074_C2_DV.jpg	left	same		
7	same/075_DV_C2.jpg	left	same		
8	same/081_C2_DV.jpg	left	same		
9	same/085_C2_DV.jpg	left	same		
10	same/092_C2_DV.jpg	left	same		
11	same/102_C2_DV.jpg	left	same		
12	same/108_DV_C2.jpg	left	same		
13	same/115_C2_DV.jpg	left	same		
14	same/120_DV_C2.jpg	left	same		
15	same/129_C2_DV.jpg	left	same		
16	same/136_C2_DV.jpg	left	same		
17	same/139_DV_C2.jpg	left	same		
18	same/168_C2_DV.jpg	left	same		

图 3-1　格拉斯哥人脸匹配测试中条件文件的一部分

解决方案：正确指明文件路径

注意，在条件文件中，文件路径的表达方式类似于 same/020_C2_DV.jpg。

路径的表达方式与实验相关。我们刚刚保存的实验文件位于 same 文件夹中，里面有命名为“00_C2_DV.jpg”的图片。当然，也可以写明文件的完整路径（如“C:/Documents and settings/...”），不过如果我们将实验文件移到新的文件夹或不同的计算机，路径就会改变，那么整个条件文件中的内容需要重新输入，这非常麻烦。

3.2.2　定义试次

现在条件文件和实验文件都有了，我们要如何开始实验呢？

与第 2 章的 Stroop 任务相似，我们先要确定单个试次的时间。在格拉斯哥人脸匹配测试（GFMT）任务中，参与者可以在无限长的时间内观察人脸，测试的关键在于他们能否回答正确。实验的图片材料在下载材料中已经准备好，该实验材料由 Burton 等在 2010 年制作并使用。在一个图像文件中有两张人脸，二者由白色背景隔开，这就意味着试次中我们只需要一张图像（其包含两张人脸）即可。如果使用两张图像（一左一右），那么需要在不同的位置插入第二张图像，这也不难：定义两张图像的位置属性，并在条件文件中为每张图像新建一列数据（但这相对于前者来说会更麻烦）。

单击 Components 面板中的图像图标，在 trial 程序中新建图像组件，命名为 faces（见图 3-2）。

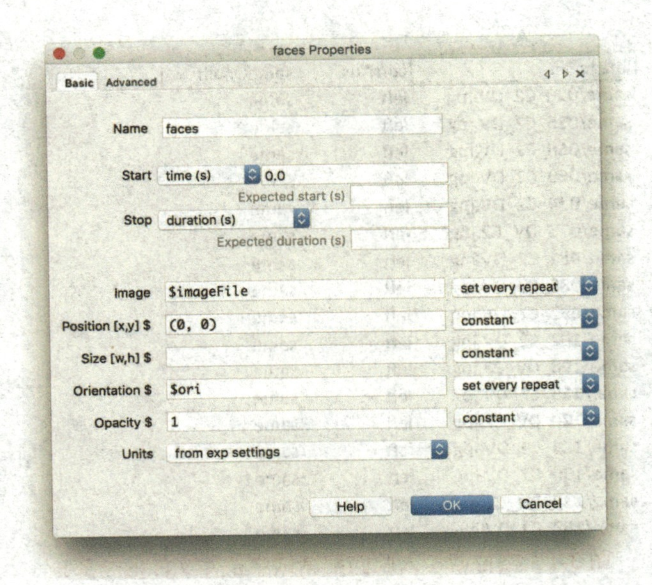

图 3-2　GFMT 任务中 faces 图像组件的设置

注：Image 应设置成 $imageFile，时间设置为从 0.0 开始，且永不结束。

我们还需要创建键盘组件，这样参与者才可作答。和 Stroop 任务类似，不过本任务中我们只需要两个键来确认人脸是否匹配（左方向键表示匹配，右方向键表示不匹配）。

在 Stroop 任务的条件文件中，对于每个试次，都在 corrAns 列输入正确答案。本任务中，也要在键盘组件的参数中输入 $corrAns 以设置正确答案，见图 3-3。

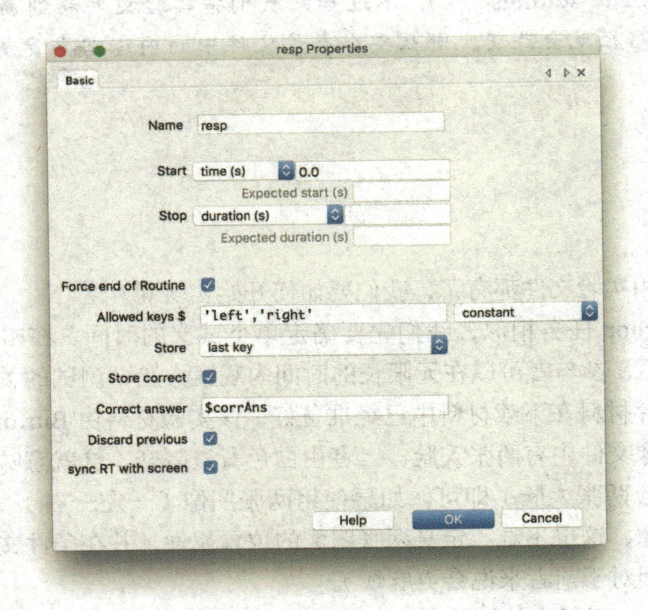

图 3-3　GFMT 任务中键盘组件的参数

注：Correct answer 应设置为 $corrAns。如果你不小心输入了 corrAns，PsychoPy 就会寻找根本不存在的 corrAns 键。

3.2.3　加载条件文件

我们需要指示 PsychoPy 重复文件以及重复我们在刺激和反应的组件中使用的变量。和第 2 章类似，我们需要在 Flow 面板中添加循环（单击 Insert Loop 按钮），将其命名为 `trials`，并设置它的值，见图 3-4。

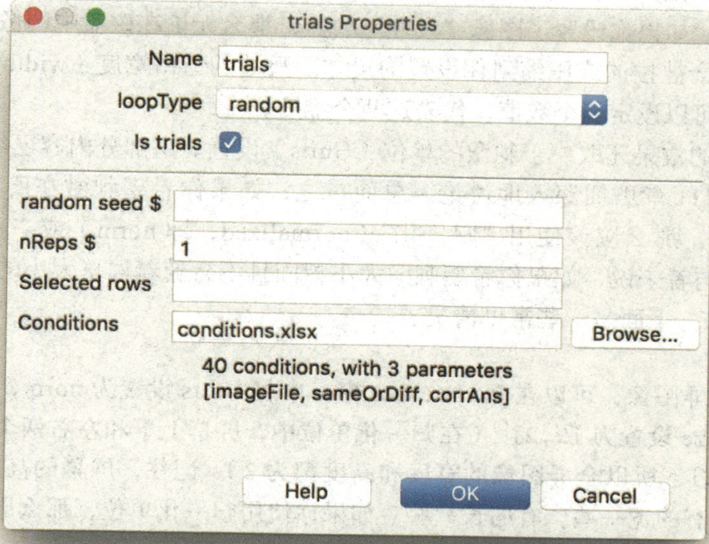

图 3-4　在 GFMT 研究中 `trials` 循环的参数

单击 Browse 按钮加载条件文件，该按钮应该在实验文件（Conditions 框）的后面。如果一切顺利，你可以看见已加载条件的汇总信息。

如果加载不正确，可能是因为条件文件的格式错误。你是否下载后不小心改了格式？或许需要重新下载一次。

3.2.4　运行实验

此时，实验应该可以正常运作，每个试次呈现两张人脸，只需要按左右方向键回答两张人脸是否相同。在真实的实验中，你需要在研究开始前通过新建程序添加指导语，指导参与者该做什么；你还可以添加提醒，告诉参与者哪个键表示相同，哪个键表示不同。为此，可以在 `trial` 程序中新建两个文字组件：一个位于屏幕左下方，表示“相同”；另一个位于屏幕右下方，表示“不同”。

一旦实验运行结束，就可以通过打开 csv 文件（保存在 data 文件夹中，图标和 Excel 文件相似）看看结果如何。虽然你可以看到回答正确和错误的次数，但你可能需要根据实验条件是否真的匹配来区别和分析答案。Burton 等人发现人脸实际匹配时，参与者的表现略好一些。

3.3 不同单位下的图像尺寸

到目前为止，我们呈现了图像却没有明确尺寸，我们只是简单地呈现了原图像的原始尺寸（以像素为单位[①]）。一方面，如果你的全部图像都是适当的大小，而且图像不需要在不同屏幕或计算机上呈现，那就没什么问题。

另一方面，如果图像尺寸不相同，也没关系。在实验运行时，PsychoPy 可以将图像设置为特定尺寸。如果你设置了图像“尺寸”的值，那么无论在磁盘中图像的大小是多少，呈现出的图像都会被拉伸或压缩到你设置的尺寸。尺寸的值由宽度（width）和高度（height）组成，但是也可以设定一个数值，代表这两个维度。

尺寸设置的效果还取决于刺激的单位（Units）设置。这部分内容已经在第 2 章讨论过，而且还将在第 11 章更加深入地讨论。总而言之，如果你希望刺激在所有的计算机屏幕上的比例都相同，那么应该使用“归一化”（normalized，即 norm）或“高度”（heights）单位[②]；对于参与者来说，如果你希望刺激大小相同且不会随着屏幕大小的变化而缩放，应该使用 cm 或 deg。下面是一些常见情况。

- 对于全屏图像，可以在 Preferences 窗口中将 Units 设置为 norm，在图像组件的设置中将 Size 设置为 `[2,2]`[③]（在归一化单位中，屏幕上下和左右两个方向的尺寸范围为 `[-1,+1]`，所以全屏图像的宽度和高度都为 2）。记住，屏幕的高宽比（aspect ratio）不同，有的宽一些，有的长一些。如果你使用归一化单位，那么屏幕的高宽比会改变刺激的形状，导致图片变形。
- 对于方形图像，与计算机屏幕等高（在不同屏幕下均等高）：将单位设置为 height，将图像尺寸设置为 `[1,1]`。即图像为方形，高度与计算机屏幕的高度相等，但是图像两侧的间隙取决于屏幕的宽度，因而在不同计算机屏幕中会有所区别。
- 对于以厘米为单位的固定尺寸图像，不考虑计算机屏幕的尺寸，将单位设置为 cm。
- 对于以参与者的眼睛为参考的固定尺寸图像，将单位设置为 deg（表示视角的大小）。

对于后两个选项，记得要用显示器中心（Monitor Center）去校准显示器（参阅 13.3 节）。PsychoPy 需要了解你使用的是哪种显示器校准方式。同时，在 Experiment Settings 对话框中单击 Screen 选项卡，添加显示器名称，确保它和在显示器中心的名称一致。

刺激的单位一旦改变，该刺激所有的相关参数都会受影响，如大小、位置；对于光栅刺激（grating stimuli）来说，其空间频率（spatial frequency）会受到影响。

---

① 打开 PsychoPy 中的用户偏好设置（Preferences）窗口，可以查看单位（Units）后选择的单位是什么，有 pix、cm、norm、deg 等。——译者注

② 接上一个注释，heights 在 PsychoPy 3.2.4 版中应为 height 选项。——译者注

③ 在对话框中使用小括号“( )”或中括号“[ ]”均可，但符号要前后统一。逗号之后也可不添加空格。在本书中，作者使用了不同的代码书写方式，所以不要感到疑惑。但请务必谨记，所有的代码中不要出现中文字符（包括中文空格等）。——译者注

实操方法：确保单位和图像尺寸相匹配

"图像不出现"却没有报错的最常见原因之一，是刺激的尺寸或位置对于设置的单位来说没有意义。0.5 对于归一化单位来说有意义，但如果你将单位设置为像素，图像将变得太小，你根本看不见；(100，0) 的位置对于像素单位来说有意义，但对于归一化单位来说，这意味着它位于屏幕右边大约 30 米处。

当刺激（图片或文字）未出现时，请认真检查单位的设置。

3.4 正置和倒置人脸的比较

如果要用 GFMT 测量"面孔倒置效应"，可以运行同样的任务，但将其中一半的人脸倒置。在 PsychoPy 中，倒置人脸这一步骤非常容易。在图像组件中可以设置图像的方向，以度为单位。如果我们希望通过人脸是否倒置来比较参与者在面孔识别任务中的表现，那么我们只需要设置图像的方向（Orientation）即可。可以创建两个版本的实验。在第一个实验中，将刺激的 Orientation 参数设置为 0（即原始朝向）；在第二实验中，将刺激的 Orientation 参数设置为 180（即倒置）。或者可以使用条件文件建立一个新的实验，即将所有刺激运行两次，一次图像正置，一次图像倒置。

首先，你只需将条件文件中的每一行复制并粘贴，使所有的图像条件都出现两次。然后，在条件文件中新建一列，命名为 ori，将这一列的数值一半设置为 0，一半设置为 180。此时，所有数值为"0"的试次都在上半部分，而所有数值为"180"的试次都在下半部分。不过无须担心，因为在进行随机化设置后，PsychoPy 会默认将这些试次的顺序重新打乱，然后随机呈现。

解决方案：那些始终是代码的参数

对于组件的对话框内的一些参数，不需要在参数前面插入符号 $，而只需要提供变量名。例如，对于 Orientation 参数，输入变量时可以不插入符号 $，因为对于这些参数来说，输入的通常是数字，输入文字不具有任何意义。对于 Color 参数，如果输入的值为 black，既可以表示颜色，也可以表示 txtColor 变量，因此需要插入符号 $，以明确我们想要表达的内容。另外，Orientation 参数里的文字不具有任何意义，如果在 Orientation 参数里看到文字，可以确定它就是变量名。如果某参数的值一直被当作变量或代码，则对话框旁会出现符号 $，如 Position 变量。

对于任何参数，在输入的值前都可以插入符号 $，这对实验不会产生影响。你可以慢慢养成插入符号 $ 的习惯。

最后，你需要改变试次中的刺激，以便使用上述这些新的实验信息。在 trial 程序中打开刺激的相关组件（单击你已经创建的组件，不要单击 Routine 面板右侧的图标）。虽然现在对话框中没有出现 Orientation 参数，但你也不需要重新在循环中加载条件文件。在实验正式开始运行后，Orientation 参数就可以正确加载（确保你在原来的条件文件中添加了 Orientation 这一列变量，且没有修改条件文件的位置和名称等）。如果你不放心，可以单击 Flow 面板中的 `trials` 循环图标，单击 Browse 按钮重新加载条件文件。

3.5　图像设置的额外选项

与 Builder 界面中的任何组件一样，可以在相关对话框中单击 Help 按钮，获取该组件所有参数简要的在线说明。本节不会讨论所有参数，仅介绍需要注意的参数。

3.6　使用不透明度

Opacitiy（不透明度）参数的设置决定了图像与背景将如何进行结合。在许多系统和应用中它被称为 alpha（透明度）。

想象一下你的图像显示在玻璃上，不透明度则决定了墨水颜色的深度，以及你能否透过图像看到玻璃“后面”的东西。在本章的实验中，图像的“后面”指的是我们已设置的窗口颜色和其他可视化的组件。屏幕在刷新的时候，根据程序运行的逻辑，在逻辑之前的组件将会先出现，在其之后的组件则后出现，于是在一定时间范围内，在屏幕上后出现的组件则位于先出现组件的前面，即组件之间会有一些遮挡。如果图像不透明（`opacity=1.0`），背景将完全不可见；如果图像透明（`opacity=0.0`），图像将不可见，而背景完全可见。如果图像不透明度是中间值，图像呈现半透明状态，你可以同时看见图像和它“后面”的东西。就好像你可以透过玻璃上的墨水看见后面的东西，即你可以看见图像和背景结合的画面。

解决方案：不透明度的应用

虽然不透明度可以用来创建半透明的刺激，但是我们常常通过设置不透明度，让试次中不需要的刺激“消失”。也可以将不透明度设置为时间的函数，让刺激逐渐呈现（参阅第 5 章）。

从技术上来看，图像中的像素颜色和背景加权平均后产生了上述效果。通过其他方式也可以达到这种效果，这将会在 16.2 节中详细讨论。

3.7　使用掩膜

在图像组件的 Advanced 属性中，可以给掩膜（mask，即蒙版）设置一个值。掩膜即技术人员常说的 alpha 蒙版，它和上面提到的设置不透明度值类似，不过这里需要针对每一个像素单独进行设置。巧妙之处在于，掩膜可以给你这样一种感觉：你正在透过玻璃观察刺激，而且你可以控制窗口的形状。掩膜的参数可以设置为内置选项之一，如 circle、gauss

或 raisedCosine（这些选项将在本书第 16 章中详细讨论）。如果你想设置自定义掩膜，也可以用另一张图像。

如果你将掩膜设置为一张图像，它将被强制加载为灰度图像（如果它原本不是灰度图像），并且每个像素点的亮度可以代表那一点的不透明度。白色像素完全不透明，而黑色像素完全透明。

注意，掩膜的形状同样受到刺激的 Size 参数的影响。如果你设置了一个圆形掩膜，但设置了矩形的尺寸，最终刺激可能会呈现为椭圆形。

解决方案：改变图像颜色

在图像的 Advanced 属性中，你可以看到用于控制图像颜色的设置。这个选项在这里的作用和对其他刺激的作用是一样的（例如，前一章提到的文字组件中的设置）。但是对于图像刺激，你可能不太希望看到这个选项。你设置的颜色参数是由每个像素的值相乘得到的，而 PsychoPy 默认的颜色值范围很特殊，非常暗的像素的颜色值为负（参阅 11.2 节的延伸阅读）。这对于大多数人来说是难以预计或难以操作的。

通过另一种方法可以实现预期的结果，即用掩膜控制图片的形状。利用掩膜的优势在于，对于原本想用作背景的图片，它的某部分将被设置成透明的，而不是黑色。那么我们该如何操作呢？首先请想象一个形状（如苹果），如果要让它在不同的试次中呈现不同的颜色，你需要将 image 参数简单地设置为 Color，而不是实际图像的名称。然后，将 mask 参数设置为你想要的图像形状（如苹果的灰度图像）。正如前面所讨论的，当掩膜是一张图像时，所有白色区域都可见，而黑色区域不可见，因此只有苹果区域会显示出来。出于图像设置的原因，该区域只显示一种颜色。最后，将实际的（在 Advanced 选项卡中设置）Color 参数与条件文件中的变量连接，原理与在其他参数中使用符号 $ 进行设置一样。现在你的刺激不仅可以改变颜色，还可以使用图像来控制形状（以及边缘的透明度）。这很厉害吧？

3.8　呈现一段视频而非图像

呈现视频刺激与呈现图像刺激非常相似。Size 和 Position 参数的设置相同，文件名的命名方式也相同（参阅 3.2.1 节）。不同的是，视频的图像一直在改变，而且视频中还有声音（也可能没有）。实验中，如果你希望音频静音，对于视频（Movie）组件，可以勾选 No audio 复选框，这样也会减少 PsychoPy 在运行实验时的任务量。

许多不同的库可以从计算机磁盘（即 PsychoPy 所指的“后端”）中加载视频。一般来说，默认的视频库（moviepy）完全足够，但如果你发现视频质量很差，你可能会想要尝试不同的选择。

实操方法：视频、音频不要用 AAC 格式

你可能需要将视频文件转换为 PsychoPy 支持的格式。PsychoPy 支持 mov、mkv、mp4、ogg 这 4 种视频格式，但其中的音频流（audio stream）可能不被 PsychoPy 所支持。视频音频经常使用 AAC 格式，虽然这是一种专有格式，但需要付费后才能解码。这意味着，要播放视频中的音频，需要解码视频文件，以使用线性（linear）音频或未压缩（uncompressed）音频。可以使用像 HandBrake 这样的免费开源软件去解码视频，当然，也可以使用其他大多数视频编辑软件去解码视频。

对于视频文件中的视频流，PsychoPy 支持的、最常用的编解码器（CODEC）叫作 H.264，因此你也可以使用 H.264。

练习和拓展

练习 3.1 添加指导语

研究开始前添加指导语，研究结束时添加感谢信息，这些对实验很有帮助。在阅读指导语时，参与者可以根据自身情况做好正式开始的准备。因此，将阅读指导语的时间设置为无限长，并提示参与者“按任意键开始试次”。

可以尝试从现有的 Stroop 实验中复制、粘贴这两个程序。首先，在新窗口中打开 Stroop 实验，然后选择菜单栏中的 Experiement → Copy Routine 并在新实验中进行粘贴。

答案请见附录 B。

练习 3.2 添加练习试次

正式开始前，你可能需要添加几次练习试次。虽然 Burton 等人（2010）没有添加练习试次，但你可以多多练习，例如，在流程图中的不同地方插入程序或两种不同的条件文件。

答案请见附录 B。

第4章

计时与短暂刺激——空间线索化任务

学习目标：本章主要讲述关于计时以及如何优化计时的基本知识，特别是短暂的刺激应如何计时。

我们将重新编写另一个实验：一个简单版的空间线索化任务（Posner Cueing Task）。现在，读者已经理解试次与条件文件的概念了，所以这部分可以快速掠过。我们着重讲解屏幕的刷新频率及其局限性，如何以帧为单位对刺激进行计时，以及使用计算机（键盘）完成实验的精确程度。

本章会通过实际操作来指导你创建实验，在阅读本章的同时，强烈建议你阅读本书第12章，它讲解了更多的计算机知识以及为什么这些步骤是必要的。第12章的摘要如下：刺激呈现的时间不是任意的，而必须是整数帧的时间；从磁盘上加载图像刺激需要时间，特别是当像素较大时；显示器应该与屏幕的刷新频率（在操作系统的控制面板中查看）同步；短暂的时间段最好由帧数指定；键盘的计时存在延迟。

4.1 精确地呈现短暂刺激

本书第13章将讨论有关显示器与计时的理论和内容。简单来说，计算机显示器以固定的频率刷新［一般为60Hz，因此每一帧的持续时间为(1/60)s，也就是约16.667ms］。刺激呈现的持续时间必须为整帧，否则将无法呈现。PsychoPy“知道”屏幕何时刷新，因此，如果要精确地呈现短暂刺激，最好的方式是根据刺激出现和消失的帧数来计时。你需要了解显示器的刷新频率，并且将计算机设置为与显示器的刷新频率同步。你可以在12.2节了解更多的相关内容。大多数计算机默认情况下与显示器的刷新频率同步，且大多数标准显示器以60Hz的频率刷新。现在假设你的显示器的刷新频率为60Hz，你可以运用以下公式计算某特定时间段的帧数：

$$N = t \times 60$$

其中，N是帧数，t是期望刺激呈现的时间，单位为s。注意，如果N不是一个整数（也就是小数），刺激就无法呈现。例如，刺激呈现的时间为20ms，也就是1.2帧，这显然是不可能的；刺激呈现的时间只能为1帧（16.67ms）或2帧（33.33ms）这样的形式。

延伸阅读：为什么实验需要呈现短暂刺激

格拉斯哥人脸匹配任务的难度很高，从正确率就可以看出，即使不限制时间，参与者也难以完成。在Stroop任务中，参与者回答错误的次数并不多，但是他们在不一致情况下做出判断时所耗费的时间更长。在这两个任务中，刺激的呈现时间都不是非常重要；当刺激呈现并无限期出现在屏幕上时，我们可以直接看出它产生的效应。但在一些任务中，刺激的呈现时间则非常重要。

第一，有时我们需要测量感知速度到底有多快。参与者对图片的反应速度并不能表示参与者的视觉感知速度，因为他们的反应时是很多过程（感知、决策和反应）共同作用的结果。即使不做决策，参与者的反应时也介于200~400ms；而参与者肯定能在更短时间内大致判断看到的场景（例如，这是山还是森林？）。在排除参与者做出反应所需时间的前提下，为了测量感知速度，我们可能会在越来越短的时间内呈现图片刺激，并快速用掩膜覆盖（为了避免参与者利用视觉后像完成任务），直到参与者只能通过猜测来完成任务为止。因此，运用短暂刺激可以排除反应速度的干扰，以测量感知速度。

第二，运用短暂刺激可以控制任务难度。如果任务太简单则会出现天花板效应：参与者的表现很好，你无法看出各个条件下他们表现的变化和差异。当然，如果刺激呈现的时间太短（短到参与者无法看见），很可能出现地板效应，即参与者在各个条件下都表现很差，你也无法从中发现任何不同。

第三，有时我们希望参与者利用周围视野，而不是直接观察刺激（例如，你的眼睛用周围视野观察刺激的能力如何？）。如果我们不在参与者的注视点上呈现刺激，那么我们如何才能知道参与者并没有注视刺激呈现的位置呢？所以我们需要防止他们“作弊”，最简单的方法就是在屏幕左边或右边呈现刺激，这样参与者就不会提前知道该往哪儿看，同时，刺激呈现的时间很短。人们眼球扫视一次大概需要200ms（Carpenter，1988），如果我们将刺激的呈现时间设置为短于200ms，那么参与者就无法“注视”刺激。

相反，如果你想通过帧数计算刺激呈现的时间，你可以使用以下公式：

$$t = N/60$$

例如，12帧的持续时间为（12/60）s，也就是0.2s（200ms）。

实操方法：检查日志文件

如果短暂刺激对你的研究非常重要，你应该在第一个参与者完成任务后检查日志文件，确保刺激的呈现时间与你所预期的一致。日志文件会保存时间戳，包括视觉刺激开始和结束的时间。对于视觉刺激，时间戳非常精确（精度大约为100 μs，但这主要取决于你的计算机），在空间线索化任务中，刺激名称为probe，所以我们需要找到 probe:autoDraw=True（刺激开始呈现）和 probe:autoDraw=False（刺激停止呈现），两者之间的时间差就是刺激呈现的时间。

4.2　空间线索化任务

在本章中，我们将运用空间线索化任务（Posner，1980）测量内隐注意效应[①]，参与者将在眼球不动的情况下注视特定的位置。在该任务中，参与者需要尽可能快速地对呈现在屏幕左边或右边的刺激（一个简单的正方形）做出反应。在目标刺激呈现前，我们会呈现一个线索（cue），线索是一个指向左边或右边的三角形。在多数试次中，线索会正确地指向目标刺激出现的位置，你的注意力自然也会转向那个位置，期望在那里看到目标刺激。在少数试次中，线索会指向错误的位置，目标刺激会出现在另一边，虽然你提前有所准备，但意义不大。我们将根据你的反应速度测量注意的效应。当目标刺激出现在注意的位置时，大多数人的反应速度更快。该任务测试了注意效应和刺激呈现时间之间的关系，发现效应随着呈现时间的增加而逐渐增强，直至刺激呈现的时间增加到大约 300ms 后，效应趋于稳定。通过测试几次“刺激起始异步性”（Stimulus Onset Asynchrony，SOA）重复其实验结果，最后发现刺激呈现时间均短于 300ms，因此，我们需要精确的计时。刚开始，我们会讲述基本的效应，但我们会在本章的“拓展和练习”部分讲述如何在多种 SOA 条件下运行相同的任务。

该任务运行起来相对简单，自实验问世以来，人们以此为基础已经创建了很多新实验，其中一些关注了精确计时的其他相关方面。你可以对该任务进行拓展练习，学习返回抑制（Inhibition of Return，Posner 的另一个发现）的相关知识。返回抑制需要更精确的计时，因为注意效应随着时间的变化而改变。你也可以用图像作为线索（或目标刺激），这就需要思考图像刺激从磁盘加载时，如何能做到精确计时。

4.2.1　视角的度数

虽然我们可以用像素指定刺激的位置，但是我们这里将使用“视角的度数”（degree of visual angle），俗称视角（deg）来指定其位置，其单位为度。读者如果想了解更多相关知识，可以阅读本书 11.1 节。简单来说，视角的优点是关注了刺激既可能呈现在不同大小的屏幕上，也可能与参与者之间的距离不同这两种情况。而通过运用视角，可以确保即使在不同的条件下，参与者眼中的刺激大小 / 位置也是不变的。虽然这些不是必学内容，但多学习一些总是有益的。

为了使用度作为单位，具体操作如下。

（1）在显示器中心定义显示器的尺寸。单击按钮打开显示器中心，里面默认存在一个

① 原文为“measure the effects of covert attention”，应为“covert attention shift”即内隐注意转移。Nobre 等（1997）在实验中采用内隐注意转移行为操作模式，使参与者在不发生头动和眼动的前提下，注意由线索提示的、即将呈现且有待辨别的刺激的位置（张卫东，2000）。——译者注

名为 testMonitor 的显示器，可以继续使用这个名称或指定新的名称。

（2）在 Screen Distance(cm) 框中输入参与者与显示器之间的距离，设置 Screen Width(cm)，即显示器从最左边的像素到最右边的像素之间的宽度（也就是刺激实际呈现的区域）。

（3）在 Size (pixels; Horiz, Vert) 框中输入显示器宽度和高度的像素值。之后，PsychoPy 就可以转换不同单位的刺激。这意味着我们可以简单地用度来指定刺激的大小并且让 PsychoPy 完成所有的计算。

（4）单击按钮，弹出 Experiment Settings 对话框[①]，选择 Screen 选项卡，将显示器的名称设置为 testMonitor，将 Units 设置为 deg，见图 4-1。

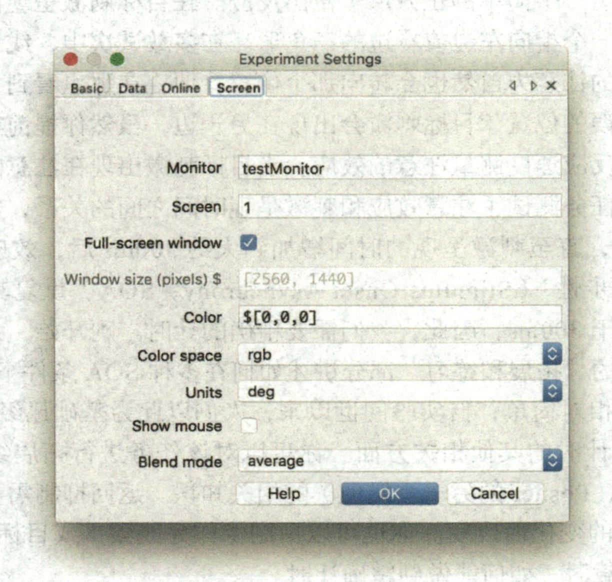

图 4-1 Experiment Settings 对话框

注：在 Experiment Settings 对话框中，将 Units 设置为 deg；将 Monitor 的名称设置为 testMonitor，且确保你正确设置了显示器的尺寸以及参与者与显示器之间的距离。事实上，也可以将 Units 设置为 PsychoPy 中任意可用的选项（若使用视角，则必须选择 deg）。

当你将 deg 设置为整个实验的默认单位后，你就可以在所有的刺激设置中使用它了[②]。在本书其他截图中，我们也在组件的设置中为每一个刺激设置了单位，但是如果你已经正确设置了默认单位，就不用这么做了。

① 再次提醒，不同的版本中，图标的外观可能不同，请以你使用的版本中的具体图标为准。——译者注

② 在图片等组件的设置中，也可以设置 Units，但其默认为“from exp settings”，即默认与 Experiment Settings 对话框中的单位一样，如果你已经设置了 deg，那么就不需要再在这里重新设置单位。——译者注

解决方案：屏幕的像素大小

如果使用平板（液晶或等离子）显示器或投影仪呈现刺激，你应该将显示屏的分辨率设置为“原始分辨率”。虽然屏幕可以接收不同来源、不同分辨率的输入，但屏幕真正的像素是固定的且无法被改变的。当屏幕接收到非原始分辨率的输入时，显示器就会改变屏幕图像，让它尽可能与屏幕的分辨率相匹配。这种情况下，屏幕上的图像看起来会有些模糊（看细线或文字时最明显）；如果屏幕的高宽比与图像的高宽比不完全相同，图像还可能会被拉伸。

建议在控制面板（对于 Windows 操作系统）或系统设置（对于 macOS）中设置图像呈现的分辨率。

如果你使用罕见的阴极射线管（Cathode Ray Tube，CRT）显示器，就不需要再进行设置了。CRT 显示器能够渲染任意分辨率的图像，图像的实际像素也会相应地变化。

如果你手边没有卷尺等测量工具，那么你输入的数值可能不太精确（单位也不会恰好是度）。这里提供一些关于距离的信息：如果你坐在距离显示器一臂的位置，距离大约为 50cm；如果你的计算机显示器的大小是标准的 13 英寸（沿屏幕对角线测量），则可见部分的尺寸大约为 29cm × 18cm；如果你使用的是又大又宽的显示器，可见部分的尺寸大约为 60cm × 35cm。

若出现错误消息“ValueError: Monitor testMonitors has no known size…”，可以参考 14.2 节中有关此项错误消息的解释。

4.2.2　设置条件

我们需要创建条件文件，告诉 PsychoPy 每一个试次的内容以及不同的参数是什么。在本任务中，操作步骤如下[①]。

（1）创建可以指向左边或右边的线索。用三角形来指向左边或右边。最初，三角形（形状刺激）指向正上方，可以顺时针或逆时针将其旋转 90°，使线索分别指向右边或左边，即通过创建 `cueOri` 变量，存储每一个试次中线索的旋转方向。为了使旋转方向表示得更加清晰，通过创建 `cueSide` 变量明确线索的指向方向（right 或 left）。

（2）创建可以出现在左边或右边的目标刺激。用 `targetX` 变量来指定刺激出现在屏幕水平维度上的位置。

（3）创建 `corrAns` 变量，帮助我们辨别每一个试次中参与者的反应正确与否。

（4）创建 `valid` 变量，在分析时帮助我们区分哪些是有效线索试次，哪些是无效线索试次。

① 下载的实验材料中有每章的样例材料，包括条件文件、实验程序和相应的刺激材料等，建议在亲自操作后查看一下样例中的条件文件和实验程序。——译者注

在创建条件文件时，请注意我们需要 80% 的有效线索和 20% 的无效线索。最简单的方法是创建 10 种条件，其中两种为无效线索，剩下的 8 种为有效线索。我们还需要平衡线索和目标刺激的方向，最终结果如表 4-1 所示。

表中最后两行是无效线索，前 4 行为指向右边的有效线索，中间 4 行是指向左边的有效线索。我们如何将这 10 种条件排序并不重要，因为运行时 PsychoPy 会自动打乱它们的顺序。

表 4-1　10 种条件中线索、目标刺激的方向平衡后的结果

cueSide	cueOri	targetX	corrAns	valid
right	90	7	right	1
right	90	7	right	1
right	90	7	right	1
right	90	7	right	1
left	−90	−7	left	1
left	−90	−7	left	1
left	−90	−7	left	1
left	−90	−7	left	1
left	−90	7	right	0
right	90	−7	left	0

请注意，因为目标刺激的单位为度，所以 `targetX` 的值要以视角的度数为单位（如果参与者距离显示器大约 50cm，目标刺激的大小一般为 5~10cm）。如果我们想用不同的单位，条件文件中也需要用不同的值，请谨记，`targetX` 里的值与刺激的单位有关。

4.2.3　变化的试次间间隔

到目前为止，任务中的单个试次程序已经可以完整运行。这个试次程序包括了开始时的停顿（只有注视点可见），并形成了试次间隔（Inter-Trial Interval，ITI）。在空间线索化任务的实验中，两个试次间均有可变化的延迟时间，以防止参与者的反应节奏不变。如果参与者开始以固定节奏的方式做出反应，那么他们在各个条件中的反应不会有任何差异。我们可以在一个程序中创建可变的开始时间，但这比较麻烦，因为很多组件的触发依赖于相同的开始时间。最简单的办法是创建两个 `trial` 程序，一个用来解决试次间间隔的问题，另一个用来呈现刺激与收集反应（后者默认是实验的组成部分，我们可以继续称之为“trial”）。

打开 PsychoPy，新建实验，保存到名为 posner 的新文件夹中，其他材料，如条件文件，也保存在该文件夹中。现在，在 Flow 面板中新建程序，见图 4-2。

延伸阅读：什么是注视点

如果你刚接触行为科学，可能不知道注视点（fixation point）是什么意思。我们需要控制参与者注视的位置，使他们的眼睛稳定注视某个特定的点。通常在试次开始时需要这样做，以便我们知道刺激与参与者之间的距离。有时参与者需要在整个试次中持续看着注视点，而仅仅靠周边视觉（周围视觉）去观察物体。

如果你需要参与者持续注视某个地方，你不仅需要提供注视点，还需要在指导语中提醒他们“注视非常重要”。虽然相关专业用户知道屏幕上那个小小的白色十字是什么（校准），但非专业人士的参与者并不知道。

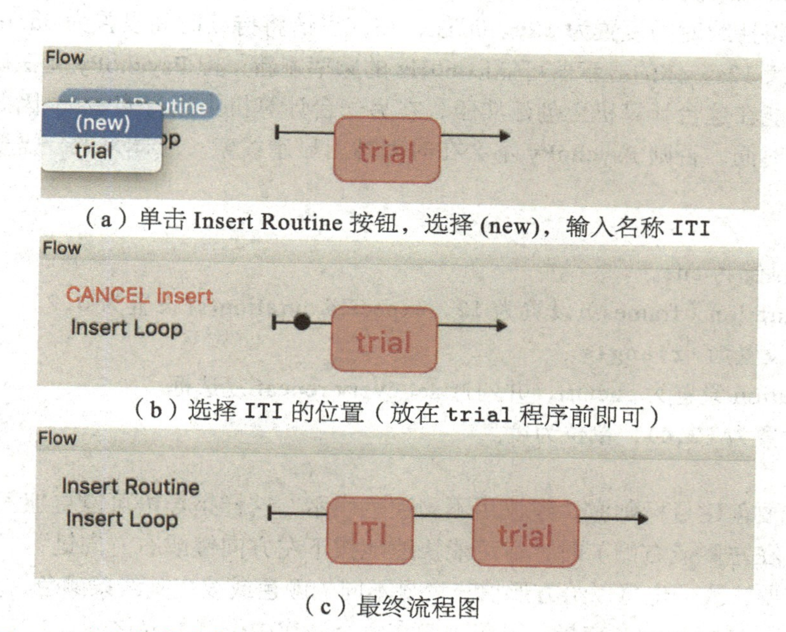

（a）单击 Insert Routine 按钮，选择 (new)，输入名称 `ITI`

（b）选择 `ITI` 的位置（放在 `trial` 程序前即可）

（c）最终流程图

图 4-2　在空间线索化任务的实验中，在 Flow 面板中插入单独的 `ITI` 程序

单击 `ITI` 程序（在 Flow 面板或 Routine 面板的标签中），编辑该程序。创建一个组件来设置试次间隔及其持续时间。当该组件结束运行时，实验会立刻运行 Flow 面板中的下一个程序，即 `trial` 本身。我们将创建一个注视点，注视点的持续时间是可变的。在 Builder 界面右侧的 Stimuli 里选择多边形组件，并添加一个小的十字作为注视点，设置参数的步骤如下。

（1）Name 设置为 `fixationITI`。其他类似名称也可以（因为有时注视点刺激在 `ITI` 和 `trial` 程序中都会出现）。

（2）Duration(s) 设置为 `random()+1`。同时将 estimated duration(s)[①] 设置为 `1.5`。

（3）Shape 设置为 `cross`，表示形状为十字。

① 在 3.2.4 版本中，该项名称修改为“Expected duration(s)”，实际运用中并无太大变化。——译者注

（4）Size 设置为 (0.5,0.5)。记住，单位为度。当参与者与刺激距离为 57cm 时，1°相当于 1cm 宽，所以注视点在屏幕上大约宽 0.5cm。

（5）Units 设置为 deg。为了保险起见，这里也可以设置单位，不过最好在之前的实验设置中完成单位的设置，这里就可以不用操作了。

random()+1 的作用是什么呢？random() 函数中，随机数的值介于 0~1，我们在后面加上 1，随机数的值介于 1~2，和 Posner 所用的随机 ITI 数值一致。由于值是变化的，因此 PsychoPy 不知道注视点的持续时间是多少。为了让注视点能和之前的刺激一样，在程序的时间轴上呈现，需要设置 estimated duration(s)。这个持续时间对实验没有影响，它只是帮助你在 Builder 界面的时间轴中可视化实验。

下一步，设置试次。单击 trial 程序，首先需要创建线索。按照下面的属性添加另一个多边形组件，将持续时间设置为 12s。记住，在这里请将持续时间设置为 duration(frames)，否则会默认持续 12s。你的显示器可能以 60Hz 的频率刷新，但 PsychoPy 无法确定其实际刷新频率（你可能在这台计算机上创建实验，在另一台计算机上运行实验），因此，除非你设置了期望持续时间，否则 PsychoPy 不会在时间轴上显示线索。总体来说，需要改变的关键属性如下。

- Name 设置为 cue。
- Stop duration（frames）设置为 12，expected duration(s) 设置为 0.2。
- Shape 设置为 triangle。
- Orientation 设置为 cueOri，并勾选 set every repeat 复选框。
- Size 设置为 (2,4)，单位为度。

我们还需要创建目标刺激，建议用不同颜色表示，这样指导语可以更加简明：“在绿色正方形出现（在左侧或右侧）时，尽可能快速地按下左方向键或右方向键”。不过颜色在其他方面并不重要，我们也可以给方形填充稍显不同的颜色或改变其线条颜色，真正重要的是根据条件文件中的 targetX 变量，设置刺激在每个试次中位置的变化。

- Name 设置为 target。
- Start time(frames) 设置为 12（expected time 设置为 0.2）。
- Duration(s) 设置为 1.0（对本任务没有影响）。
- Shape 设置为 rectangle（目标刺激的形状并不重要）。
- Position 设置为 (targetX,0)，并勾选 set every repeat 复选框。
- Size 设置为 (3,3)，单位为度。
- Fill color 设置为 SeaGreen（在 Advanced 选项卡中设置）。
- Line color 设置为 MediumSeaGreen（在 Advanced 选项卡中设置）。

解决方案：设置 targetX 变量而不是 targetPos 变量

创建 targetPos 变量还是挺吸引人的，它的值可以为 [7,0]，[-7,0]。不过，我们选择创建单值变量 targetX，在 Position 框中输入 $(targetX,0)。因为如果值是数字，在电子表格中操作会更简单。在大多数电子表格软件中，数字可以“自动填充”，但如果是带括号的数字，就无法“自动填充”了。另外，在 PsychoPy 中运用数字会使操作变得更加清晰，像 [-7,0] 这样的值可能会引起困惑（它更可能会被识别为字符串 "[-7,0]"，而不是一对数字）。这种情况下，为了保险起见，你可能需要添加更多列，输入更多变量（例如，你可能需要输入 targetX 和 targetY）。

还需要注意，我们要输入的是 $(targetX,targetY)，而不是 ($targetX, $targetY)。PsychoPy 中，符号 $ 表示将整个输入框视为代码，而非变量。事实上，对于 Position 框来说，符号 $ 是框前默认自动添加的，我们不用理会。

最后，我们需要设置参与者的反应方式。与之前的任务相同，我们使用键盘组件，开始时间同样设置为 12 帧（大约为 0.2s）。在本任务中，通过将键盘的持续时间设置为 2.0s，来设置参与者的最长反应时。该设置一般出现在对反应时有要求的任务中，这样可以避免参与者花很长时间去思考。如果参与者没有遵从指导语中“尽可能快速和准确”的指示，我们不会分析他们的反应。

参数的具体设置如下。

- Name 设置为 resp。
- Start time(frames) 设置为 12，expected time(s) 设置为 0.2。
- Duration(s) 设置为 2.0。
- Allowed keys 设置为 'left','right'。
- Correct Answer 设置为 $corrAns（勾选 Store correct 复选框后即可用）。

此时，trial 程序如图 4-3 所示。

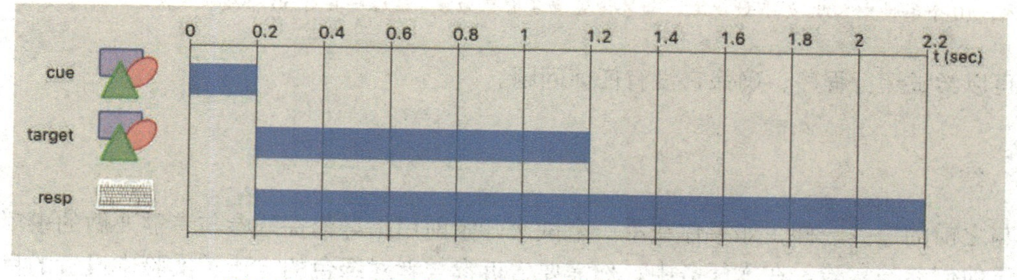

图 4-3 trial 程序（不包括单独定义的 ITI 程序）

注：虽然程序中 3 个组件根据确定的帧数开始或结束，但时间并没有预先确定，因此设置了预估的开始或结束时间后，这 3 个组件才能呈现在时间轴上。

4.2.4 设置重复次数和条件

与之前的任务相同，我们需要在 `trial` 程序中创建循环，决定试次如何重复。但是，本实验中，我们需要把试次间隔也加入循环，因为作为试次的一部分，它也需要在每次重复时运行。

单击 Flow 面板中的 Insert Loop 按钮，将它设置为在 ITI 程序前开始，在 `trial` 程序后结束。

当你设置完循环的开始和结束时间点后，就可以输入参数（见图 4-4）。本实验中，几乎任何参数的值都可以保留默认值。单击 Browse 按钮添加条件文件，检查文件中的 10 个条件是否正确，是否有以下参数——`cueOri`、`cueSide`、`targetX`、`corrAns` 和 `valid`[①]（不用担心参数的顺序）。

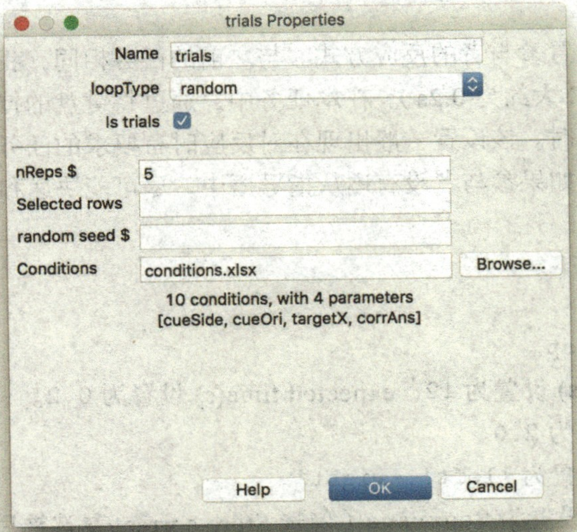

图 4-4 Posner 任务中循环的设置，包括两个程序（ITI 和 `trial`）

注：10 个条件中 80% 为有效试次，如果设置重复次数为 5，最后一共有 50 个随机试次。

可以尝试运行程序，确保它没有任何问题。

4.2.5 结尾

与之前的任务一样，如果你在第一个试次开始前用指导语提醒参与者需要做的事项，则有助于他们参与实验。在本任务中，你需要告诉参与者对绿色的方形（实验中设置的目标方形）做出反应，不然他们可能对三角形（线索）做出反应。

另外，添加感谢信息，告知参与者实验已结束，否则他们可能会觉得实验程序崩溃了。

① 请注意，图 4-4 的条件文件中并未添加 valid 这一列参数。——译者注

练习和拓展

有很多运用和拓展空间线索化基础范式的方法。这里提供几个额外的版本，讲解一些需要考虑的其他因素。

练习 4.1 注视线索（gaze cueing）

可以选择使用图形图像（如一张面朝左边或右边的人脸照片）作为线索，而不是箭头或三角形来指向目标的位置。在我们之前创建的实验中，通过传递目标刺激的位置信息（80% 是有效的），箭头在一定程度上引导了参与者的注意力。相反，也可以通过增加无效线索的数量，不提供目标刺激的真实位置信息。理论上，有些刺激本身可以吸引参与者的注意力，注视刺激就是如此，而如果刺激实际上没有信息则无关紧要。一系列研究表明，我们常常不自觉地跟随某个人注视的目光，甚至很自然地跟随图像刺激中的目光或眼神，即使我们知道目光注视的方向对我们在任务中的表现没有帮助。这就是著名的"注视线索"现象（Frischen et al., 2007），它在一些临床研究的人群（如对患有自闭症的人群等）中有很多潜在的应用。

答案请见附录 B。

练习 4.2 测量不同的 SOA 效应

Posner 和他的同事们研究了线索与刺激（刺激起始异步性或 SOA）之间在不同的时间间隔条件下的注意线索效应，并发现了一些有趣的现象。其中一个令人感到惊奇的发现是：当线索不提供刺激的位置信息时，根据不同的 SOA，可以测量线索的正效应或负效应（加速、减速或反应时）。当 SOA 很短暂（如 100ms）且线索无效时，如果刺激出现在线索指向的位置，参与者的反应速度更快；当 SOA 变长（如 300ms）时，可能会出现相反的效应，即当刺激出现在之前线索指向的位置时，参与者的反应更慢。这种现象叫作"返回抑制"（Inhibition of Return），抑制会阻止注意力再次关注刚才的位置，导致参与者的反应时变长。

运行有多个时间进程的线索化实验来测量返回抑制效应会花费参与者很多的时间。但你会发现，就像在空间线索化任务中一样，创建包含有效和无效线索的实验其实也非常有趣。现在你可以练习在条件中添加多种 SOA 了。

答案请见附录 B。

第 5 章

创建动态刺激（文本显示及刺激移动）

学习目标：在 PsychoPy 中，可以通过时间函数连续地改变刺激的属性。例如，可以让刺激“跳动”以引起年轻参与者的兴趣。或者，可以让刺激逐渐呈现。本章将介绍如何通过多种方式，用时间函数控制刺激。

本章会介绍刺激属性的概念。在试次中，屏幕每刷新一次，这种刺激属性就会更新一次。这些动态属性可以让你通过时间函数来改变刺激的大小、朝向和位置。不一样的是，在之前的章节中，我们仅创建了单个实验，而在本章中，我们将使用多个样例。我们将创建不同的刺激，例如，让文本逐渐显现，旋转和放大图像，以及构造一个跳动的心脏。

为了让实验顺利运行，可能会用到一些高中数学知识（参见附录 A）。

请注意，对于大多数任务来说，动态刺激的创建并非必要，且反而有炫耀的嫌疑。但是，一旦你了解到，每一帧上的内容都可以改变，那么在构建实验时就会有更多新的可能性。如果本章介绍的内容不匹配你的编程水平，请不要担心，你可以在不编程的情况下呈现更加“标准的”刺激。

5.1 动态是什么？它为什么有用

与其他许多相似的软件相比，PsychoPy 的不同之处在于，不管是多个目标对象还是单个目标对象，它都将时间作为实验结构的中心，旨在让目标对象在试次中自然地同时（或独立）出现与消失。因此，PsychoPy 中程序的呈现方式就像视频或音频软件里的轨道编辑器（track editor）。请思考“延迟匹配样本任务”（Delayed Match-to-Sample Task）的设计。设计中会呈现一张样本图像，而一段时间延迟后会出现两个选项——目标（target）刺激和非目标（foil）刺激，其中，只有目标和样本相同。每个试次都从注视点出现开始，注视点应该在 500ms 时出现来提醒参与者试次开始，且注视点在本试次剩余的时间内都保持可见。样本可能出现在注视点的上方，然后立刻消失，经过短暂停顿后，上述两个刺激（目标和非目标）会同时出现，且在参与者做出决定前持续可见。在 PsychoPy 中，该试次的时间轴非常清晰（见图 5-1）。

时间轴仅显示了刺激的时间信息。例如，我们不能从中看出目标和非目标将在注视点上方的哪个位置出现。为了了解刺激的空间信息（以及其他外观设置，如颜色和朝向），我们需要单击刺激的图标，查看其属性。

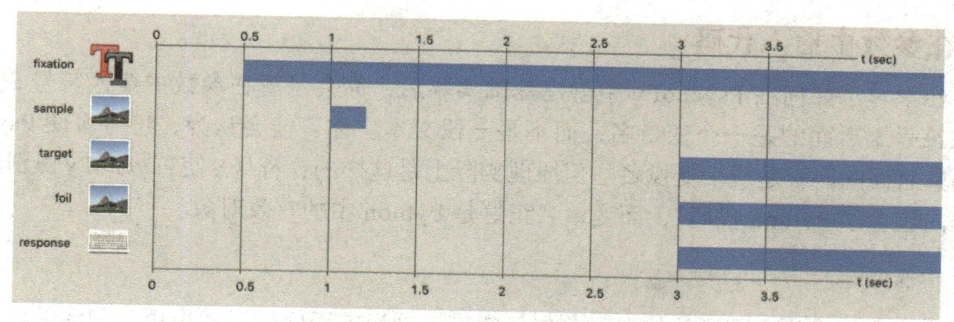

图 5-1　在 PsychoPy 的 Builder 界面中，实现延迟匹配样本任务的程序的时间轴

延伸阅读：其他软件是如何完成上述任务的？

与 PsychoPy 相反，许多软件倾向于将一个试次当作一张幻灯片，而不是有轨视频。也就是说，和参与者一样，你将在屏幕上看到一连串图像。研究中，若刺激同时出现或消失，这些软件使用起来会非常方便。然而，在许多研究中，刺激并不同时出现或消失，这意味着一个试次就需要大量幻灯片来展示。例如，在延迟匹配样本实验中，试次可能在注视点出现之前需要一张幻灯片；在注视点单独出现时又需要一张幻灯片；在注视点和样本图像都出现时还需要一张幻灯片；之后回到只有注视点的那张；最后一张幻灯片同时呈现注视点、目标刺激和非目标刺激。这种方法的优点在于，每一个幻灯片中的空间设计更容易可视化，而缺点是很难确定其时间轴。

PsychoPy 以时间为实验设计的中心，所以它也能让你以时间为基础控制刺激。

可以将大多数组件参数设置为 set every repeat。例如，可以呈现一张在每一个试次中都有变化的图像。但是大多数刺激参数同样可以在每一帧进行刷新（每一次显示器刷新时），这意味着图像可以在试次中平滑地运动（例如，移动）。每次显示器刷新时，参数的值都会被检查，且可以更改为新的值。另外，PsychoPy 使用图形硬件加速，即繁重的工作由显卡（graphics card）上的专用处理器完成，大多数变化会非常迅速地生效，因此，在实验中连续不断地操作刺激，通常情况下不会对计时的准确性产生影响。

现在有一个需要解决的问题：如果这些变化通常以 60Hz 的频率发生（大多数显示器每秒刷新 60 次），这意味着为了完成更新，你需要提供大量的数值。而像之前的章节一样把这些数值输入条件文件则会花费很长时间。在显示器上，对于每秒的刺激呈现，需要条件文件中的 60 行数据。幸运的是，PsychoPy 有一个强大的替代方法，即可以通过表达式（或任何原始 Python 代码）来指定参数，将其作为 PsychoPy 中刺激的参数。可以用数学表达式或对事件的反应来控制刺激。例如，可以用试次开始后已经过的时间来定义图像的位置，或采用按钮按下的次数来定义反馈提示音的音调。

5.2　在参数中插入代码

当你学习了如何在 PsychoPy 中创建基础实验后，你会了解在参数中插入符号 $，就表示跟在符号 $ 后面的是一个变量名，而不是一段文本。你可能会认为，符号 $ 使 PsychoPy 识别出其后面的内容是一个变量名。但原理实际上是这样的：符号 $ 使 PsychoPy 识别出“该文本框内包含了 Python 代码”，而变量名正好是 Python 中的有效对象。

开始操作

例如，我们要改变刺激的位置。首先，应该根据当前程序的时间来更新刺激的位置。在所有使用 Builder 界面的实验中，最有用的变量叫作 `t`，它记录了当前程序（无论什么程序）从开始到现在的秒数。在 Flow 面板中创建一个带单个程序的实验，并在该程序中添加文字组件。将文字组件的 Position 设置为 `(t,0)`，并且在右方的下拉列表中，将其设置为在每一帧进行更新（即选择 set every frame）。刺激的位置由一对方括号内的数值控制，这对数值与刺激位置的 *x* 和 *y* 坐标相对应。因此，`(t,0)` 表示刺激的水平位置设置为 `t`，而它随着时间的变化而变化；刺激的垂直位置停留在 `y=0`（也就是垂直方向的中线）。当程序开始时，刺激会出现在屏幕的中央 `(0,0)`。1s 后它会出现在 `(1,0)` 的位置。在归一化单位（norm）中，刺激目前位于屏幕的右端，但垂直方向上仍然位于屏幕的中央。2s 后它会出现在 `(2,0)` 的位置，不过这个位置在归一化单位中超出了屏幕的范围，所以并不可见（关于单位的更多信息，请参见第 11 章）。

可以用一个数字乘以 `t` 来加快或减慢刺激的速度。如果将 Position 设置为 `(t*0.25,0)`，刺激将会以之前 1/4 的速度移动到右端，即移动到 (4 × 0.25,0) 的位置需要花费 4s。另外，通过加减某个数值，也可以改变实验开始时刺激的位置。例如，表达式 `(-1+t*0.5,0)` 表示刺激最开始出现在屏幕左端 `(-1,0)` 的位置，以每秒 0.5 个单位的速度向右端移动。

移动的速度取决于刺激的单位设置。每个刺激的默认单位都设置为 norm（事实上，PsychoPy 的偏好设置中，刺激的默认单位就是 norm；所以 Experiment Settings 对话框中刺激的默认单位也是 norm）。你可能凭直觉想将刺激的单位设置为像素，这种情况下，速度（某数乘以 `t`）的单位变为像素每秒。因此，1s 后，刺激从 `(t,0)` 的位置向右移动一像素；而使用归一化单位的刺激会一直移动到屏幕右端。如果你使用像素作为单位，不要忘记将尺寸设置（或文字组件中字母的高度）更改为合理的像素值（以像素为单位）。否则，刺激比一像素还小，你可能就看不见了。

5.3　例 1：逐渐显示文本

学习了如何让刺激移动的技巧后，实验人员在计算机上向参与者逐渐显示一句话将变得非常容易。或许，在此基础上你还想要精确控制句子显示的速度。

首先，使用文本组件写句子（根据条件文件的不同，每个试次中的句子也不同），并在其上方添加掩膜，逐渐移除掩膜来显示下方的文字刺激。

新建一个带单个程序和文本组件的实验，其中文字组件里包含一些句子。句子要足够长，我们才能看出它在逐渐地显示，但也不要太长，句子应该与屏幕宽度相适应。句子

“When will participants get the meaning of the sentence？”（见图5-2）就符合上述条件。默认情况下，屏幕上的文字大约占据屏幕宽度的一半（使用归一化单位），但我们想让这句话在宽度上占据整个屏幕。在文字组件的 Advanced 选项卡中将 Wrap width（折行宽度）设置为 2。

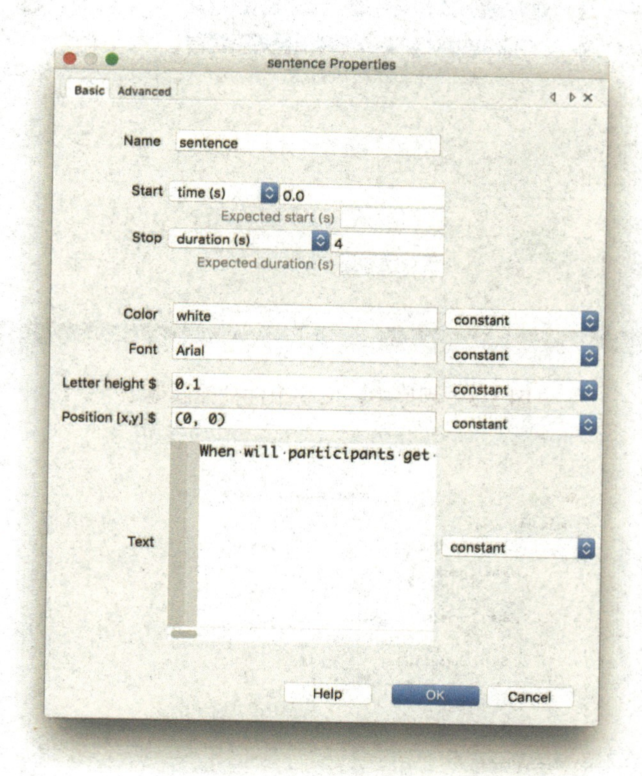

图 5-2 句子的属性设置

注：在 Basic 选项卡中，可以设置持续时间等；在 Advanced 选项卡中，可以设置折行宽度等。

目前，一切进展顺利。创建掩膜这部分是新的内容。请注意，程序中的对象是按照从上到下的顺序绘制的。因此，位置“较低”的对象绘制时间稍晚，而隐蔽的对象绘制时间较早（假设它们不透明）。请确保掩膜在时间轴视图中位于文字组件的下方，见图5-3。

创建掩膜的方式有很多种，例如，使用光栅（Grating）和图像（Image）组件。首先，使用多边形（Polygon）组件插入一个长方形。多边形组件中，可根据顶点数创建正多边形（三角形的顶点数为3，长方形的顶点数为4，五边形的顶点数为5，以此类推，直到无限接近圆形）。然后，设置正多边形的宽度和高度。在这个例子中，将顶点数设置为4（即 `vertices=4`），Size 设置为 `(2,0.5)`，见图5-4。将宽度设置为2且使用归一化单位，确保掩膜可以覆盖屏幕的整个宽度。将高度设置为 `0.5`，当然，它也可以是任何数值，只比要隐蔽的目标文字高即可。

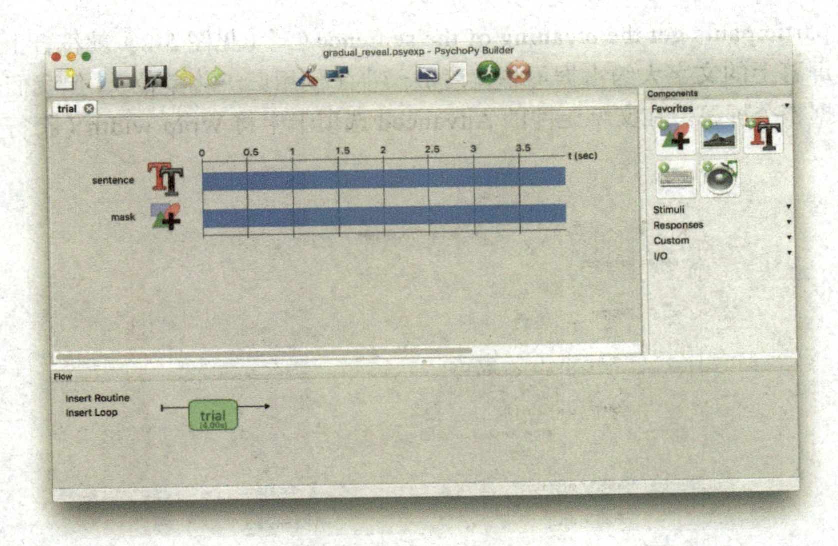

图 5-3 程序中，文字组件被掩膜遮盖

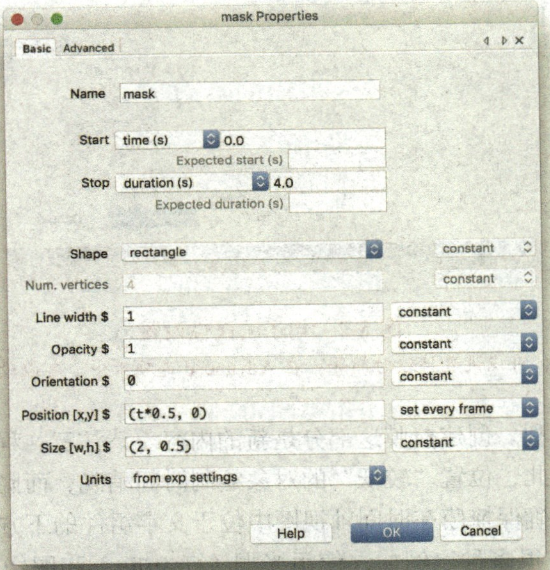

图 5-4 掩膜的基础属性

注：需要设置位置（用时间的函数）和掩膜尺寸。

任务的关键是将位置设置为动态值，这样才能逐渐显示文本，其表达式为 `(t*0.5,0)`。通过改变 0.5 这个数值，可以让掩膜移动得更快或更慢。甚至可以用条件文件里的变量 `maskSpeed` 来替换它，这样，不同试次中掩膜移动的速度也可以不同。

刚开始，可以保留掩膜的默认颜色（白色），观察它在默认灰色背景中的移动方式。在有所了解后，就可以将掩膜的颜色设置为与屏幕背景颜色相同。

在 Advanced 选项卡里，把 Fill color（颜色填充）和 Line color（线条颜色）设置为 grey（或者与屏幕的颜色相同，可在 Experiment Settings 对话框中修改），如图 5-5 所示。当掩膜和背景颜色一致时，参与者会感觉到文字是逐渐显示的，而掩膜的移动在他们看来则不太明显。

此时，掩膜逐渐移动，句子也应该逐步显示。

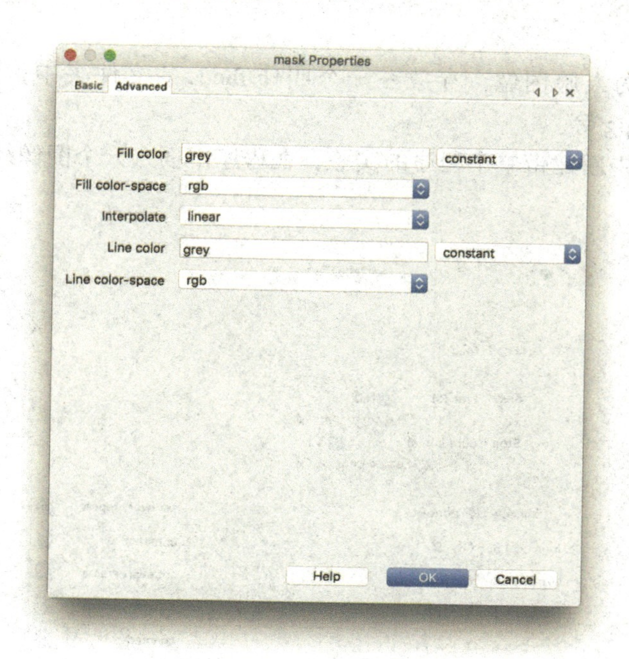

图 5-5　Advanced 选项卡设置

注：掩膜的高级属性，需要设置颜色。当你进行探索和试运行时，请将颜色设置为与屏幕背景颜色不同，这样你可以看见掩膜的移动。但最后你需要将掩膜的颜色设置为与屏幕背景颜色（灰色）一致。

解决方案：我不擅长表达式怎么办

如果你不擅长运用关于位置和时间的表达式来计算速度，那么请一直问自己这样一个问题："在 t=0 和 t=1 时，刺激在什么位置？"大多数情况下，弄清楚这两个时刻的位置，你应该就可以明白移动是什么样子了。

5.4　例 2：旋转和放大图像

能随时间变化的不仅是位置，还有许多其他参数。下面我们将用一些名人的人脸图像来进行举例。我们将对这些图像进行旋转，并且让它们从小变到大，直至肉眼可见。我们会要求参与者在识别人脸的一瞬间按下按钮。

延伸阅读：为什么要旋转或放大人脸图像

旋转和放大人脸图像在科学上的用途并不明确，但在20世纪80年代和90年代的美国，它是一个非常流行的挑战类电视节目，参赛选手需要通过人脸图像识别名人。

下载一些名人的人脸图像，存放在一个叫作faces的文件夹中，将图片分别命名为face01.jpg、face02.jpg等。

在Builder界面中新建带单个程序的实验，在程序中插入一个图像组件。具体的参数设置见图5-6。

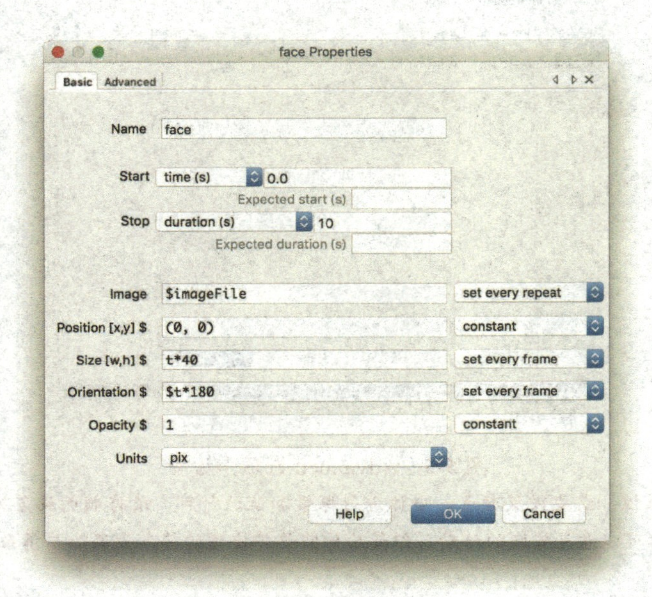

图5-6　图像的参数设置

注：在Size框中没有对图像的高度和宽度分别进行设置。PsychoPy接受简单的表达式，即如果只输入宽度和高度中的一个，这个值会同时用在水平和竖直方向上。

- Start设置为`0.0`。
- Stop设置为`10`。
- Image设置为`$imageFile`。
- Size设置为`$t*40`。
- Orientation设置为`$t*180`。
- Units设置为pix。

本示例中，开始时，刺激的尺寸等于0，t=0之后刺激以每秒40像素的速度扩展，同时以每秒180°的速度旋转。这样的设置足够迷惑参与者了！

5.5 例 3：在彩虹[①]的颜色范围内改变刺激颜色

我们也可以持续改变颜色，用于维持参与者的参与兴趣。可以通过代码，用数字定义颜色。PsychoPy 提供了一些颜色空间（color space），详细信息参阅 11.2 节。在本任务中，最合适的颜色空间是 HSV。第一个数值 H 决定色调（hue，在彩虹的颜色范围中，几乎包括所有基本颜色），用角度度量，取值范围为 0° ~360°。第二个数值 S 决定饱和度（saturation，表示颜色的强度），取值范围为 0~1。第三个数值 *V*（value）松散地对应着颜色的明度（brightness），取值范围为 0~1。因此，为了使刺激在彩虹的颜色范围内变化（见图 5-7 和图 5-8），可以将刺激的 Color space 设置为 hsv（在文字组件的 Advanced 选项卡中设置），将 Color 设置为 `$(t*90,1,1)`，结果会出现一种强烈的（因为 S=1）、明亮的（因为 V=1）颜色，并在彩虹的颜色范围内变化（因为 H 会变化）。在完整的色谱内，颜色变化的范围是 0° ~360°，将色调设置为 `t*90`，则颜色变化要花费 4s。可以将参数设置为 `$(t*90,0.5,1)` 以降低色彩的饱和度，让颜色变淡；或者将参数设置为 `$(t*90,1,0.5)` 以降低明度，让颜色变深。若要让颜色变化更快，可以将参数从 `t*90` 提高到 `t*180`。

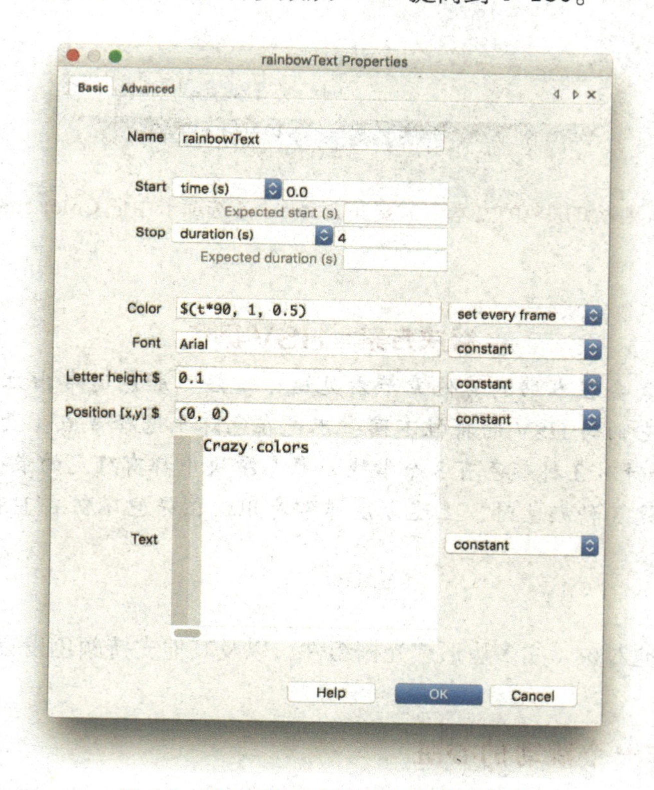

图 5-7　设置彩虹颜色文本的基础属性

注：Color 设置为 `$(t*90,1,0.5)`。其他属性可自行指定。

① 即在广泛的颜色范围内改变刺激颜色。——译者注

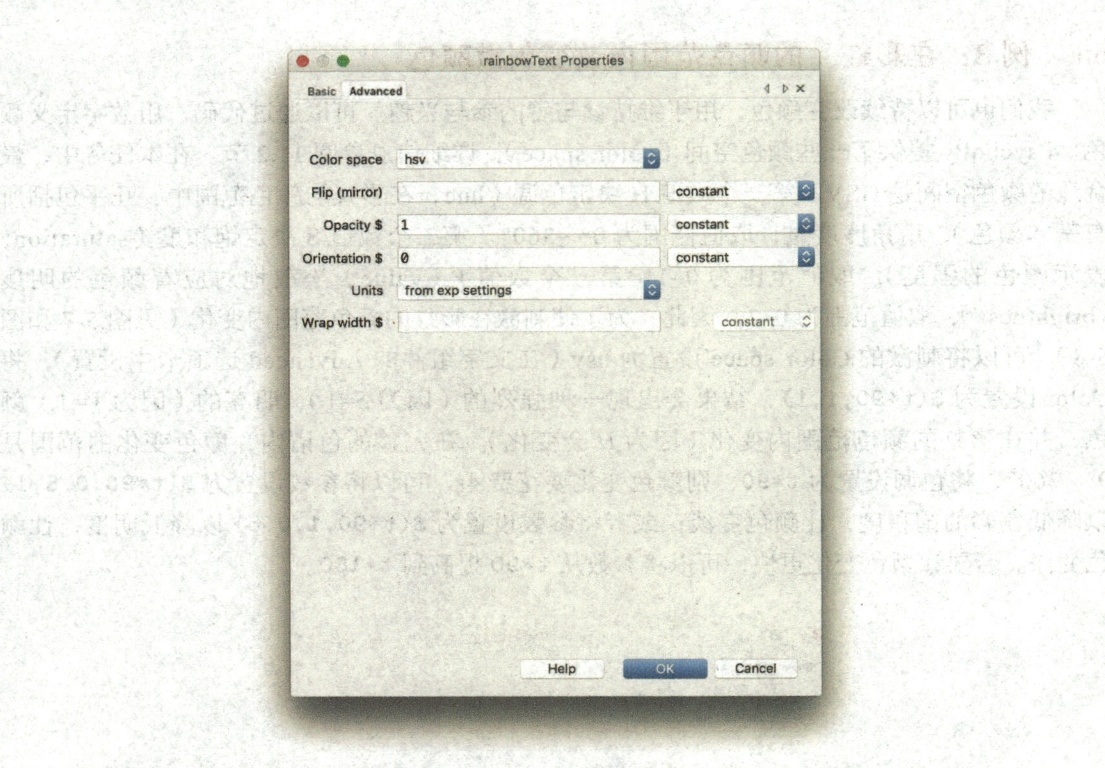

图 5-8　为了创建彩虹颜色的文本，需要在 Advanced 选项卡中把 Color space 设置为 hsv

解决方案：HSV 颜色

你可能经常会在本书的其他章节看见这个说法：颜色通常由红、绿、蓝 3 个数值确定。但它们与 HSV 的特性不同：不是在色环上选择某点（没有自然的起点或终点），而是针对 3 种颜色有 3 个滑块，每个滑块中都有确定的最小值和最大值。当要独立控制这 3 种颜色时，上述方法非常有用，但是它不像在 HSV 颜色空间中那么容易循环。

也可以改变其他对象（如多边形或光栅组件，以及其他支持颜色设置的对象）的颜色。

5.6　例 4：制作一个跳动的心脏

到目前为止，所有的改变都朝着一个方向。但若我们想让位置、朝向或尺寸在改变后再变回来呢？本节的示例中，我们虽然也改变刺激的尺寸，但方式不同。我们先让刺激变大，再缩小，然后不断循环这两个操作。让刺激移动（如弹跳）有节奏地变大后再缩小，最简单的做法是使用正弦函数。可以在附录 A 中找到关于正弦函数和余弦函数的内容。

创建一个心形。本例中，可以使用你喜欢的任何图形，但心形的效果最好。不要使用照片——那会非常糟糕。我们需要一个卡通版的“爱心”。可以从互联网上下载一张简单的心形图像或使用在线资料中的心形图像，并将其转换为图像组件（参阅第 3 章）。图像中，心形的外部最好是透明的，这样无论窗口的背景颜色是什么，图像都会正确显示。否则，可能会出现这样一个难看的画面：灰色的屏幕上有一个白色的方框，而中间有一个红色的心形。

解决方案：改变图像的颜色

如果你想控制心脏的颜色，你可以选择心脏为白色而背景为黑色的图像，并将图像用作掩膜。这种情况下，白色部分可见且可以改变颜色，而黑色部分不可见且显示为背景颜色。关于将图像用作掩膜的更多信息，请参阅 16.3 节。

改变尺寸。正弦函数的波动范围是 [-1,1]。用 `sin(t)` 可以计算出随时间变化的波形值，但我们需要调整该函数，因为它的值域是 [-1,1]，而若图形的 Size 值为 -1，则会显得非常奇怪。如果将 Size 设置为 `4+sin(t)`，则在波峰处的尺寸为 5，即 4+1，在波谷处的尺寸为 3，即 4+(-1)，这样一来尺寸则一直保持为正且平稳改变。如果将 Units 设置为 pix，3~5 像素的心形会很小。因此，一开始就将值设为 100 像素，再让波形振幅（amplitude）更大，如 `50*sin(t)`。不过这种情况下，脉搏跳动得非常缓慢。可以在应用正弦函数前将 `t` 乘以 3，让其变化的速度加快。现在，有关刺激尺寸的表达式是 `100+50*(sin(t*3))`，因此刺激的尺寸在 50~150 像素平稳改变。将表达式插入图像刺激的 Size 设置中，见图 5-9。运行任务，心形会顺利地先变大后缩小。

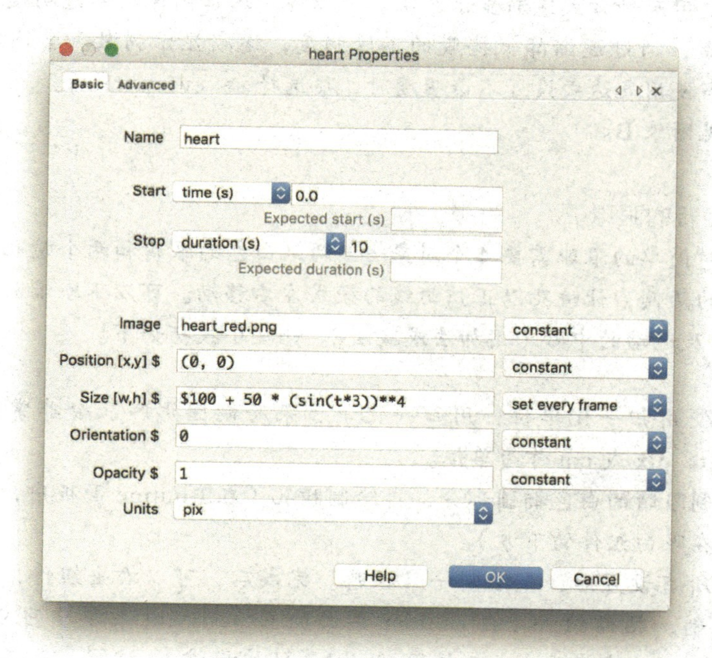

图 5-9　让图像像心脏一样跳动

注：将 Size 设置为 `$100+50*(sin(t*3))`，且必须设置为 set every frame，将 Units 设置为 pix，如果你不小心使用了归一化单位或忘记修改默认情况（默认为归一化单位），那么心形最终会比屏幕还大（屏幕可能全是红色）。

让心形图形跳动得更像真实的心脏。注意，正弦曲线并不能产生像心脏跳动一样的效果。它变化得太过平稳而持续，一个跳动的卡通版心形应该在大多数时间内很小，只在相对很短的时间内变大。将表达式做一点小小的改动，心跳就会看起来更真实。如果我们取正弦函数的幂，则曲线的形状会变得更尖。尝试使用表达式 $100+50\sin(t\times 3)^4$，在 Python 语法中为 `100+50*sin(t*3)**4`（其中“**”表示以后面的数字作为幂）。如果你数学学得不错，就会知道心跳的频率变成了原来的两倍（正弦函数也发生了变化，例如，值均变为正，不过不管怎样只要能达到我们想要的效果就行）。

5.7 进一步探索

可以在组件的参数中添加 Python 代码（显然，只有一行），还可以在代码组件中添加更多代码，在 Components 面板里的 Custom 组别里可以找到对应按钮。这些组件能够让你将无限行的、任意的 Python 代码添加到脚本的各个部分中。更多信息请参阅第 6 章。

练习和扩展

练习 5.1 通过改变不透明度显示图像

注意，不透明度是从 0（完全透明，不可见）到 1（完全不透明，完全可见）的参数。可以用两种方式逐渐显示图像。可以逐渐增加图像的不透明度，或者在掩膜后创建刺激，通过逐渐降低掩膜的不透明度，逐渐显示刺激。尝试上述两种方式，记住，当使用表达式设置不透明度时，要选择 set every frame。

答案请见附录 B。

练习 5.2 旋转的眼球

制作一对简单的眼球需要 4 个对象——两只白色的眼睛和两个瞳孔。将它们放置在注视点的两侧，让瞳孔以正弦曲线的模式左右移动。可以不断缩放运动的振幅（用乘法）以及运动的中心（用加法或减法）。一些小技巧如下。

- 不要使用归一化单位，用归一化单位来绘制圆形瞳孔会非常困难。使用 height、pix 或 cm 作为单位。
- 先绘制眼睛的白色椭圆部分，再绘制瞳孔（在 Routine 面板中，将瞳孔组件放置在眼白组件的下方）。
- 完成所有设置后，先绘制一只眼睛。完成后，可以右击组件，通过快捷菜单复制、粘贴组件（在 Builder 界面的 Experiment 菜单中可以找到 Paste Component 菜单项，或直接用 Ctrl-Alt-V 快捷键）。这样，第二只眼睛的所有设置也完成了，剩下的只用改变位置了。

答案请见附录 B。

第6章

提供反馈——简单的代码组件

学习目标：本章将会介绍如何在实验中添加更灵活的 Python 代码，并通过多行语句与选项来选择代码执行的时间。

图形化的 Builder 界面虽然非常灵活，但也存在很多局限。如果想进一步探索实验的编写，你可以使用代码（Code）组件在研究的任意部分添加 Python 代码。这样，实验就几乎没什么局限了。大部分任务只需要很少的 Python 代码，但了解其基础知识则对你会很有帮助。下面的案例讲解了如何运用代码组件。

例如，我们在之前的 Stroop 任务中添加反馈选项，其内容是可以根据实验参与者的反应进行个性化定制的。你可能很好奇为什么 PsychoPy 不提供反馈组件，因为这样就不需要写代码了。其实自定义反馈的方式很多，但如果在对话框中以图像的形式定制，那其难度不亚于编写代码。例如，你可能不仅想告诉实验参与者他们的回答是“正确”还是“错误”的，还想告诉（或不告诉）参与者他们的反应时是多少，甚至还想给他们提供更复杂的条件信息（如果他们在一个试次中回答正确则执行某个操作，在另一个试次中回答正确则执行另一个操作）。可能性无穷无尽，这就是为什么代码组件如此有效。

解决方案：如果在论坛上求助，请附上代码

当你发现实验无法运行并在 PsychoPy 论坛上求助时，你需要仔细地思考问题产生的原因，自己编写的实验代码很可能是问题所在。如果你在研究中运用了代码组件，你可能需要将代码复制到论坛的帖子中，这样其他人才能看到真正的代码，帮助你找出问题。

6.1 提供反馈

我们通常需要向实验参与者提供反馈，因此我们需要使用 `if` 语句。如果参与者回答错误，则在反馈信息中告诉他们“你回答错误”；如果参与者回答正确，则在反馈中提供一些鼓励的信息。在 Builder 界面中插入反馈信息比较困难，因此在本案例中，我们插入的是代码组件。

打开第 2 章的 Stroop 实验。首先，添加名为 `feedback` 的新程序，放在 `trial` 程序的后面，但两者处于同一个循环中。单击 Flow 界面中的 Insert Routine 按钮，选择“(new)”

选项，将程序命名为 feedback（见图 6-1）。

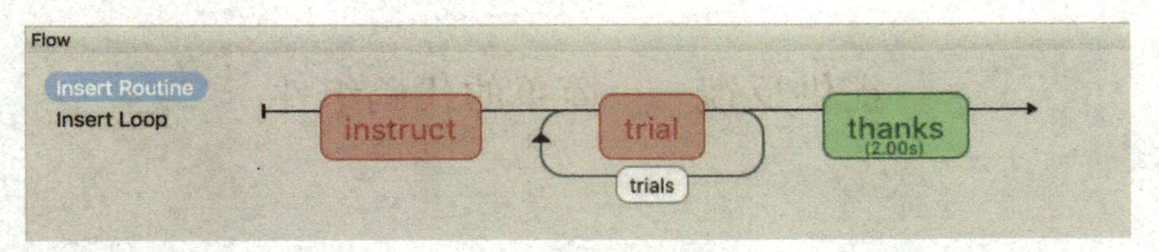

图 6-1　在 Stroop 任务的流程中插入新程序

当命名新程序的时候，可以选择将新程序放到 trial 程序的后面，循环结束的前面，见图 6-2。

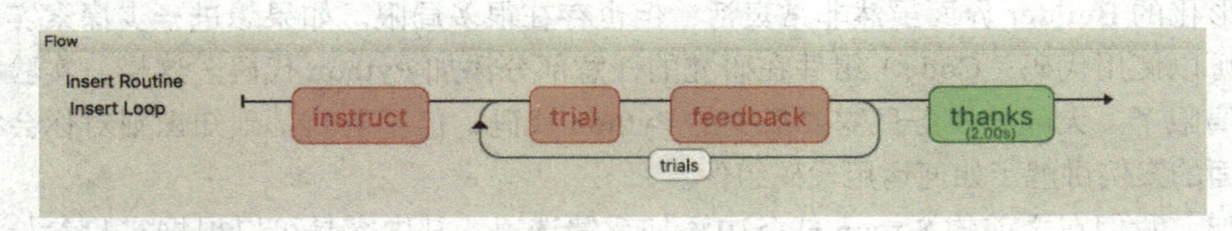

图 6-2　添加 feedback 程序后，Stroop 任务的流程

选择 feedback 程序，在 Flow 面板中单击它或在 Routine 面板中选择它。目前这是一个没有任何组件的空程序。我们需要添加两个组件，一个是呈现反馈文本的文字组件，另一个是决定反馈信息内容的代码组件。组件出现的顺序非常重要：程序中的代码始终按照组件出现的顺序运行，即最上面的代码先运行。我们需要确保代码组件在文字组件之前运行，否则文字组件呈现的内容可能与我们的预期不符。虽然我们之后可以右击组件来改变组件的顺序，但是按顺序创建组件更方便（本案例中先创建代码组件）。

创建代码组件并将其命名为 setMsg，提醒你代码组件用来设置反馈信息的内容。一个代码组件有很多选项卡（tab），用来设置让其在实验的不同时间点运行。你需要仔细思考代码的用途及其运行的位置。某些情况下，你可能需要在研究的多个部分运行代码。例如，在使用眼动仪时，你可能需要在实验开始时初始化硬件，重置计时器并在程序开始时采样，检查每一次屏幕刷新时眼睛的位置，最后在实验结束时断开硬件连接。而我们的研究只需要在程序开始时运行一些代码。注意，代码需要在 trial 程序之后立即运行，在 trial 程序中创建的所有变量在 feedback 程序中依然可用。然后，将代码插入 Begin Routine 选项卡中，且确保输入准确。注意，有两行代码缩进了（可以按 Tab 键缩进，见图 6-3）。

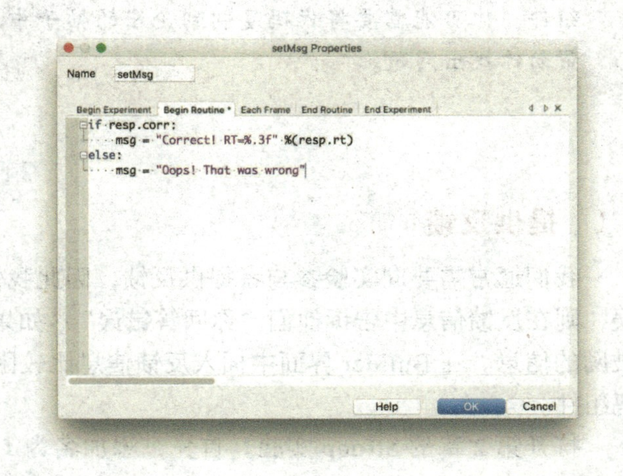

图 6-3　设置 setMsg 代码组件的参数，所有内容都设置为在程序的最开始出现

解决方案：为组件选择一个好的名字

你需要思考如何为添加到实验里的组件命名。当你添加某组件时，组件的意义一目了然。然而，当你过一段时间（例如，在一年之后创建一个相关实验）再回看这个实验时，每个组件的意义会变得模糊，因为组件都简单地命名为“text_1”或“code_3”。你可能需要单击每个组件来查看它的意义，这估计会让你感到很恼火。另外，任何出现在数据文件中的组件（如键盘组件）都需要取一个有意义的名字，这样你才能知道它们代表的内容。否则你可能会产生这样的疑惑：这个键盘组件到底是用来推进实验进程的还是用来让参与者做出反应的？

程序一开始，代码组件会创建名为 `msg` 的变量，并将变量的值设为 `"Correct!"` 或 `"Oops! That was wrong!"`。因为 `trial` 程序中键盘组件叫作 `resp` 且它的属性为 `corr`，所以 `msg` 的值取决于 `resp.corr`。注意，如果你以这种方式设置数据文件，你的数据文件中也有一列叫作 `resp.corr`。`resp.corr` 的值为 `True` 或 `False`（或 1 和 0，Python 中 1 等于 `True`，0 等于 `False`）。如果 `resp.corr` 的值为 `True`，`msg` 的值就设置为 `"Correct!"`。

所以，现在我们只需要创建文本组件来呈现反馈信息即可。与我们在前面获取变量的操作一样，将 `msg` 变量插入组件中，添加符号 $ 表示它为代码。新建文本组件，按图 6-4 所示设置它的值。记住，将文本信息设置为每次重复时更新（选择 set every repeat 选项）。

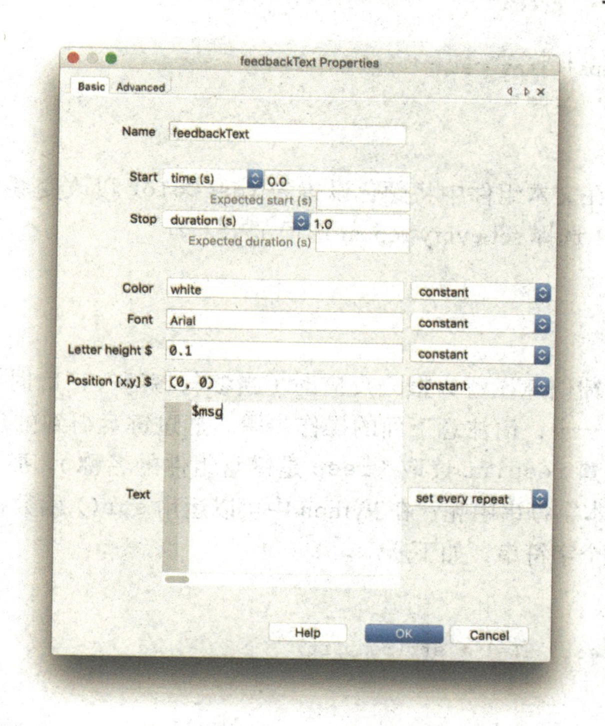

图 6-4　`feedbackText` 组件的属性设置

注意：在代码组件中创建 msg 变量后，将 "$msg" 设置为 set every repeat，即在每次重复时更新。

实操方法：程序中组件的顺序

每个组件的代码按照组件呈现在屏幕上的顺序运行。可以用此顺序决定哪个刺激出现在“前面”。程序后半部分中刺激的运行时间较晚，因此程序后半部分中的刺激将掩盖程序前半部分中的刺激。在代码组件中，代码一般在刺激（受到代码的影响）之前运行（否则，它将会影响之后的帧数或程序中的刺激）。

6.2　更新反馈的颜色

虽然现在实验已经可以运行（如果不能，请参考图 6-4，确保你的文本与图中完全相同），但我们可以再稍稍改进，即设置文本的颜色。如果参与者回答错误，则文本颜色呈现为红色；如果参与者回答正确，则文本颜色呈现为绿色。我们需要在 `if...else` 语句中额外添加几行代码。与创建 `msg` 变量相同，我们创建一个叫作 `msgColor` 的变量，将其值设置为 `"red"` 或 `"green"`。

```
if resp.corr:
    msg = "Correct!"
    msgColor = "green"
else:
    msg = "Oops! That was wrong"
    msgColor = "red"
```

之后我们便可以在文本组件中将颜色设置为 `$msgColor` 以改变颜色属性，并且将其设置为每次重复时更新（选择 set every repeat 选项）。

6.3　报告反应时

我们也可以将反馈信息设置为报告反应时（当参与者回答正确时将反应时告诉他们），这是本章中最复杂的一步，请注意下面的操作步骤。通过键盘得到的反应时存储在属性 `rt` 中，并且可以通过变量 `resp.rt` 读取（`resp` 是键盘组件的名称）。那么我们如何将反应时的值（数字）插入文本字符串中呢？在 Python 中可以运用 `str()` 函数将数字转化为字符串，并使用符号 + 拼接两个字符串，如下所示。

```
msg = "Correct! RT=" + str(resp.rt)
```

即使上面的代码可以将反应时插入文本字符串中，也依然存在两个问题。第一，反应时有很多位小数。虽然计算机以纳秒的精确度记录反应时，但实际上键盘计时并没有那么精确。因此在软件中，我们仅保留 3 位小数（反应时以毫秒为单位）。虽然这样的精确度依然高于标准 USB 键盘的精确度，但与用纳秒相比，这看起来会相对更加合理一些。第二，如果你想在反馈信息中添加其他文本或变量，用符号 + 拼接两个字符串的方法会很麻烦。另一种方法是使用 Python 字符串格式化。通过几种不同的方式可以实现字符串格式化，最终结果也大致相同，但我们采用的是一个新方法，使用 `"{}".format(value)`，类似于在 .NET 中使用的编程方式。另外，还有一些老办法，如使用 `%i`，`%f` 这样的格式说明符。如果你学习过 C 语言或 MATLAB，可能更习惯用这些老办法（有关这两种方法的详细介绍可见 pyformat 网站），这里就不介绍了。

```
msg = "Correct! RT={:.3f}".format(resp.rt)
```

在新方法中需要用到大括号，它在 Python 中表示这里需要插入一个变量。符号 `:.3f` 表示变量将被格式化为包含 3 位小数的浮点数。`format()` 函数将字符串格式化后插入 `resp.rt` 变量中（可以插入多个变量，但我们只需要一个）。这样，我们就成功地将 `resp.rt` 作为包含 3 位小数的浮点数 `{:.3f}` 插入字符串中了。

插入变量后，可以添加更多的文本内容，改变浮点数的值或添加其他变量。例如：

```
msg = "{} was correct! RT={:.3f} ms".format(resp.keys, resp.rt*1000)
```

上面的代码插入了两个变量。一个是字符串（`{}` 读取 `resp.keys` 的值），另一个是整数（`{:i}` 读取 `resp.rt*1000` 的值）。你可以看到，在最后的整数后面还有文本，单位是“ms”。

解决方案：字符串格式化选项

要格式化插入变量，常用的方法是 `format()` 函数。字符串格式化选项如表 6-1 所示。

表 6-1　字符串格式化选项

代码	作用
`{}`	按照默认格式化方式自动插入
`{:s}`	插入一个字符串
`{:.5s}`	插入前 5 个字符
`{:f}`	插入一个浮点数
`{:.2f}`	插入一个包含两位小数的浮点数
`{:i}`	插入一个整数
`{:03i}`	插入用 0 填充后长度为 3 个字符的整数（001，002，…）
`{:3i}`	插入用空格填充后长度为 3 个字符的整数
`{:+i}`	插入一个整数并强制显示符号

上面的语法基于微软的 .NET 框架。

要详细了解关于格式化字符串的语法，可参阅 pyformat 网站。

6.4　一些有用的方法、属性和变量

表 6-2 展示了一些可以被添加到实验中的代码。当然，它们的属性和使用方法不限于此。那么，我们如何去认识和了解它们呢？例如，你如何知道 `t` 在程序中代表了当前时间的值或 `random()` 会输出一个随机数（而不是 `rand()`）呢？最好的方法是将实验编译为脚本，然后研究那些将要使用的代码。

你在脚本中看到的任何对象都可以在代码组件或组件的参数中使用。

表 6-2　能插入实验的 Builder 界面中的方法、属性和变量

方法、属性和变量	作用
`random()`	插入一个介于 0 ~ 1 的随机数
`t`	从程序启动到现在的时间（单位为秒）
`frameN`	从程序启动到现在的（已完成的）帧数，注意，第一帧对应 0，第二帧对应 1，依次类推
`frameDur`	每一帧（期望）的持续时间，这个值在实验开始时通过测量得到，否则默认设置为 1/60.0
`if frameN % 5 == 0:...`	每 5 帧执行一次某操作。用 Google 搜索“modulo”查看 % 的意义，不要输入后面的点，它们只是表示“在这里输入你的代码”
`globalClock.getTime()`	从实验开始到现在的时间。注意，这不是第一个试次的开始，它包含了刺激加载和对话框等待输入的时间
`continueRoutine=False`	结束当前程序。不过它不能应用于任意一个程序，只能对当前程序执行该操作
`trials.finished=True`	结束循环（在这里，运用的是 `trials` 循环），在循环进入下一个迭代时结束，可能不一定立即结束
`expInfo['participant']`	获取信息对话框中的值（在这里，获取的是 `participant` 的值）。例如，通过在信息对话框中创建的值来控制代码的运行是一种很有用的方法
`stim.status==FINISHED`	测试命名为 `stim` 的组件是否已经结束，常常用于同步两个刺激。状态的可能值为 `FINISHED`、`STARTED` 和 `NOT_STARTED`。注意，只使用一个“=”会导致程序出现语法错误

解决方案：查找对象的属性

表 6-1 提供了一些 PsychoPy 对象所具有的部分属性，不过如果要详尽介绍这些内容，那么我们可能会写出一本更厚的书。我们如何才能知道 Python 脚本中某个对象的属性呢？一种方法是将实验编译为脚本，看看最常用的属性。但大多数对象拥有多种属性，且不会在每一个脚本中都用到，那我们该如何找到它们呢？

Python 的 dir() 函数可以帮助你了解任意一个对象的所有属性。例如，想知道 trials 循环包含哪些值，可以在循环开始后的某个时间点输入 print(dir(trials))。在程序开始时创建代码组件，运行 dir() 函数（选择循环内部的程序，以便创建循环）。

最终会输出很多不同项，包括 nRemaining、nReps、nTotal、thisIndex、thisN、thisRepN 等。

像 trials.nRemaining 和 trials.nReps 都可以在脚本中获取。使用 dir() 函数几乎可以了解对象的所有属性。

6.5 报告最后 5 个试次的表现

人们常想了解参与者的表现，并将它作为是否结束练习试次的标准（见练习 6.2）。我们将追踪参与者在最后 5 个试次的表现，并将结果告知参与者。实际上，我们也可以追踪某个更长的时间段（例如，最后 10 个试次）中参与者的表现，但我们不是简单地考虑整体平均水平，即更看重参与者最近的表现而不是整体的表现。

保存 Stroop 任务拓展演示（Extended Stroop demo）的新副本，并告知参与者他们在最后 5 个试次中的平均表现。为此，你需要调整当前的反馈代码。

要了解参与者的表现，可以通过实验处理程序（experiment handler）获取数据（在运行时自动存储），但这需要你更多地了解底层对象。一个更简单的方法是自己记录参与者的反应是否正确，并在每个试次结束后更新和检查。

我们只需要对 feedback 程序中名叫 message 的代码组件进行调整[①]。

打开代码组件，对 Begin Experiment 选项卡进行设置。值为空的 msg 变量已经创建，如下所示。

```
msg = ''
corr = []
```

① 如果你已经下载了本书全部的实验材料与样例，那么你可以从第 6 章的样例中找到 stroopWithPractice 文件夹，请打开文件夹中的 .psyexp 文件。此时，你将发现已设置好的 feedback 程序，其中包括名为 message 的代码组件。——译者注

现在我们已经创建了一个空的 Python 列表，可以向列表中存储并添加任意元素。我们需要添加的内容是参与者是否在每个试次中都回答正确。从已有的代码中，你可以发现需要添加的内容是 `resp.corr`，用 append 方法将其添加到 `corr` 列表中，如下所示[①]。

```
corr.append(resp.corr)
```

现在我们已经可以追踪参与者正确或错误的反应了。最后，我们需要利用此列表追踪参与者的表现。这如何在 Python 中完成呢？如果我们将参与者在每个试次的反应（假定一个试次只有一个反应）都输入列表中，那么我们只需要提取列表的最后 5 项。在 Python 中，可以使用方括号提取列表的特定部分（或字符串中的字符）。它的一般形式是 `variableName[start:end]`（Python 从 0 开始计数）。下面给出两个示例。

- `corr[0:5]` 提取的是前 5 个试次的结果。
- `corr[3:5]` 提取的是从第 4 个试次开始的 5 个试次的结果（因为从 0 开始计数，3 代表的是第 4 个试次）。

如果没有指定起点或终点（即“:”两侧的数字），Python 会提取从最开始直到最后的结果；如果用负数作为索引，Python 会从后向前提取结果，而不是从前向后。下面给出 3 个示例。

- `corr[:5]` 提取前 5 个试次的结果，和前面的 `corr[0:5]` 是一样的。
- `corr[3:]` 提取从第 4 个试次开始的所有结果。
- `corr[-5:]` 提取最后 5 个试次的结果。

我们了解如何获取最后 5 个试次的结果后，还需要知道里面有多少正确答案。假如 1 代表正确（correct），0 代表不正确（incorrect），我们可以用 Python 中的 `sum()` 函数计算出给定列表（或子集）中正确答案的总数。创建一个名为 `nCorr` 的变量，求最后 5 项的和。

可以在相同的位置继续添加代码（在 `message` 代码组件的 Begin Routine 部分）。代码如下所示。

```
# create msg according to whether resp.corr is 1 or 0
if resp.corr: # stored on last run of routine
    msg = "Correct! RT={:.3f}".format(resp)
else:
    msg = "Oops! That was wrong"
```

① 从该部分开始，代码应该添加到组件的 Begin Routine 里。——译者注

```
# track (up to) the last 5 trials
corr.append(resp.corr)
nCorr = sum(corr[-5:])
nResps = len(corr[-5:])
msg += "({} out of {} correct)".format(nCorr, nResps)
```

和之前一样，首先创建的是有条件的 msg 变量。之后将 resp.corr 的值添加到反应列表中，计算最后 5 个试次中正确答案的总数。另外，我们还想了解实验进行了多少个试次，因为如果参与者仅完成了两个试次，告诉他们正确率为 20% 非常奇怪。代码 len(corr[-5:]) 告诉我们正在使用的列表子集的长度，就像 sum(corr[-5:]) 可以告诉我们列表子集中元素的和一样。

最后，将有条件的 msg 变量添加到已经创建的 msg 值中。可以使用 msg = msg + …的方式，不过我们用的是快捷形式 +=。在很多编程语言中，这是一个常用的快捷形式，用于“在变量中求和”。

解决方案：插入注释

注意，即使代码只有几行，也需要插入注释。不仅仅因为这是一本教材，而是为了让你记住代码是如何运行的。**为了你自己，请插入注释**。过一段时间，你可能会惊讶地发现，你已经忘记某一行代码的意思了。你可以将代码中的注释视作现在的你给未来的你写的“情书”。未来的你也许非常繁忙，所以现在对自己好点。

练习和拓展

练习 6.1　当参与者的正确率达到 80% 时停止练习

如果你想在参与者的表现达到某一标准时停止练习试次该怎么做？ 6.5 节介绍了如何追踪参与者最后 5 个试次的表现，尝试使用代码完成计算，当参与者的正确率达到 80% 时停止练习试次。

答案请见附录 B。

练习 6.2　用试次数在屏幕上显示进度

用试次数在屏幕上显示进度，有时是因为你想了解实验的进度，有时是为了鼓励参与者继续完成又长又无聊的实验，有时它也可以帮助你调试程序。当然，显示进度有很多方式（例如，在文本或在进度条中）。

插入文本组件，放在屏幕的右下角，显示循环中已经完成的试次数和需要完成的总试次数，例如，一个简单的字符串“4/30”。到目前为止，所有的实验都可以实现该操作（例如，基础的 Stroop 任务）。

因此，你需要了解如何从试次循环中识别正确的数字，并组合成字符串。

答案请见附录 B。

第7章

评定——测量“大五”人格结构

学习目标：学习如何使用评定量表和收集问卷数据。

到目前为止，我们已经学习了认知心理学方面的很多实验，例如，研究了不一致和一致两种情况下参与者的反应时。但在心理学领域，我们经常想从参与者那里收集“评定”信息，本章主要介绍如何收集这些信息。

评定可以应用于很多不同事物。例如，它可以用来评定刺激（“你觉得这幅图像有多迷人？”）或自信水平（“你对上一次的反应有多少把握？”）。实际上，一个量表既可以被用于评定，也可以被用作一种收集连续反应（“你认为刺激呈现了几秒？”）的有效方法。

对人格维度的测量是行为科学中的一个重要领域。即使某个实验表面上看似与人格无关，但它对探索人格维度与兴趣变量之间是否相关可能会有所帮助。例如，当任务是测量参与者的视知觉时，测量人格维度对了解他们人格中的“开放性”可能会有所帮助。

7.1 测量人格的工具

测量人格的工具很多，其中不少工具比我们在这里使用的更精确和可靠。一些工具的目的仅仅是测量“大五”人格结构——开放性、尽责性、外倾性、宜人性、神经质（Openness to experience，Conscientiousness，Extraversion，Agreeableness，Neuroticism，OCEAN）。另一些工具的目的是测量“大五”人格中的子维度（即常说的面向（facet））。测量子维度可能会出现很多问题，而某些问题可能会要求你付费。在这里，我们将使用一个相对较短的工具（该领域的人通常这么说），它只包含了120项（item，即项目），你不需要花费一整天来收集完整的数据。我们还选择使用开源软件包，这意味着我们（和你）不必支付任何许可费用便可以合法使用它。

ori 网站不仅提供了很多关于使用人格量表的信息，还有很多公共域版本（Public-domain version）的链接以及它们的历史信息。由 Johnson（2014）开发的 IPIP-NEO-120 便是网站提供的工具之一，它能够相对快速地对参与者进行多方面测量（可以与其他测量工具一起使用）。Johnson 最终测量了“大五”人格结构中每个维度的6个层面，每个层面使用4项进行测量，因此参与者需要自我评定的总项数为120。除了使用我们在本章创建的工具之外，你还可以在 Johnson 的个人主页（参见宾夕法尼亚州大学官网）上找到类似的工具。同时，使用 Johnson 的量表还有一个优势，即 Johnson 在 Open Science Framework 网站上提供了所有原始数据，数据来源非常庞大（IPIP-NEO-120 工具的619150位参与者）。如果你想查看巨大的标准化数据，你可以从 Open Science Framework 网站下载原始数据。

实操方法：仅限教学目的

注意，本次实验和相关材料都仅限教学目的（Johnson 的个人主页也一样）。该量表不是人格领域的黄金准则，在人格测量领域未经训练的人不应该使用它，而且它也不可用于临床实验。本案例与书中的其他研究一样，都仅出于教学目的而创建，我们只希望能让你学习如何在实验室中收集数据。不过，如果要更好地使用这些工具，我们还希望你能够得到专业的培训和支持（这已超出了本书的范围）。

与大多数人格测量工具相同，Johnson 的 IPIP-NEO-120 工具中的项（例如，“自己的东西随处乱放”）也需要参与者进行自我评定。参与者通过 5 点量表评定该项描述自己的准确度（1 表示非常不准确，5 表示非常准确）。某些项是反向评定项，例如“我喜欢阅读有挑战性的材料”和“我避免有关哲学的讨论”两者都涉及同一面向，但意思相反，因此某些项需要反向计分（如果参与者的自我评分为“5”，那么实际得分应统计为 1）。

7.1.1　在 PsychoPy 中创建 IPIP-NEO-120

首先，创建一个条件电子表格，说明试次间变化的内容是什么。本实验中，为了方便分析数据，在表格的每一行中输入需要追踪的信息，在每一列中输入测量的项，例如，人格维度的名称以及它测量的面向。此外，我们还需要了解对于项是正向计分还是反向计分。

无须手动输入 120 行信息，因为所有内容都可以从 ori 网址中找到。可以从配套网站下载本实验的条件文件。图 7-1 显示了 IPIP 条件文件的前几行。

	A	B	C	D	E	F
1	Number	Item	Scoring	Code	Facet	Factor
2	1	Worry about things.	+	N1	Anxiety	Neuroticism
3	2	Fear for the worst.	+	N1	Anxiety	Neuroticism
4	3	Am afraid of many things.	+	N1	Anxiety	Neuroticism
5	4	Get stressed out easily.	+	N1	Anxiety	Neuroticism
6	5	Get angry easily.	+	N2	Anger	Neuroticism
7	6	Get irritated easily.	+	N2	Anger	Neuroticism
8	7	Lose my temper.	+	N2	Anger	Neuroticism
9	8	Am not easily annoyed.	-	N2	Anger	Neuroticism
10	9	Often feel blue.	+	N3	Depression	Neuroticism
11	10	Dislike myself.	+	N3	Depression	Neuroticism
12	11	Am often down in the dumps.	+	N3	Depression	Neuroticism
13	12	Feel comfortable with myself.	-	N3	Depression	Neuroticism

图 7-1　IPIP 条件文件的前几行

注：针对每项，我们设置了文本内容、它应该正向计分还是反向计分、人格维度以及它描述的面向。Code 列指的是人格不同面向的标准 IPIP 代码（例如，N1 是神经质维度的第一个面向）。

然后，创建程序来呈现文本（句子），同时创建评定量表（Rating Scale）组件来记录参与者的反应。文本的呈现时间设置为无限长，因为本实验中不需要参与者快速做出反应；评定量表的呈现时间也设置为无限长，但当参与者在量表滑块上选择一个点并按 Return 键时，默认表示该项作答完毕。

最后，要添加提示信息，告诉参与者需要按 Return 键以进入下一项评定。我们不希望参与者看着静态的屏幕，猜测下一个试次什么时候开始，那样会非常尴尬。现在，你需要快速了解如何为项目设置文本组件，需要改变的关键设置如下所示。注意，条件文件中表示项文本那一列的名称是“Item”，所以我们将对象命名为 `item`，以示区分。

- Name 设置为 `item`。
- Text 设置为 `$Item`。
- Start 设置为 `0`。
- Stop 设置为空值。
- Position 设置为 `(0, 0.5)`。
- Units 设置为 `norm`。

对于提示信息，可以在另一个文本组件中参考如下设置。可以将信息放在屏幕下方，这样不会影响实验的主要对象（项和反应）；还可以将提示信息的字号（0.07，使用归一化单位）设置得比项的主要文本的字号（0.1，使用归一化单位）小。

- Name 设置为 `msgContinue`。
- Text 设置为使用鼠标选择答案并按 Return 键进入下一项。
- Start 设置为 `0`。
- End 设置为空值。
- Size 设置为 `0.07`。
- Positon 设置为 `(0, -0.8)`。
- Units 设置为 `norm`。

7.1.2 创建评定量表

PsychoPy 含有一个名为评定量表（Rating Scale）的组件（在 Components 面板的 Responses 类别中），它为评定量表的反应类型提供了多样选择，例如，涉及言语范畴的反应，数值或连续的线性量表等。IPIP 使用 5 点李克特量表（Likert Scale）评定每个项，两极的选项是 Very accurate 和 Very inaccurate。

相关设置可见图 7-2。在 PsychoPy 中，这是一个有些复杂的组件（未来版本中可能会简化），所以我们不妨略微深入了解一下其中的部分选项。

7.2 分类量表、李克特量表或连续评定量表

有多种方法可以控制添加到评定中的量表和标签类型。

对于分类量表，可以通过 `Category choices` 参数的值来设置你想呈现的文字。这些值以逗号隔开，逗号越多，表示量表上的选项越多。如果类别不区分顺序且每个都有标签，则会更有意义。例如，要求参与者从苹果、香蕉、梨子、橙子这 4 个类别中选择最喜欢的水果。如果你使用 `Category choices` 参数，反应数据将以文本标签的形式记录，但这样很难进行分析。例如，在本实验中，分析 Very accurate 和 Very inaccurate 这样的文本比分析数字更难（数字可以加减）。

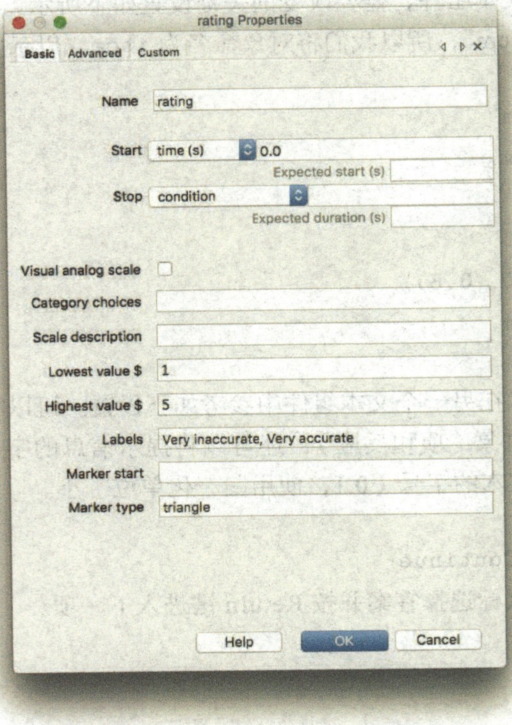

图 7-2　IPIP 人格测量中评定量表的设置[①]

注：在 Labels 框中输入用逗号分隔的两个值，代表量表中两极的选项（在这里，评定时我们需要设置顺序变量，而不需要设置 Category choices 参数）。

李克特量表采用一种有序的数据形式，参与者可以从很多有序的值中选择一个。一般来说，李克特量表是 5 点或 7 点量表，参与者会选择 1 ~ 5 或 1 ~ 7 的一个整值，两极的选项一般类似于“Not at all”（一点也不）到“Very much”（非常）。如果要在 PsychoPy 的量表组件中创建李克特量表，就不能使用 `Category choices` 参数，因为李克特量表是一个顺序量表，而 `Category choices` 参数中的值都是命名类型的（分类的）值。相反，你需要设置 `Lowest value` 参数和 `Highest value` 参数（例如，对于 7 点量表，将它们分别设置为 1 和 7）。然后，设置 `Labels` 参数，表明如何在量表上标记它们。可以插入多个标签，并用逗号隔开，它们将均匀地分布在量表上。例如，7 点量表的标签可以设置为 `Sad`，`Neutral`，`Happy`。标签 `Sad` 的值为 1（最左边的值），标签 `Neutral` 的值为 4，而标签 `Happy` 的值为 7（最右边的值）。数据文件中，参与者的反应将会记录为 1 ~ 7 的整数。

对于人格测试，我们常使用 5 点量表，标签的值从 Very inaccurate 到 Very accurate。原始版本会对每一个反应选项进行标记。例如，Johnson 版本中，中间值被标记为 Neither inaccurate nor accurate。这会让参与者感到非常混乱，而且如果在屏幕上呈现大量文本还会令人分心。因此，我们将量表中 1 ~ 5 的标签（见图 7-2）简单地设置为 Very inaccurate 和

---

① 因为软件的升级，该设置界面在版本较高的软件中可能有所不同，但差异不大。——译者注

Very accurate。

连续量表并不会将反应限制为特定的整数值，参与者可以在线上的任意位置做出反应。在 PsychoPy 中勾选 Visual analog scale 复选框，值将始终为 0 ~ 1 的小数，且量表的标签也不会显示。

7.3 控制最终评定结果

评定量表组件还有 Advanced 选项卡，其中一些功能在本实验中也会用到，特别是 Show accept（或 Show）复选框的设置。勾选该复选框后，在实验运行时，评定量表下会呈现一个 Accept 按钮，以显示参与者当前选择的值，参与者单击该按钮确认最终选项。不过，在本实验中该按钮看上有些不协调，因为按钮上有一个数字（当前评定中参与者选择的数值），这一点可能会让参与者感到困惑。不过我们可以取消勾选 Show accept 复选框来隐藏按钮。

参与者可能并不清楚他们需要按 Return 键最终确认本项的选择。因此，在没有 Accept 按钮的情况下，我们需要告知参与者按 Return 键才能继续实验，所以我们才创建了 msgContinue 文本组件。

另外，可以勾选 Single click 复选框。只要参与者做出反应，评定量表就会判断为“已完成”，实验也将自动进入下一个试次。但在本实验中，该复选框可能不太适用，因为参与者在思考片刻后可能想要调整他们之前的选择，因此，不勾选 Single click 复选框。

另一个相关选项是 `Disappear` 参数，用户可以设置让某次评定在参与者做出反应后立即消失。本实验不会用到该功能，因为一旦参与者做出反应，实验就直接进入下一个试次。但如果某个试次中并不仅仅进行一次评定，可能会用到该功能。例如，你要求参与者从 3 个不同维度（“吸引力”“亮度”“开放性”）评定一张照片，并且希望一旦对某一维度做出反应，该维度就消失。

评定量表更多的高级设置

评定量表组件也可以变得很复杂，用于设置很多东西，比如，显示你在做选择时图标的形状，或试次该如何推进。默认情况下，一个按钮（可能名为“Key，click”）会与评定量表一同出现，来告知参与者该如何做出反应。一旦他们做出反应，按钮会变成参与者所选的值，并让你确认。神奇的是，可以用 3 个隐藏设置来控制呈现在按钮上的文本，分别是 `acceptPreText`、`acceptText` 和 `showValue`。但它们只是进行自定义设置的一些简单的例子，你还可以自行探索其他内容。

实际上，因为评定量表中的设置太多了，所以我们并不能在一个对话框中将它们全部显示。因此，Jeremy Gray（增添评定量表组件的人）决定在对话框中显示最常用的参数设置，而在 Custom 选项卡下的 Customize everything 中，你可以为评定量表定义其他所有不常用的参数。

如果你选择使用 Customize everything 选项，请注意，除了组件的名称（Name）外，你不能使用其他任何图形化界面下的设置。一旦开始，你需要将所有参数插入 Customize everything 选项中。示例如下所示。

```
low=1, high=7,
precision=10,
labels=('No', 'OK', 'OMG Yes!'),
acceptPreText='Start rating!',
acceptText='Final answer?',
showValue=False,
```

上述代码将创建一个 7 点李克特量表，两端和中间会出现 3 个标签（如果你提供更多标签，它们会均匀地分布在量表上）。acceptPreText 和 acceptText 用来控制参与者做出任何反应前与后按钮上的文本。注意，当 showValue=False 时，acceptText 才能生效；当 showValue=True（默认值）时，acceptText 会被当前所选择的值取代。

自定义评定量表的方式太多了，通过本章最后的练习可以学习如何找到这些方式。

7.4 存储什么

在 Advanced 选项卡中我们还可以设置在数据文件中存储什么内容。一般来说，你希望存储最终的评定结果以及参与者的反应时（它包含的信息可能不多，特别是在参与者忘记按 Return 键时，不过存储这些内容并不难）。在一些研究中，了解参与者在最终确认反应之前所选择的位置对研究会有一定的帮助。然而，如果参与者按了 3 个键，每一个试次的输入类似于 [3，4，2]，除非你是处理数据的高手，否则这些数据会更难分析。相对而言，只分析一个单元格中的数值会更简单。

接下来的一步不是必需的，但你可以通过它让数据分析变得更简单。在本研究中，对于一些项反向计分，而对于另一些项则正向计分。例如，“接近他人时感到困难”在神经质中正向计分，分数越高表示神经质的等级越高；相反，“不喜欢改变”在开放性中反向计分，分数越高意味着开放性等级越低。在电子表格中，查看 Scoring 变量（“+”或“-”）可以了解相关项如何计分。对于正向计分的项，参与者的 response（1 ~ 5 的数字）就是该项的得分；对于反向计分的项，我们需要翻转量表，这意味着得分等于 6-response。若 response 为 1，得分等于 5（即，6-1）。我们可以在收集数据后计算得分，但手动计算经常会导致出错。因此，根据 Scoring 变量和参与者的 response，可以用 PsychoPy 来自动计算分数，并且将其存储到数据文件新的一列中。

我们需要利用代码组件在每一个试次中进行计算。可以在 trial 程序中设置并运行代码组件，同时需要在 End Routine 选项卡中添加如下代码，这样一来，当参与者做出反应时，PsychoPy 就会自动计算得分。

```
if Scoring == '+':
    thisExp.addData('score', rating.getRating())
elif Scoring == '-':
    thisExp.addData('score', 6-rating.getRating())
else:
    print("Got an unexpected Scoring value: {}".format(Scoring))
```

Scoring 是存储在条件文件中的变量，其值在每个试次循环中都会更新。thisExp.addData(name,value) 函数可以在任何时刻向实验中添加数据。name 的值（这里 name 的值为 score）表示数据所在那一列的标题，而 value 的值表示当前试次中某一行的内容。若某个 name 原先不存在，数据文件中将新增一列。如果试次结束，没有添加 score 值，那么该试次中相应的单元格也将会被清空。最后，使用 getRating() 方法或 getRT() 的方法插入来自 rating（我们对评定量表组件的命名）对象的 value。如上所述，可以使用 rating.getRating() 或 6-rating.getRating() 来插入得分。

我们在上述代码中还添加了 else 语句。虽然除了“+”或“-”之外我们不会得到其他任何值，但这可以提醒你这里可能存在问题。若我们在条件文件中发现一个错误，或其中缺少一个值，那么这部分代码将不会记录任何数据（因为 Scoring 变量的值与我们的预期不符）。因此，我们需要对条件文件进行完整性检查，并检测是否会出现异常。

现在数据文件应该会根据项的正向计分性或负向计分性输出正确的得分（见图 7-3）。不过，你也需要抽查其中的某些试次，以确保数据无误。

	A	B	C	D	E	F	G	H	I	J	K	L	M	N	O	
1	Number	Item	Scoring	Code	Facet	Factor	trials.thisRep	trials.thisTria	trials.thisN	trials.thisInd	rating.respor	rating.rt	score	date	frameRate	exp
2	13	Find it difficu	+	N4	Self-consciou	Neuroticism	0	0	0	12	1	4.261	1	2017_Oct_1	59.944576	IPIP
3	87	Insult people	-	A4	Cooperation	Agreeablene	0	1	1	86	1	3.699	5	2017_Oct_1	59.944576	IPIP
4	1	Worry about	+	N1	Anxiety	Neuroticism	0	2	2	0	3	9.932	3	2017_Oct_1	59.944576	IPIP
5	43	Enjoy being r	+	E5	Excitement-s	Extraversion	0	3	3	42	1	5.282	1	2017_Oct_1	59.944576	IPIP
6	49	Have a vivid	+	O1	Imagination	Openness	0	4	4	48	4	3.581	4	2017_Oct_1	59.944576	IPIP
7	32	Avoid crowd	-	E2	Gregariousn	Extraversion	0	5	5	31	1	2.213	5	2017_Oct_1	59.944576	IPIP
8	101	Like to tidy u	+	C2	Orderliness	Conscientiou	0	6	6	100	2	4.081	2	2017_Oct_1	59.944576	IPIP
9	11	Am often do	+	N3	Depression	Neuroticism	0	7	7	10	1	2.879	1	2017_Oct_1	59.944576	IPIP
10	53	Believe in th	+	O2	Artistic inter	Openness	0	8	8	52	5	2.713	5	2017_Oct_1	59.944576	IPIP
11	18	Rarely overir	-	N5	Immoderatic	Neuroticism	0	9	9	17	4	6.882	2	2017_Oct_1	59.944576	IPIP
12	46	Have a lot of	+	E6	Cheerfulness	Extraversion	0	10	10	45	4	3.866	4	2017_Oct_1	59.944576	IPIP
13	22	Become over	+	N6	Vulnerability	Neuroticism	0	11	11	21	1	4.247	1	2017_Oct_1	59.944576	IPIP
14	25	Make friends	+	E1	Friendliness	Extraversion	0	12	12	24	5	2.096	5	2017_Oct_1	59.944576	IPIP
15	108	Break my pr	-	C3	Dutifulness	Conscientiou	0	13	13	107	1	3.099	5	2017_Oct_1	59.944576	IPIP
16	105	Keep my pro	+	C3	Dutifulness	Conscientiou	0	14	14	104	5	1.814	5	2017_Oct_1	59.944576	IPIP
17	68	Am not inter	-	O5	Intellect	Openness	0	15	15	67	1	3.361	5	2017_Oct_1	59.944576	IPIP
18	5	Get angry ea	+	N2	Anger	Neuroticism	0	16	16	4	1	2.748	1	2017_Oct_1	59.944576	IPIP
19	41	Love exciter	+	E5	Excitement-s	Extraversion	0	17	17	40	4	6.132	4	2017_Oct_1	59.944576	IPIP
20	59	Rarely notice	-	O3	Emotionality	Openness	0	18	18	58	1	3.931	5	2017_Oct_1	59.944576	IPIP
21	118	Make rash de	-	C6	Cautiousness	Conscientiou	0	19	19	117	1	1.865	5	2017_Oct_1	59.944576	IPIP
22	35	Take control	+	E3	Assertivenes	Extraversion	0	20	20	34	5	1.946	5	2017_Oct_1	59.944576	IPIP
23	102	Often forget	-	C2	Orderliness	Conscientiou	0	21	21	101	3	6.062	3	2017_Oct_1	59.944576	IPIP
24	116	Have difficul	-	C5	Self-disciplin	Conscientiou	0	22	22	115	2	4.998	4	2017_Oct_1	59.944576	IPIP
25	119	Rush into thi	-	C6	Cautiousness	Conscientiou	0	23	23	118	3	4.148	3	2017_Oct_1	59.944576	IPIP
26	78	Cheat to get	-	A2	Morality	Agreeablene	0	24	24	77	1	2.031	5	2017_Oct_1	59.944576	IPIP
27	58	Feel others'	+	O3	Emotionality	Openness	0	25	25	57	5	3.329	5	2017_Oct_1	59.944576	IPIP
28	93	Sympathize	+	A6	Sympathy	Agreeablene	0	26	26	92	5	3.762	5	2017_Oct_1	59.944576	IPIP
29	28	Keep others	-	E1	Friendliness	Extraversion	0	27	27	27	2	4.182	4	2017_Oct_1	59.944576	IPIP
30	21	Panic easily.	+	N6	Vulnerability	Neuroticism	0	28	28	20	1	2.548	1	2017_Oct_1	59.944576	IPIP
31	79	Take advant	-	A2	Morality	Agreeablene	0	29	29	78	1	2.497	5	2017_Oct_1	59.944576	IPIP
32	81	Am concerne	+	A3	Altruism	Agreeablene	0	30	30	80	4	5.596	4	2017_Oct_1	59.944576	IPIP

Sheet1　ID08_IPIP-NEO-120_2017_Oct_11_1

图 7-3　运行 IPIP-NEO-120 得到的原始数据

注：虽然原始数据很多，但可以使用数据透视表（pivot table）进行简单的汇总。

7.5 结束任务并获取数据

与之前的实验相同，我们需要在 trials 循环开始前添加指导语，在 trials 循环结束后添加感谢语。你也许还想在 Experiment info 框中添加其他内容（在 Experiment Settings 对话框中操作）。例如，在测量参与者的人格特质时，你也想存储他们的性别和年龄数据以便更好地进行研究。

你现在应该可以运行任务并收集参与者在这些项中自我评定的数据了，数据仍然以 csv 文件的形式保存。我们可以看到，原始数据文件是比较大的，有 120 行和很多列数据，直接进行人工分析会有点难度。幸运的是，Excel 有一个非常简单的功能，它能像 PsychoPy 一样自动计算得分。实际上，我们还可以利用此机会学习 Excel（或大多数其他电子表格软件）中的数据透视表功能，该功能是一种从大表格中汇总数据的简单方法。本实验中，我们可以使用该功能查找所有出现的不同编码（如 E3，即外向性的第三个面向）和计算平均得分。

选择所有数据（点击 Ctrl-A），并在数据（Data）菜单中选择“通过数据透视表汇总”（Summarize with PivotTable）。微软喜欢定期更新 Excel 中菜单项等的名称和位置，我们不会告诉你这些选项的确切位置——因为这会降低探索的乐趣。之后会出现一个对话框，询问你想在哪里插入数据透视表。为了使汇总后的数据与原始数据相区分，我们选择在新的表格中插入数据透视表。此时，界面上会出现一个对话框（见图 7-4），它显示了在汇总数据中可以用到的各种字段（字段是原始数据中的列）以及组织数据的不同方法（按列、行等）。将 Code 和 Factor 字段拖入 Rows 框（行对话框）中，将 Sum of score 拖入 Values 框（值对话框）中。参与者关于某一因素或面向的得分应该以平均数的形式汇总。在数据透视表中，你可以自行探索并找到你最喜欢的配置方式。

现在，你可以完整且快速地运行“大五”人格测试并分析相关数据了。

练习和拓展

练习 7.1 了解评定量表的高级设置

这个任务非常简单（至少看上去很简单）。只需要找到 Customize everthing 里还有哪些设置即可。还有比这更简单的任务吗？

答案请见附录 B。

练习 7.2 一次使用多个评定

有时我们想在屏幕上同时呈现多个评定量表。试试你是否能找到量表的组合设置，尝试将其构建出来（希望它在视觉上看起来能够让人接受）。你可能不希望操作时需要同时单击两个按钮，也不希望参与者完成评定后就结束程序，想想这些问题该怎么解决。

注意，你不需要使用 Customize everthing，仅仅通过对话框中的参数组合即可完成这项任务。

答案请见附录 B。

图 7-4　插入数据透视表

注：如果在 Excel（或大多数其他软件）中创建数据透视表，那么分析参与者的数据会变得非常简单。需要使用 Rows 框中的 Code 和 Factor 字段，以及 Values 框中的 Sum of score 数据。

第 8 章

随机化、区组和平衡处理——双语 Stroop 任务

学习目标：许多研究要求试次以区组（block）的形式呈现，且区组需要保持平衡。本章将介绍如何创建试次的区组及如何在被试内和被试间控制区组的顺序。

许多人问："PsychoPy 可以让试次随机化吗？" 答案是"可以"。到目前为止，所有实验中的试次都随机呈现。然而，人们真正需要的是将试次以区组的形式组织，并使这些区组随机呈现。通过对本章的学习，你会发现创建试次区组并使它们随机呈现是十分简单的。

8.1 区组化试次

到目前为止的实验中，实验条件因试次的不同而异。我们已经了解了如何通过条件文件控制每个试次中实验条件的变化，即在条件文件中一行代表一个试次。然而，有时我们希望条件的变化比试次的变化慢，也就是说，我们希望将相似的试次分组。这意味着其中某些变量会随着试次的变化而变化，而另一些变量只有当新区组的试次开始时才会变化，但在同一区组内的试次中保持不变。以 Thompson（1980）提出的"撒切尔效应"（Thatcher effect）为例，该效应在面孔知觉领域很有影响力，实验者将一张人脸照片中的眼睛和嘴巴颠倒，结果发现只有当人脸正置时，这张照片看上去才十分怪异；当人脸倒置时，人们很难发现这种变化。为了研究该效应的普遍性，Dahl 等（2010）测试了在非人脸的照片中该效应是否适用。我们需要选择如何设计实验，是将人类与猴子的照片随机散布在不同的试次中（例如，人类 →人类→猴子，人类→猴子→猴子），还是将它们分成两个独立的区组，先进行只呈现人脸照片的试次，后进行只呈现非人脸照片的试次（例如，人类→人类→人类，猴子→猴子→猴子）。

是将试次分成独立的区组，还是将试次随机分布，其实受到许多因素的影响，例如，实用性、文献以及对潜在机制或潜在混淆因素的假设。如果你决定将试次分成不同区组，还需要考虑这些区组呈现的顺序。有时区组的顺序很明确，例如，练习试次区组必须在正式试次区组之前呈现。但有时则不然，我们可能需要考虑跨任务的迁移学习。例如，针对不同的实验对象，我们需要仔细平衡人脸照片和猴子照片这两个试次区组呈现的顺序；或者可以使区组的呈现顺序完全随机。

本章中，我们将扩展第 2 章中的 Stroop 任务，把其中的单词用英文和另一种语言呈现（Preston & Lambert，1969），我们将通过该任务教你如何运行两个区组的试次。除了控制两组试次，我们还会学习如何有效地使用 PsychoPy 的一些基本原则，例如，减少相似程序和循环中的一些重复。

8.2　双语 Stroop 任务

在第 2 章中，我们已经对 Stroop 任务有所了解。这种现象存在一个关键点，即用母语阅读是超量学习的结果，这很难被抑制。因此，当要求参与者说出文本的颜色时，文本的语义内容会对其产生干扰，结果就是参与者说出颜色的速度变慢或说出的颜色是错误的。阅读的自动性导致了该现象的出现，因此若你并不熟悉文本的语言，那么在说出颜色时就不应该出现这种现象。对于一个英语流利的人来说，将蓝色的单词“blue”说成是蓝色的则很容易，但当要求将红色的单词“blue”说成是红色的，难度就会提高，速度也会变慢。相反，若这个人只懂英语，说出红色的单词“azul”的颜色毫无难度，因为它的文本颜色与它未知语义之间没有冲突，尽管这个单词在西班牙语中意为“蓝色”。

延伸阅读：侦测间谍的 Stroop 任务

传说在冷战时期，Stroop 任务曾用来侦测“潜伏特工”（在外国出生但长期扮演本土公民的间谍）。如果某人声称他在美国出生和长大，却对俄语单词的颜色表现出 Stroop 效应，那他实际上可能在说谎。可以在某种程度上如此自信地做出个人判断的心理学现象并不多，而 Stroop 效应则是其中之一。本质上，这种效应是很难被抑制的。遗憾的是，尽管这个故事很棒，但我们没有找到任何能够证明它的证据。如果你有可靠的消息来源，请一定告诉我们！

因此，与熟悉度低的语言相比，Stroop 干扰效应对已熟练掌握的语言影响更大。此外，Stroop 任务还可以用来测量某人对某种语言的掌握程度。下面我们将创建一个实验，在两种语言条件下运行 Stroop 任务。我们会呈现英文单词 red、blue 和 green（这 3 个单词的颜色与其含义一致），并将它们与毛利语（Māori）中对应的单词 whero、kikorangi 和 kākāriki（这 3 个单词的颜色分别是红色、蓝色和绿色）进行对比。实验的目的是将一组在毛利语浸入式教学系统下学习的儿童（会说英语和毛利语两种语言）与一组主要接受英语教育、只了解一些毛利语词汇的儿童进行对比。如果浸入式教育的双语制度有效，那么第一组儿童在两种语言中的 Stroop 干扰效应都应该十分强烈；而第二组儿童，仅在英语条件中会有显著的 Stroop 干扰效应。

延伸阅读：关于毛利语

毛利语是新西兰的本土语言。后殖民时期，受到英语的影响，它在教育中的应用受到阻碍，以毛利语为母语的人数也大幅下降。20 世纪后期，毛利语浸入式教育在某些幼儿园兴起，并逐步扩展到小学和中学。这在一定程度上保持了毛利语的活力与使用范围，尽管如此，能够流利使用毛利语的人仍是少数。

毛利语有一些发音技巧，例如，辅音“wh”（如在单词 whero 中）通常发“f”音（尽管某些方言中它的发音与英语单词“when”中“wh”的发音很像）。字母上面的长音符号表示长时间的元音，因此 kākāriki 发音为 kaakaariki。

8.3　构建区组化 Stroop 任务

为了创建区组化任务，可以从第 2 章中的 Stroop 基本实验开始。该 Stroop 任务的布局见图 8-1。首先是介绍指导语的 instruct 程序，接着是被循环包围的 trial 程序，最后是 thanks 程序。循环与条件文件（见图 8-2）相连接以控制试次，其中包括待呈现的单词（变量 word），单词颜色（letterColor），对应正确答案的方向键（corrAns），以及说明单词本身与单词颜色是否一致（congruent）的一列。

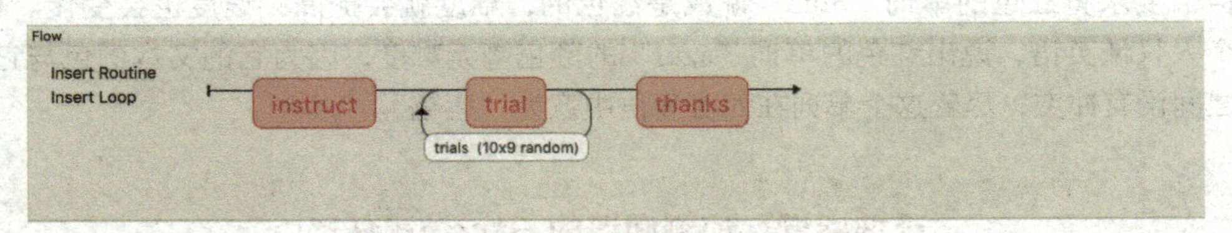

图 8-1　第 2 章中一个区组的 Stroop 任务布局

	A	B	C	D
1	word	letterColor	corrAns	congruent
2	red	red	left	1
3	red	green	down	0
4	red	blue	right	0
5	green	red	left	0
6	green	green	down	1
7	green	blue	right	0
8	blue	red	left	0
9	blue	green	down	0
10	blue	blue	right	1
11				

图 8-2　Stroop 任务中的条件文件（英语版本）

注：letterColor 这一列中单词的颜色只是为了使文件看起来更清晰。PsychoPy 无法识别单元格内的格式。

如果我们希望毛利语和英语刺激的试次随机穿插呈现，可以简单地在条件文件中再添加几行条件，让 PsychoPy 来完成试次间各条件的随机化。然而，对于区组设计，这并不可行。因为我们希望将每个区组的变量分离到单独的条件文件中（本案例中，即英语和毛利语试次有单独的条件文件）。除了第一列的单词外，毛利语的条件文件（见图 8-3）与英语的条件文件（见图 8-2）的其他内容完全相同。

注意，我们需要确保两个条件文件中第一行的变量名完全一致。现在我们应当如何组织实验呢？对于 PsychoPy 初学者来说，要运行两个区组，通常需要为它们分别创建单独的程序，且都包含循环（与区组对应的条件文件相连接）。最终的流程见图 8-4。

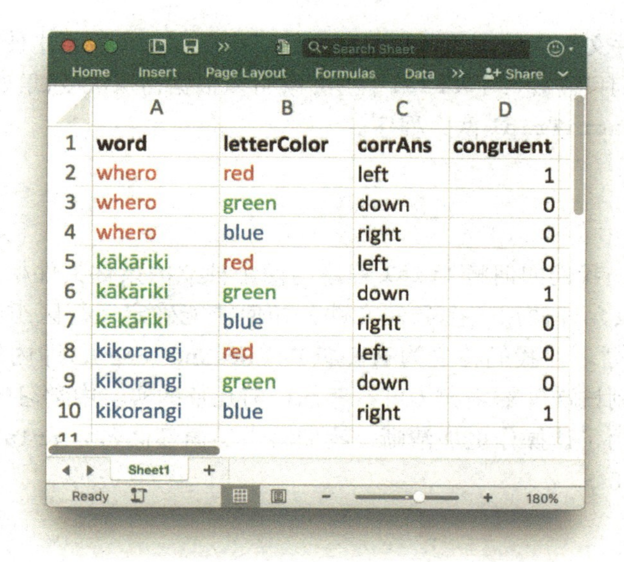

	A	B	C	D
1	word	letterColor	corrAns	congruent
2	whero	red	left	1
3	whero	green	down	0
4	whero	blue	right	0
5	kākāriki	red	left	0
6	kākāriki	green	down	1
7	kākāriki	blue	right	0
8	kikorangi	red	left	0
9	kikorangi	green	down	0
10	kikorangi	blue	right	1

图 8-3　Stroop 任务中的条件文件（毛利语版本）

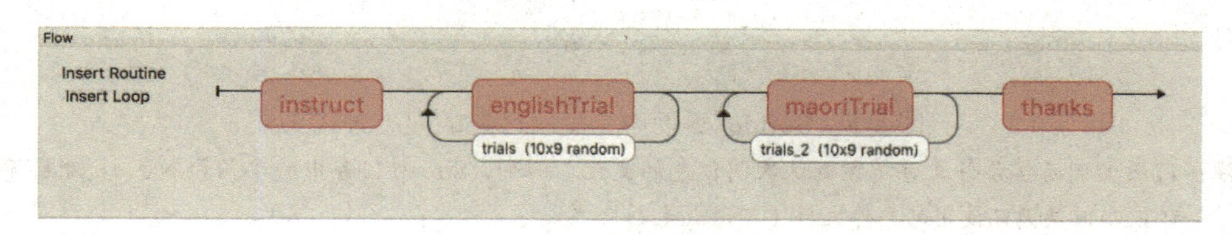

图 8-4　最终的流程

注：通过在 Stroop 任务中创建毛利语区组和英语区组的方法，得到最终的流程，但这样很难对区组顺序进行随机化。

尽管这种方法看起来很合理，但它并不理想。首先，它固定了区组的顺序，英语试次永远第一个开始，而毛利语试次永远第二个开始。这种情况下，我们很难通过颠倒区组顺序来控制顺序效应。如果采用这种方法，我们就需要再创建一个实验，除了将区组运行的顺序颠倒外，其他条件则与前一个实验完全相同。我们在此强调，你一定要遏制创建多个实验的想法。在计算机编程过程中尽量不要出现可避免的重复。尽管你正在用图形化工具创建实验，但本质上你创建的仍是 Python 程序。在你编写出重复代码的同时，与其相关的维护问题也一起出现。例如，一旦你在 Builder 界面下对某个文件的设置进行了微调或优化，你就必须对其他版本的实验文件做出完全相同的修改。不同版本之间，任何细微的差别都可能产生巨大的混淆。这种混淆因素可能会掩盖真实的实验效应，或产生本不应存在的显著效应（这同样很糟糕）。

上述实验设计还有另一种重复行为：为了运行两种试次，我们创建了两个不同的程序。这也是 PsychoPy 初学者常犯的错误之一。他们没有意识到，在不同的条件下其实也可以复用程序。在本案例中，英语和毛利语的 Stroop 任务在程序上没有实质性区别。每个试次中，我们都选取一个单词，赋予单词一种颜色，然后收集参与者的反应。二者之间唯一的区别在于提供信息的条件文件不同。然而，条件文件是在循环中指定的，而不是在程序中指定的。

因此，如果两个条件文件中的变量名相同，我们就可以在每个区组中使用相同的程序。

简而言之，我们只需要一个 `trial` 程序，就可以根据需求改变试次中的语言，而不需要 `englishTrial` 和 `maoriTrial` 两个程序。

8.3.1　嵌套循环

现在的问题是，我们如何将 `trial` 程序与两个独立的条件文件相关联呢？我们先前所用的 `trials` 循环只允许使用一个条件文件，如何才能确定运行区组的顺序呢？诀窍是将循环嵌套进另一个循环，我们称之为*嵌套循环*（nesting loop），即内层循环嵌套在外层循环中。内层循环控制试次间的刺激（可参考你在前几章的实验中学习的内容），外层循环决定运行哪个区组。为了让操作更加清晰，我们将内层循环命名为 `trials`，外层循环命名为 `blocks`。流程见图 8-5。

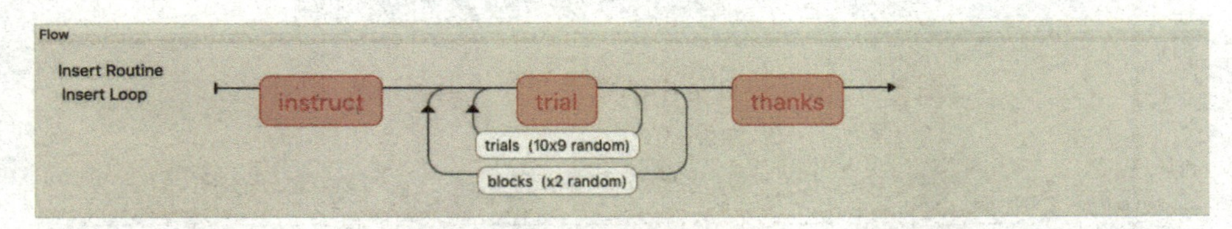

图 8-5　Builder 界面中，呈现区组的理想方式

注：内层循环连接条件文件（控制试次间信息的变化，例如，Stroop 任务中的单词和颜色）。外层循环控制内层循环使用的条件文件（英语或毛利语[①]）。

外层循环如何确定运行哪个区组呢？这取决于两个循环相互作用的方式。在内层循环中，我们并没有在条件文件处插入固定的文件名（如 `English.xlsx` 或 `Maori.xlsx`），而和在其他对话框中一样，插入一个变量（或 Python 表达式）。这样，每次循环开始时条件文件都可以自由变换。本案例中，我们将使用如下表达式。

```
$language + '.xlsx'
```

如前几章所讲，前缀“$”表示这是一个需要判定的 Python 表达式，而不是具体的文件名。表达式本身包含一个名为 `language` 的变量，该变量与字面量字符 .xlsx *拼接*（`concatenate`，拼接是编程术语，表示“连接在一起”）。

巧妙的地方在于变量 `language` 的来源，我们将它定义成了一个只有 3 个单元格的小型条件文件。具体内容见图 8-6。

① 切记，两个条件文件中第一行的各个名称一定要一模一样，内容上，除了首列的语言（英语、毛利语）不同外，其余内容应一模一样。——译者注

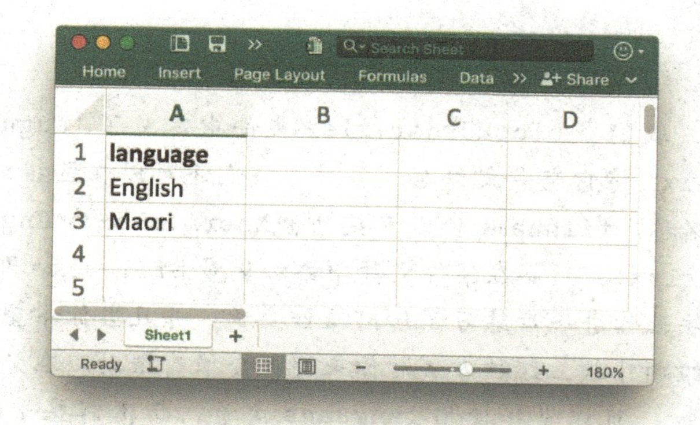

图 8-6 外层循环 blocks 的条件文件，用于设置内层循环 trials 使用的条件文件名称

解决方案：文件名中避免使用非 ASCII 字符

在计算机刚出现时，它能够处理和显示的文本种类十分有限。从 20 世纪 60 年代到 80 年代，英语中的主流标准是 ASCII（American Standard Code for Information Interchange，美国信息交换标准码），它最多只能支持 128 个字符。通常情况下，ASCII 足以表示英文中的字母、数字和标点符号。但涉及其他语言（有些语言有成千上万个字符），ASCII 就不太够用。PsychoPy 可以在 Unicode（已基本取代 ASCII）文本编码标准下运行，表示它可以读取和显示世界上大部分语言的字符。

遗憾的是，有些计算机的操作系统与早期计算机相似，在处理非 ASCII 字符时容易出现问题。例如，德国用户有时会遇到实验崩溃的情况，原因仅仅是因为文件名中元音字母上方出现了变音符号。PsychoPy 用户一般不会遇到这类问题（这通常不是 PsychoPy 引起的），但我们建议用户在为与实验相关的文件命名时，避免使用非 ASCII 字符。在本案例中，我们去掉了单词 Māori 中的长音符号，把它变成了适配 ASCII 的文件名 Maori.xlsx。

我们将文件命名为 blockOrder.xlsx，并将文件名填在外层循环 blocks 的条件文件处。因为文件中有两个条件，所以外层循环 blocks 会运行两次。每次循环时，language 变量都会获取一个值，或者是 English，或者是 Maori。内层循环根据值的不同，选择对应的条件文件。例如，如果外层循环中 language 变量的值为 English，那么内层循环就会对表达式 language+'.xlsx' 的值进行判定，结果为 English.xlsx，也就是第一个区组将要使用的条件文件。

图 8-5 所示的 Flow 面板中，内层循环的 nReps 值为 10，两个 Stroop 条件文件都有 9 行，所以内层 trials 循环会以随机顺序运行 90 个试次。一旦 90 个试次运行结束，外层循环就会开始运行。

外层循环的作用是将 language 变量切换到另一个值。因此，当内层循环 trials 运行完 90 个试次时，外层循环就会自动使用另一种语言的条件文件。

解决方案：用表达式创建条件文件名

上述案例中，我们在 blockOrder.xlsx 文件中定义了 language 变量，并在结尾处加上 '.xslx' 将它变成文件名。另外，我们还可以在区组文件中创建一列，显式指定文件的名称。filename 变量直接包含 Maori.xlsx 和 English.xls 的值，不需要再添加 '.xlsx'，只要在条件文件中添加变量 $filename 即可。

另外，该方法让你进一步练习了如何操作变量，并且当你希望根据参与者所在的小组来控制区组顺序时，这种方法对你来说也会很有帮助。在分析阶段，当进行数据分析和绘图时，可以直接使用 language 变量，而不需要手动去除 .xlsx 扩展名。

8.3.2 区组顺序的选择

通过使用嵌套循环，我们能够有效地从一个区组转换到另一个区组，同时重复编程的行为也进一步减少。但我们该如何控制区组顺序呢？根据实验设计的具体情况，有以下几种选择。

- 固定顺序（fixed order）。我们有时希望让区组按照固定顺序呈现。最常见的例子之一是，练习区组要在实验区组之前呈现。在 Stroop 任务中，鉴于所有参与者的英语都很流利，我们可能会考虑优先运行英语区组，并以此作为不变的“基线”条件。我们只需要将外层循环 blocks 的 loopType（循环类型）设置为 sequential（循序呈现）。这样，对于每一名参与者，English.xlsx 区组始终优先运行。注意，虽然将外层循环 blocks 的 loopType 设置为 sequential，但是每个区组内的试次依然可以随机呈现（反之亦然）。
- 随机顺序（random order）。如果想让区组呈现的顺序不断变化，最简单的方法是将外层循环 blocks 的 loopType 设置为 random（随机呈现）。这样一来，每次运行时 PsychoPy 都会对区组顺序随机排列。一般来说，掌握这种方法就完全够了，尤其在一些大型研究中，区组顺序只是一个多余变量（nuisance variable），不需要系统地管理。另外，一次实验中每个区组可以运行不止一次（使用 nReps），且随机化的规则可以与之前一样。然而，如果我们确实关注区组顺序，就需要进行平衡处理。平衡处理可以决定每种顺序的试次中参与者的数量。
- 平衡处理（counterbalancing）。在许多试次中，我们希望区组顺序在被试间有所变化，同时又可以对这种变化进行系统的控制。例如，我们希望先完成英语区组和先完成毛利语区组的参与者数量相同，且在两个小组（双语学生组和单语学生组）内都进行平衡处理。因此，我们需要一个实验设计的矩阵：一个明确了小组与区组顺序的表格（每一行代表一个对象）。因此，实验者将决定区组顺序，而不是让 PsychoPy 随机选择。我们需要让 Builder 界面了解我们的决定，下一节将讲解具体步骤。

8.3.3　在 Experiment info 对话框内使用自定义变量

在实验开始前，屏幕上会弹出 Experiment info 对话框。默认情况下，对话框包含两部分内容：一个是 session（会话），另一个是 participant ID（参与者编号）。单击工具栏中的 Experiment Settings 按钮，可以编辑字段名称及默认信息（见图 8-7）。取消勾选 Show info dialog 复选项，可以禁止 Experiment info 对话框出现。还可以根据特定实验的要求，添加自定义变量。

自定义变量在实验中不是必需的，但它们可以用来提供信息。例如，可以添加参与者的年龄和性别。数据输出文件中，每一行都会自动记录 Experiment info 对话框中的所有变量，这也确保了每个观察结果都包含参与者的年龄和性别，有利于数据分析。然而，在本案例中，我们想要添加一个变量，该变量可以决定在每个会话中实验的外层循环将使用哪个区组顺序。

外层循环 blocks 的条件文件叫作 blockOrder.xlsx，包含的信息如下。

```
Language
English
Maori
```

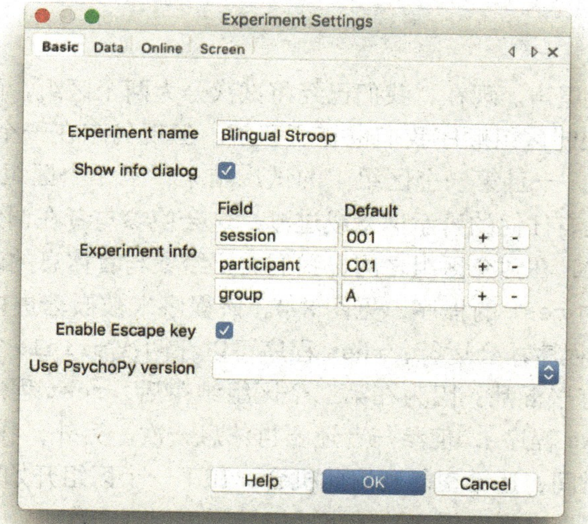

图 8-7　Builder 界面中的 Experiment Settings 对话框

注：除了默认的 session 和 participant 字段之外，单击 + 按钮可以添加新的变量。本案例中，新建 group 字段信息，决定哪种语言的区组优先呈现（对于 A 组，先呈现英语；对于 B 组，先呈现毛利语）。

为了手动控制区组顺序，可以调整外层循环 blocks，使它按要求使用另一个条件文件，并指明相反的区组顺序。

```
Language
Maori
English
```

假设我们的实验有两个小组：对于 A 组，会先呈现英语试次；对于 B 组，会先呈现毛利语试次。因此，我们需要将原始的 blockOrder.xlsx 重命名为 GroupA.xlsx，并新建第二个文件 GroupB.xlsx，这个文件内语言呈现的顺序相反。现在，我们需要告诉外层循环 blocks，在某个给定的小组中，应该使用哪个条件文件。如图 8-7 所示，我们在 Experiment info 选项区域中新建了自定义变量 group，表明参与者属于 A 组还是 B 组（我们将默认值设置为 A）。为了控制外层循环 blocks 运行时的区组顺序，使用 group 变量来为将要使用的相关条件文件命名。用以下表达式替换外层循环 blocks 中 Conditions 部分的内容。

```
$'Group' + group + '.xlsx'
```

因此，在 Expeniment info 对话框的 group 中填写 A 或 B，我们就能够控制外层循环 blocks 以 GroupA.xlsx 还是 GroupB.xlsx 内的顺序运行。

8.3.4　在区组间暂停

我们的工作已接近尾声。现在，我们已经将试次分为两个区组，而且区组内的试次仍可以随机呈现。对如何控制区组顺序我们也有所了解。但现仍存在一个问题：如当前的 Flow 面板（见图 8-5）所示，一旦第一个区组中的试次结束，下一个区组中的试次会立刻开始，两种语言的试次之间没有任何的警示信息或过渡，这会使参与者在调整状态时产生一定困惑或没有调整时间。因此，在两个区组之间，我们需要给参与者休息的时间。

我们需要新建名为 rest 的程序，见图 8-8。该程序未被嵌套进内层循环，因此只有在内层循环结束后 rest 程序才会运行，rest 程序可以在两次 trials 循环的中间提供休息时间。不过，这样也会有些混乱：因为在第二个区组结束后，rest 程序还会运行，虽然实验已结束（只剩下 thanks 程序），但参与者还要再休息一次。另外，我们不仅希望 rest 程序能为参与者提供休息时间，还希望能利用此机会，在下一个区组开始前，向参与者展现一些指导语。不过，我们同样也不希望实验结束后指导语再展现一次。

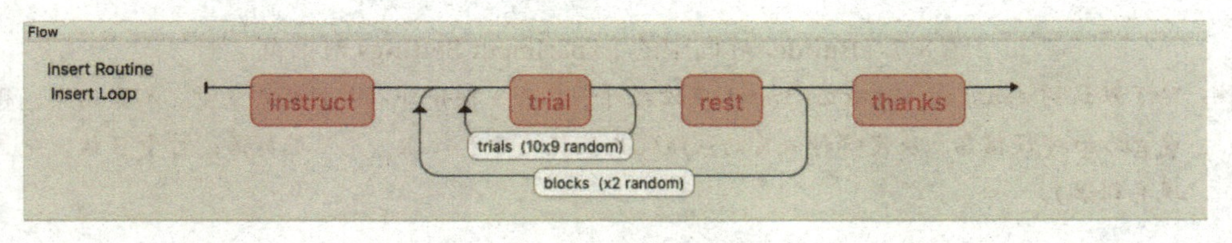

图 8-8　区组化的 Stroop 任务，在区组循环中间添加了 rest 程序

我们可以对上面的操作进行改进：将 instruct 程序移到外层循环内，见图 8-9。这表

示每个区组开始前 `instruct` 都会运行，而不是仅在实验开始时运行一次。如果每个区组的指导语都相同，操作就结束了：除非参与者按下按键，否则 `instruct` 程序会一直运行，这也可以提供暂停的时间让参考者进行自我调整。

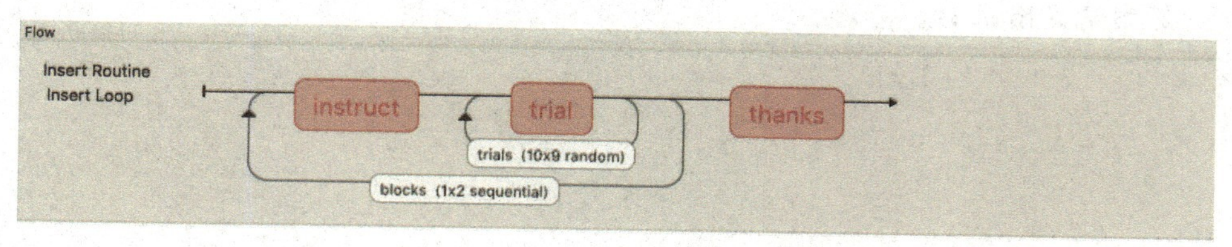

图 8-9　双语 Stroop 任务的最终版本，`instruct` 程序已移到外层循环内

注：每个区组开始前都会运行一次，还可以在区组之间提供“休息”时间。

如果我们想在每个区组运行之前呈现不同的指导语呢？我们只需要在区组的条件文件里添加 `instructions` 变量即可（见图 8-10）。

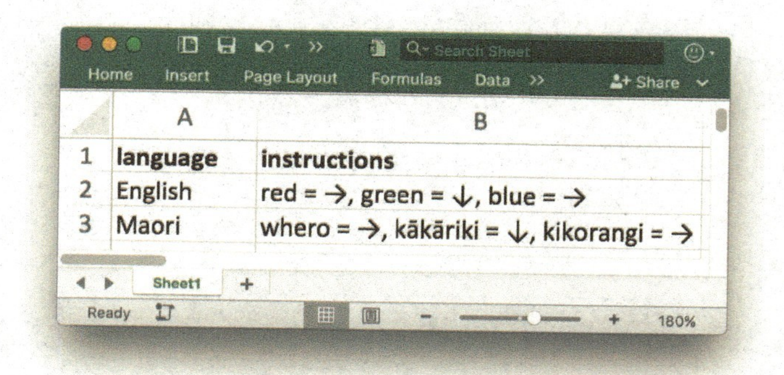

	A	B
1	language	instructions
2	English	red = →, green = ↓, blue = →
3	Maori	whero = →, kākāriki = ↓, kikorangi = →

图 8-10　每个区组运行前呈现不同指导语的方式

注：只要将每个区组的指导语当作变量添加到条件文件里，就可以在不同区组运行前呈现不同的指导语。

现在，`instructions` 变量可以控制呈现给参与者的文本内容了。在 Text 框中插入 `$instructions` 变量，而不是使用固定的文本，在区组运行前，特定的指导语就可以自动呈现了。

练习和拓展

练习 8.1　创建一个有人脸和房屋的区组设计

为了练习如何创建区组设计，请尝试设计这样一个实验：以区组的形式呈现人脸或房屋的图像。不要害怕创建任务，努力去尝试呈现图片（每幅图片呈现 1s）。

设计的目标如下：每个区组均从房屋或人脸中随机获取，且在该实验中，房屋或人脸各有 3 个区组。

答案请见附录 B。

练习 8.2　平衡人脸和房屋的顺序

将上述任务进行平衡处理，在 Experiment info 选项区域中输入内容，控制区组顺序（可根据个人兴趣先呈现人脸图像或房屋图像）。

答案请见附录 B。

第9章

使用鼠标输入——创建视觉搜索任务

学习目标：用鼠标获取空间响应（spatial response）以及用代码指定伪随机的（pseudo-random）刺激位置。

在本章中，我们将创建一个视觉搜索任务，即参与者在众多干扰刺激中找到目标刺激并用鼠标单击该刺激。事实上，这个实验有很多复杂的细节，但我们会逐步引导你完成所有步骤。当然，你也可以从配套网站上下载已完成的实验版本。

我们将使用鼠标（Mouse）组件，使参与者可以通过单击结束当前程序并进入下一个程序。在视觉搜索任务中，我们不仅需要知道参与者是否已经单击，还需要知道单击的内容是什么。通过 Builder 界面中的鼠标组件，可以将视觉刺激指定为可单击的有效目标，还可以记录单击刺激的相关数据。另外，还可以在脚本中编写代码以增加一些额外的功能。首先，为参与者提供周期性运行的 `rest` 程序。其次，控制刺激呈现的伪随机位置。最后，使刺激对鼠标进行动态响应。

9.1 获取空间响应

到目前为止，所有的实验都完全通过键盘来获取参与者的反应。为了提供空间响应，可能需要使用一些输入系统，如触摸屏、眼动仪或鼠标等。

在本章中，我们将创建一个视觉搜索任务。在该任务中，参与者必须在众多干扰刺激中单击目标刺激。我们将主要基于代码组件进行相关操作。在代码组件中，插入一个周期性的 `pause` 程序十分简单。另外，还可以通过代码对刺激呈现的位置进行随机化处理。注意，该项内容不太适合使用条件文件（它可能会十分庞大而复杂）来进行处理。相反，我们希望条件文件保持简洁，因为我们一般只用它来控制刺激的数量和颜色，而用代码控制空间随机化。

9.2 视觉搜索

目标物就像一根针，而干扰物就像一个干草堆，因此在很多干扰物中寻找一个目标物就像在干草堆里找一根针一样，难度非常大。相反，如果寻找干草堆就会容易很多，因为它在平地上十分显眼。在本章中，我们将创建一个任务，展示这两种搜索方式的差别。

在本任务中，被搜索的目标是一个小型六边形刺激。我们会在任意位置呈现 0 ~ 8 个大小相似的五边形，以充当干扰刺激，它们的颜色都是黑色。在其中一半的试次中，目标刺激的颜色也是黑色；而在另一半的试次中，目标刺激的颜色是亮红色。让我们先提前看看搜索任务的结果，图 9-1 展示了本实验收集的部分数据。如图 9-1 所示，若目标刺激的颜色是黑色，且它单独呈现（没有干扰刺激），参与者大约需要 1s 就可以找到并点击它。当添加了干扰刺激后，找到目标刺激的时间会随着干扰刺激数量的增加而线性增长，即每增加一个干扰刺激，搜索时间就会增加大约 200ms。这意味着随着搜索的持续进行，参与者需要依次检查每个刺激，直至找到目标刺激。若目标刺激的颜色是红色，并且当它单独呈现时，参与者也需要 1s 以上才可以找到并单击它。但当增加干扰刺激后，参与者搜索红色目标刺激的时间依然基本保持不变。也就是说，与黑色的干扰刺激相比，红色的目标刺激显得十分突出，参与者可以立刻找到它，无论干扰刺激的数量有多少，参与者都不需要逐个检查就能找到目标刺激。因为从周边视觉中可以检测到这种显著的颜色差异，使参与者直接找到目标刺激，而不需要通过仔细观察所有的刺激来辨认它们是五边形还是六边形。

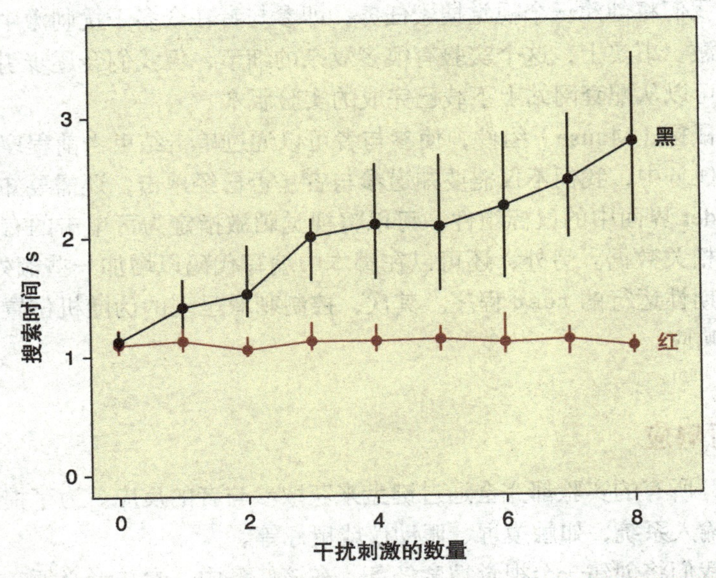

图 9-1　搜索并选择六边形刺激所花费的时间与五边形干扰刺激数量之间的函数关系

注：当六边形的颜色是黑色时，搜索时间随着同色干扰刺激数量的增加而线性增长；当六边形的颜色是红色时，目标刺激变得十分突出，无论干扰刺激的数量是多少，参与者找到目标刺激的时间基本保持不变。该数据来自同一实验对象所完成的 720 个试次的结果。黑点代表搜索时间的中位数，竖线表示四分位距（IQR）。

9.3　运行任务

我们的任务由 3 个程序组成（见图 9-2）。第一个程序为参与者提供指导语，直至参与者按下鼠标按钮进入正式的试次后，它才会消失。第二个程序将在一个固定时间内呈现一个注视点，用于添加试次间间隔（Inter-Trial Interval，ITI）。最后一个程序包含正式的搜索任务，在伪随机位置呈现六边形目标刺激（本试次中为红色）和五边形干扰刺激（如果有的话）。直到参与者正确单击目标刺激，程序才结束。每隔 18 个试次，`instruct` 程序会再运行一次，参与者可以利用这段时间稍作休息。

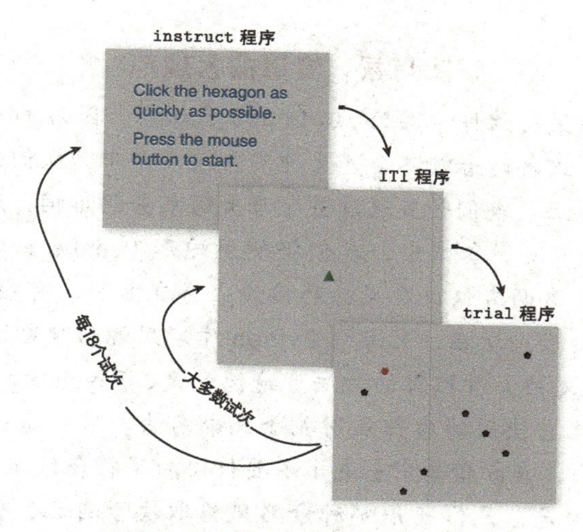

图 9-2 视觉搜索任务的全过程

9.4 鼠标组件

现在让我们来学习如何完成该实验。实验开始时将呈现指导语，因此先插入新的 instruct 程序，添加文本组件，将呈现时间设置为无限长，内容如下：

"Click the hexagon as quickly as possible. Press the mouse button to start."

参与者可以单击鼠标按钮来结束该程序。在这里，使用鼠标单击或按相应键均可，其目的是相似的，我们现在只想检测到单击是否发生，不需要记录任何空间信息或反应时。插入鼠标组件，见图 9-3。前几章提到，在键盘组件中可以勾选 Force end of Routine 复选框，以强制终止无限期运行的程序。同理，在鼠标组件中，需要设置 End Routine on press 列表框。因为我们对单击发生的位置和时间并不关心，也不关心单击了鼠标的哪个按钮，所以在 End Routine on press 列表框中选择 any click，在 Save mouse state 列表框中选择 never。

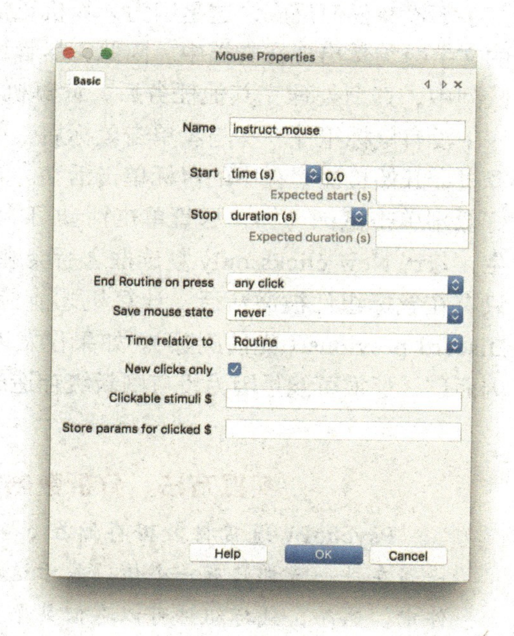

图 9-3 instruct 程序中鼠标组件的设置

不过，有时你可能需要通过鼠标组件来获取参与者的一些重要数据。因此，Save mouse state 中还有其他选项，例如，final（存储程序结束时鼠标指针的位置），on click（存储单击时鼠标指针的位置，这可能与程序结束时的位置不相同），以及 every frame（每一帧连续记录鼠标指针的运动轨迹）。

解决方案：变量命名规范

注意，我们将该鼠标组件命名为 instruct_mouse，因为 mouse 这个命名在正式的试次中已使用，这样两者就不会产生冲突。前几章中，我们采用不同的方法为变量命名。到目前为止，我们一直通过首字母大写来分隔单词，这种方法称为驼峰式（CamelCase）命名法。本章中，我们将使用蛇形（snake_case）命名法，即用下划线来分隔单词。这两者仅仅在风格和偏好上存在区别，有些语言倾向于前者，而有些语言倾向于后者。现在，大部分 Python 库采用蛇形命名法，这也是 Python 官方指南（PEP8 的文档）所推荐的方法。遗憾的是，PsychoPy 是在 PEP8 广泛应用之前编写的，因此它使用的库都采用驼峰式命名法。通常情况下，PsychoPy 依旧使用驼峰式命名法，官方指南中也表示不要仅仅为了符合风格指南就改变命名风格。不过，要强调的是，具体采用哪种命名风格取决于自己，但一定要保持前后一致，否则你可能因为记不清变量名究竟是 wordColor、WordColor 还是 word_color 而犯错。在本章中，我们将使用蛇形命名法，在体验过两种命名风格后，你就可以选择你更喜欢的那一种了。

可以忽略对话框中的其他大部分设置，但一定要勾选 New clicks only 复选框，它表示鼠标组件仅在激活时才对单击做出响应。与键盘按键相同，如果计算机不能立即处理鼠标单击事件，那么它就会进入缓存，大部分计算机操作系统有这个特性。例如，有时你在文档中打字却没有任何反应，这是因为计算机正忙着处理别的任务；当它处理结束后，你先前输入的文字会突然出现在文档中。因此，尽管计算机检测到了按键活动，但它们不得不先存储在队列中，直到处理完其他任务后，计算机才能对其进行处理。PsychoPy 也是如此，如果程序中没有鼠标组件，参与者单击鼠标后，单击活动会存储在缓存中。当鼠标组件激活后，计算机会开始检测缓存中的鼠标单击活动。若检测到鼠标的单击，计算机会立刻做出响应，就好像刚单击鼠标一样，尽管单击活动可能已经在缓存中存在了很久。为了避免上述事件发生，勾选 New clicks only 复选框之后会刷新缓存，清除所有已存在的鼠标单击活动。这样，只有在鼠标组件被激活后，计算机才能检测到任何响应。键盘组件中也有类似设置，叫作 Discard previous（先前删除）。如果你发现在被试没有做出任何反应的情况下，某个程序一闪而过，那很可能是因为没有刷新缓存造成的。

实操方法：分析数据（一个单元格内存储多个值）

PsychoPy 通常将数据存储在 csv 文件中，文件中每一行代表一个试次，且每一列在每一行都只有一个值。基于这种简洁的表格可以轻松把数据导入许多分析软件中。然而，鼠标组件可以存储某个试次中有关鼠标状态的多个值，打破了“一个单元格一个值”的惯例，数据导入会变得十分困难，所以我们需要对数据进行预处理。在正式实验运行前，你需要确保一些测试数据能通过你的测试。当然，对于所有实验都应该这么做。

现在，单击绿色的 Run 按钮，检查实验能否正确运行。这并不会显得为时过早或多此一举，因为发现一个错误并修复一个错误，永远比实验结束后去修复一堆错误要容易得多。由于本实验相对复杂，所以在单击 Run 按钮后，我们不会立刻得到最终结果（见图 9-2）。相反，接下来，我们会逐步完成实验设计，逐步添加新特性，同时尽可能确保实验“可运行”。在编写实验程序时对其时常测试是一种好习惯。若你在实验已成功运行的基础上对程序进行了改动，则在发现错误后查找和修复漏洞会变得相对容易。但若你在完成整个实验的设置后才首次运行，你可能就会被大量的错误所淹没。

解决方案：如果使用笔记本电脑

PsychoPy 的鼠标组件无法区分输入来自鼠标还是触控板。指针只有一个位置，所以用什么硬件控制都无所谓。同样，在触控板上单击和用鼠标单击效果也一样。事实上，如果你使用的是触屏笔记本电脑，那么结果很可能也相同。

9.5　控制条件文件中刺激的可见性

在 instruct 程序后插入新的程序，并将其命名为 trial。目前先不添加刺激，首先需要与条件文件连接，获取用来控制刺激外观的变量。因此，围绕 trial 程序插入一个循环，并使它指向一个条件文件，见图 9-4。

search_conditions

	1	2	3	4	5	6	7	8	9	10
1	target_color	opacity_1	opacity_2	opacity_3	opacity_4	opacity_5	opacity_6	opacity_7	opacity_8	n_distract
2	black	1	1	1	1	1	1	1	1	8
3	black	1	1	1	1	1	1	1	0	7
4	black	1	1	1	1	1	1	0	0	6
5	black	1	1	1	1	1	0	0	0	5
6	black	1	1	1	1	0	0	0	0	4
7	black	1	1	1	0	0	0	0	0	3
8	black	1	1	0	0	0	0	0	0	2
9	black	1	0	0	0	0	0	0	0	1
10	black	0	0	0	0	0	0	0	0	0
11	red	1	1	1	1	1	1	1	1	8
12	red	1	1	1	1	1	1	1	0	7
13	red	1	1	1	1	1	1	0	0	6
14	red	1	1	1	1	1	0	0	0	5
15	red	1	1	1	1	0	0	0	0	4
16	red	1	1	1	0	0	0	0	0	3
17	red	1	1	0	0	0	0	0	0	2
18	red	1	0	0	0	0	0	0	0	1
19	red	0	0	0	0	0	0	0	0	0

图 9-4　视觉搜索任务的条件文件

注：通常推荐基于文本的简单 csv 格式文件，但 Excel（.xlsx 或 .xls）文件可以使界面设计看起来更加美观。PsychoPy 只会读取单元格内的文本和数值信息，但恰当改变这些信息的颜色和字体大小可以增强文件的可读性。

在本任务中，条件文件处理了许多实验设计的问题。第一列（target_color）表示目标刺激（red）会从干扰刺激（black）中凸显出来还是融入干扰刺激。我们还将定义 8 个干扰刺激，并用 8 个不透明度变量（从 opacity_1 到 opacity_8）分别控制它们的可见性。

例如，如果某一行中 8 个不透明度变量的值都为 1，那么 8 个干扰刺激都可见；如果 8 个不透明度变量的值都为 0，那么所有干扰刺激都不可见，只有目标刺激会出现在屏幕上。

解决方案：在数据文件中添加有用的变量

条件文件的最后一列（n_distract）表示当前试次中可见的干扰刺激数量。在运行实验时，我们并不会用到这个值，但和条件文件中的其他变量一样，它会存储在数据文件中。在数据中明确指出该因素的水平会有助于数据分析（例如，干扰刺激数量可以用来标记横轴，见图 9-1）。在收集数据前，请思考条件文件中哪些是“仅提供信息”，但 PsychoPy 在运行实验时并不需要的变量。

总之，本实验中有两个因素，分别是目标刺激颜色（两个水平[①]——红色或黑色）和干扰刺激数量（9 个水平——0 ~ 8）。围绕 trial 程序插入循环，将它与条件文件连接，同时将 loopType 设置为 random，即，在实验中随机选择某行（见图 9-5）。我们选择循环 20 次，共计 360（即 2×9×20）个试次。在试运行实验时，可以适当减少循环的次数。

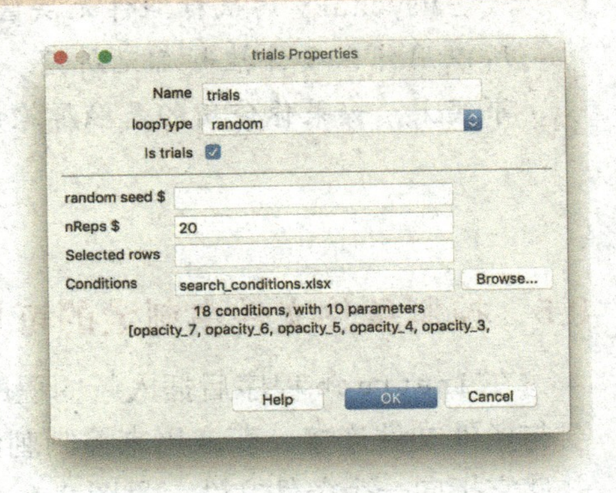

图 9-5 视觉搜索任务的循环设置

9.6 通过代码控制刺激呈现的位置

实验的初始结构应当和图 9-6 所示的 Flow 面板相似。目前它还只是一个框架，我们还需要添加实际的刺激。在此之前，我们需要决定在搜索任务中，如何控制刺激呈现的位置。本实验的试次数非常多，条件文件则不太适用（内容会很庞大和复杂）。相反，我们将用一个只有 18 行的条件文件来控制刺激的颜色和可见性，同时通过代码来随机指定刺激呈现的位置。

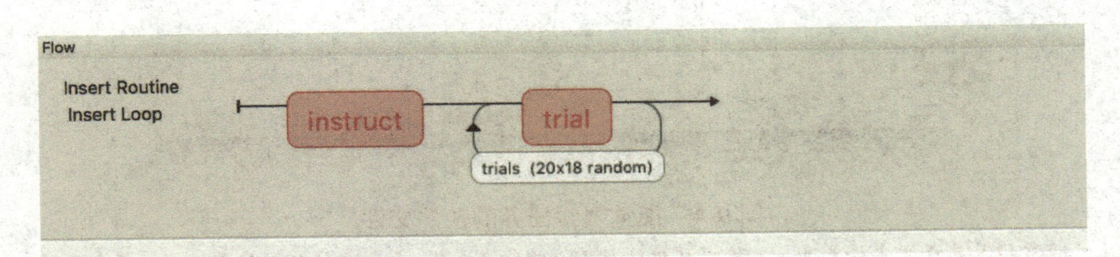

图 9-6 视觉搜索任务的初始 Flow 面板（在完善实验的过程中它会不断变化）

① 水平是心理学等学科描述实验设计的常用术语，可理解为一个因素可分为几种实验情况。如，在本案例中，目标刺激颜色是一个自变量，它在实验中有红色和黑色两种情况，于是我们可让该目标刺激颜色有两个水平——红色或黑色。——译者注

首先，我们需要在 trial 程序中插入代码组件。在 Begin Experiment 选项卡中填写下面的代码。这些代码将分别生成 9 个可能的 *x* 和 9 个可能的 *y*（如代码所示，*x* 与 *y* 即坐标），它们将均匀分布在屏幕上（在整个实验中，我们都以像素作为单位）。

```
# define possible coordinates for the target and the distractors:
x_pos = [-400, -300, -200, -100, 0, 100, 200, 300, 400]
y_pos = [-400, -300, -200, -100, 0, 100, 200, 300, 400]
```

在每个试次中，我们将两个坐标列表随机打乱。在打乱后的两个列表中，对于第一个刺激选取第一个坐标，对于第二个刺激选取第二个坐标，以此类推。因为两个列表在被打乱时互不影响，所以一共可以生成 81 对可能的［*x*，*y*］坐标，这些坐标即为刺激呈现的位置。

解决方案：是随机指定位置还是打乱坐标位置呢

第 10 章将会讨论随机和伪随机设计之间的区别。本实验中，我们将使用伪随机位置来指定目标刺激的位置（只需要从有限的 81 个可能位置中进行有效的不重置抽样）。另一种选择是随机设计，刺激的坐标会从所有可能的像素坐标中进行重置抽样。也就是说，刺激可能出现在屏幕的任何地方，且位置相互独立（它们很可能会重叠）。本实验中，伪随机位置相对更难编码（我们必须创建并打乱可能的位置坐标列表，而不能重复调用 random() 函数）。但是，随机设计也有一定的优势。当使用随机位置时，刺激可能会重叠，这样我们就很难确定参与者想单击的到底是哪个；相反，从固定的位置列表中随机选取位置（形成 9×9 的可见的有效坐标网格），我们可以确保所有刺激都不会重叠（事实上，任意两个刺激之间的距离至少是 100 像素）。

在 Begin Routine 选项卡中填入以下代码，以便在每个试次开始前随机打乱刺激的位置。

```
# randomize the stimulus positions at the start of each trial:
shuffle(x_pos)
shuffle(y_pos)
```

现在，可以开始创建刺激了。首先，插入多边形（Polygon）组件作为目标刺激（见图 9-7）。

我们将目标刺激的“时间”设置为在试次开始时即可见，但不明确其结束的时间（因为在参与者选出正确答案前，我们需要让刺激在无限长时间内持续呈现）。我们将目标刺激的“外观”设置为正六边形，即它应该有 6 个顶点。我们将它旋转 30°（在 Orientation 框中填写 30），这样六边形的底边就能平行于屏幕的底边了（五边形干扰刺激的底边默认处于水平方向，这样两种刺激看起来更相似）。将 Opacity 设置为常数 1，因为在每个试次中目标刺激都必须可见。同时，我们将 Line width 设置为 0（可以在 Advanced 选项卡中设置 Fill color 来控制线条的颜色）。将 Size 设置为 (20,20)，单位为像素。

我们将刺激的 Postion 设置为 x_pos 列表和 y_pos 列表中的第一个元素（记住，Python 从 0 开始计数，所以严格来说，列表里的元素从第 0 项开始），并选择 set every repeat 选项。在每个试次中，这两个列表里的坐标都会被随机打乱，目标刺激的坐标位置也会随之变化，它们看起来就像随机出现的一样。

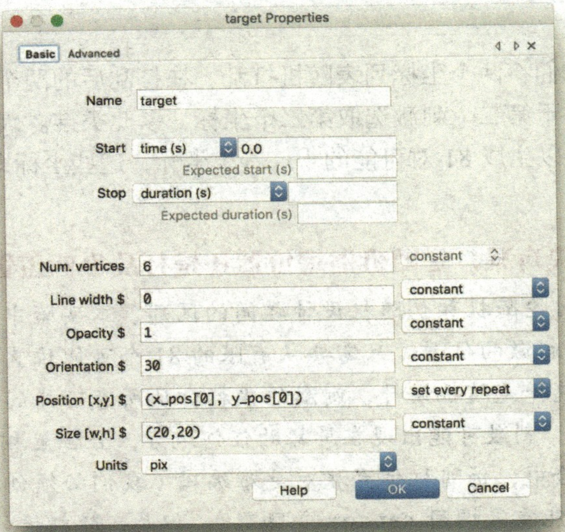

target Properties
Basic　Advanced
Name　target
Start　time (s)　0.0
Expected start (s)
Stop　duration (s)
Expected duration (s)
Num. vertices　6　constant
Line width $　0　constant
Opacity $　1　constant
Orientation $　30　constant
Position [x,y] $　(x_pos[0], y_pos[0])　set every repeat
Size [w,h] $　(20,20)　constant
Units　pix
Help　OK　Cancel

图 9-7　多边形组件的 Basic 选项卡中的设置

注：在 Position 框中，我们从打乱的随机位置列表中选取了第 1 对（严格来说，是第 0 对）坐标。

注意，为了能正常地将坐标位置随机化，在 Builder 界面中，代码组件必须位于多边形组件的上方。这样，在每个试次中，两个坐标列表会先被打乱，之后多边形组件才会从列表中随机选取坐标值。若多边形组件位于代码组件上方，那么在第一个试次中，因为打乱列表顺序的代码还没有运行，所以多边形组件就会从还未打乱的坐标列表中选取坐标值。因此，在第一个试次中，*x* 和 *y* 坐标按顺序匹配，刺激会沿着屏幕的对角线排成一列。在随后的试次中，刺激呈现的位置会采用上一个试次中应生成的坐标对，这意味着刺激实际呈现的位置与数据中记录的位置不对应。如果你发现在某个试次中刺激呈现的位置与记录的数据不对应，那么很有可能是因为组件的先后顺序不正确。

最后，在多边形组件的 Advanced 选项卡（见图 9-8）中，将条件文件中的 target_color（变量名前面要加 $）变量填入 Fill color 框中，并选择 set every repeat 选项。在试次运行时，目标刺激的颜色就可以按照要求在红色和黑色之间进行切换。

现在，你需要新插入一个多边形组件作为第一个干扰刺激。干扰刺激的设置与目标刺激的设置相似，但你要将 Num.vertices 设置为 5，这样干扰刺激才能呈现为正五边形。与目标刺激设置不同的是在干扰刺激的 Opacitity 框中，我们需要填入变量 opacity_1（见图 9-9），用它来控制可见的干扰刺激数量（记得选择 set every repeat 选项）。若干扰刺激的不透明度为 1，它就可见；若不透明度为 0，它就不可见。干扰刺激与目标刺激的颜色不同，干扰刺激一直是黑色的，所以在 Advanced 选项卡中，需要将 Color 设置为 `black`。最后，在 Position 框中，填入坐标（`x_pos[1]`，`y_pos[1]`）。

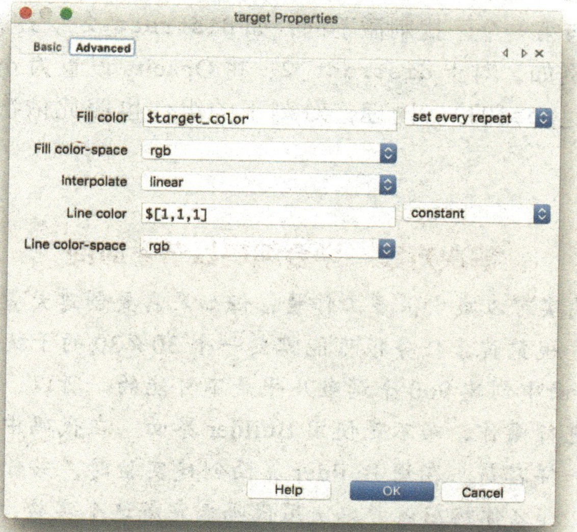

图 9-8　目标刺激的 Advanced 设置选项卡中的设置

注：在试次运行时，可以控制目标刺激的颜色在红色和黑色之间变换。

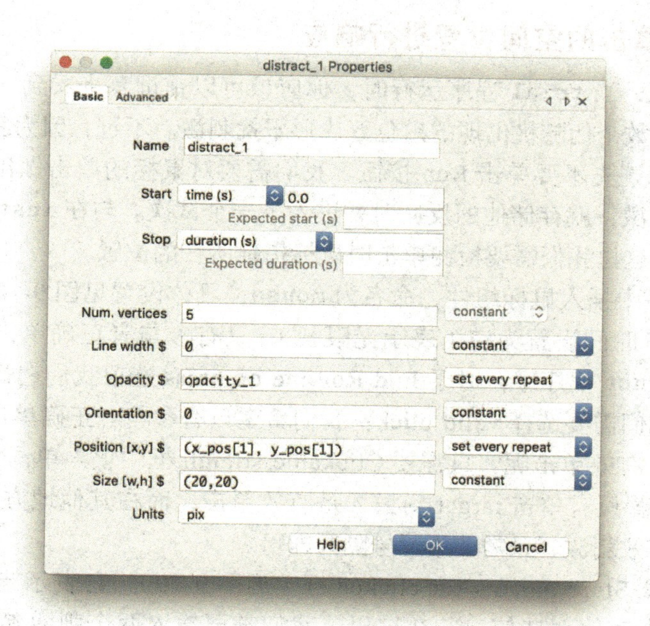

图 9-9　第一个干扰刺激的 Basic 选项卡中的设置

注：与目标刺激不同的是，第一个干扰刺激的不透明度随着试次不断变化，因此我们可以借此控制干扰刺激的数量。若某个干扰刺激完全透明，则相当于干扰刺激的数量减少了一个。

现在你还需要再设置 7 个干扰刺激，你可能会感觉这很麻烦，因为这意味着你还要插入 7 个多边形组件，并重复属性设置的步骤。不过，幸运的是，Builder 界面给我们提供了快捷方式。因为干扰刺激的设置十分相似，所以可以右击第一个干扰刺激的图标并选择 copy，随后在 Experiment 菜单中选择 Paste Component，这样我们就插入了第一个干扰刺激的副本（请确保它的名字与第一个干扰刺激不同，如 `distract_2`）。现在，我们只需要为副本组件设置特定的值。例如，对于 `distract_2`，将 Opacity 设置为 `opacity_2`，将 Position 设置为 `(x_pos[2], y_pos[2])`。同理，对剩下的组件也照此依次进行设置，直至完成 `distract_8`。

解决方案：学会编码以节省时间

复制、粘贴确实可以减少很多工作量，但如果需要创建大量刺激，这就有些不太实用了。例如，视觉搜索任务很可能需要一个 30×30 的干扰刺激坐标网格，要在类似 Builder 界面中创建 900 个刺激几乎是不可能的。所以，这种情况下更适合在 Coder 界面中进行操作，而不是使用 Builder 界面。在代码中，创建 900 个刺激和创建 9 个刺激一样容易。在用 Builder 界面创建实验时，若你发现你正在进行大量的重复性工作，那么你就应该考虑使用代码来完成这个实验，至少用代码来完成该实验的这一部分。

9.7　对鼠标所单击的空间位置进行响应

如果一切顺利，当 `trial` 程序运行时，你应该可以在屏幕上看到一个红色或黑色的六边形目标刺激以及数个伪随机出现的黑色五边形干扰刺激。不过，因为我们还没有设置结束试次的方法，所以请先不要单击 Run 按钮。我们需要对鼠标的单击做出响应：如果参与者正确单击了目标刺激，就存储他的反应时并进入下一个试次。与在 `instruct` 程序中插入的鼠标组件不同，在这里我们需要检测单击时鼠标指针所在的位置。

在 `trial` 程序中插入鼠标组件，命名为 `mouse`，具体设置见图 9-10。我们将 start 时间设置为 0，将 Stop 时间设置为空（表示无限长），只有参与者正确单击了目标刺激试次才会结束。在 `instruct` 程序中，对于 End Routine on press 选项我们选择了 any click；但在 `trial` 程序中，我们需要选择 valid click：我们希望只有参与者正确单击了目标刺激后程序才结束。什么才是有效单击呢？只需要 Clickable stimuli 框中填入单词 target 就可以了（见图 9-10）。这意味着只有单击 target 刺激才是有效单击，而在其他地方的单击都会被忽略。也可以填入很多有效刺激，只需要用逗号隔开即可。

最后，请注意 Store params for clicked 框（见图 9-10）。它表示当单击刺激时，我们需要在数据文件中存储哪些信息。在这里，我们需要输入两个刺激参数——`name` 和 pos。`name` 参数在本实验中是多余的，因为我们只有一个有效刺激，所以 `name` 的值永远是 `target`。但在其他实验中，`name` 参数可以记录有效刺激的名字（例如，在人脸识别的任务中，你可能需要记录参与者选择的哪张图像）。我们还选择了 `pos` 参数，其实它可能也有些多余，因为指针位置其实会自动记录到数据文件中。鼠标指针位置的记录十分精准（精确到像素），但对于我们来说，有时候并不需要这么精准的测量数据。在本实验中，我们需要记录图像刺激的中心位置，这与鼠标指针所在位置其实有一定的差别。在某些分析中，测量刺激位置会比测量鼠标指针位置更有用，因此以防万一，我们会记录刺激的中心位置。

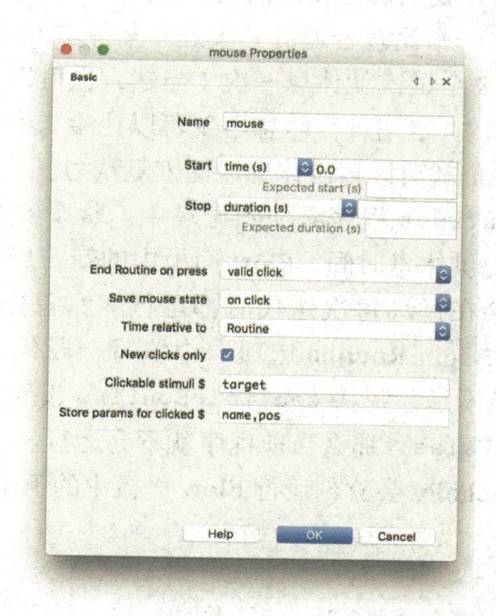

图 9-10　`trial` 程序中鼠标组件的设置界面

图 9-11 展示了我们在当前 `trial` 程序中添加的全部组件。

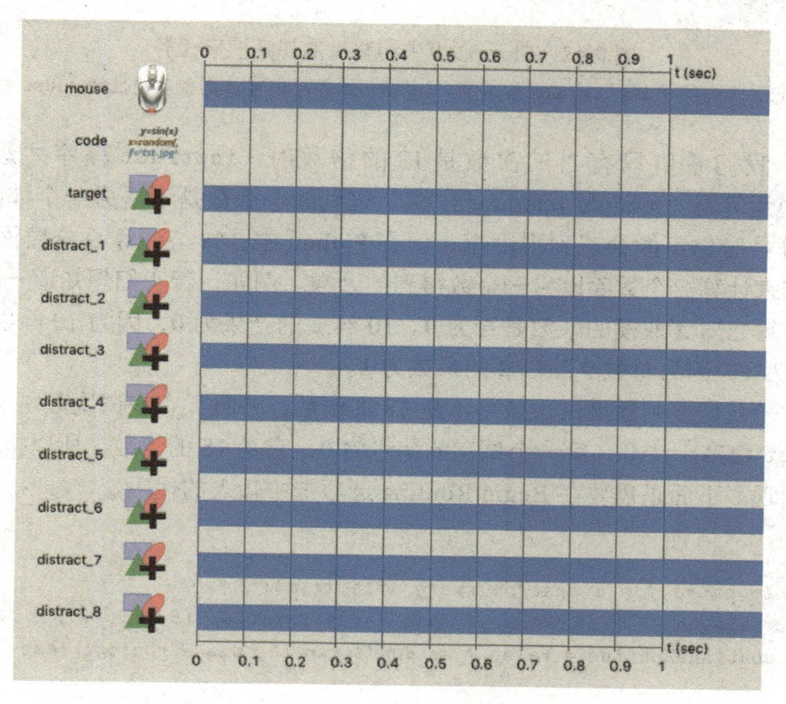

图 9-11　`trial` 程序所需的全部组件

9.8 选择性地跳过一个程序

现在尝试运行一下实验。在运行过程中你会发现，当单击目标刺激之外的位置时，屏幕上没有任何反应；当单击目标刺激时，本试次结束并进入下一个试次。本实验中，每个参与者都将进行 360 个试次，所以我们最好在试次之间插入休息环节，但如果每个试次结束后都休息一次，会显得太频繁。一个比较合理的方案是：条件文件完全重复一次，就休息一次。即，在本实验中，每完成 18 个试次就休息一次（当然，也可以是任意值，可以选择其他数值来提高或降低休息的频率）。定期进行休息不仅可以让参与者快速完成实验，还有助于他们提高注意力，因为很快他们就可以再次休息以便恢复精力。

我们可以将现有的 `instruct` 程序添加到循环中。整个实验都需要用到指导语，并且该程序还可以在试次之间提供休息时间。Flow 面板中的新布局见图 9-12。我们该如何设置才能让 `instruct` 程序不会在循环每次迭代时都运行呢？首先，我们需要在 `instruct` 程序中插入代码组件，并在 Begin Routine 选项卡中填写一段代码。我们需要检查当前试次数是否是 18 的倍数，如果不是，则将 `continueRoutine` 设置为 `False`。如果程序开始前 `continueRoutine` 的值为 `False`，那么当前程序就不会运行。也就是说，在刺激呈现之前，程序会立刻终止，同时 PsychoPy 会立刻运行 Flow 面板中的下一个程序。

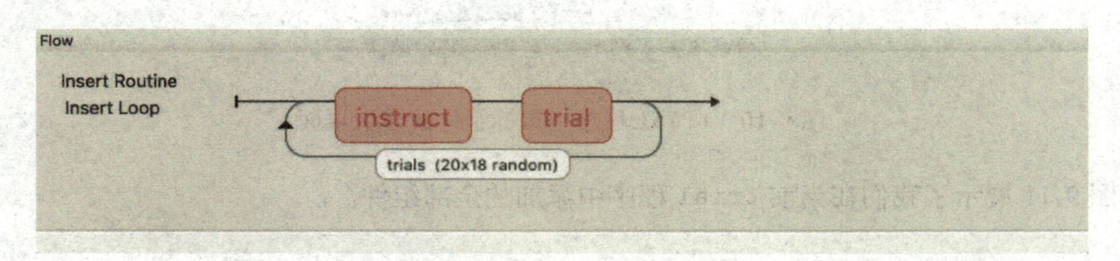

图 9-12 Flow 面板中调整后的视觉搜索任务

注：将 `instruct` 程序添加到 `trials` 循环中，`instruct` 程序还可以充当周期性的 `pause` 程序。

实际上，我们希望只有当试次数是 18 的倍数时，`instruct` 程序才运行。可以用 Python 的取模运算符（modulo operator）“%”来判断一个数是不是另一个数的倍数。第一次看到这个符号时你可能会感到很困惑，但在 Python 中，% 与计算百分数没有任何关系，我们只是用它来计算一个数除以另一个数得到的余数。例如，若我们想知道一个数是否为偶数，则需要计算它对 2 取模的余数是否为 0。10 % 2 的结果为 0，因为 10 除以 2 没有余数；9 % 2 的结果为 1，因为奇数 9 除以 2 的余数为 1。

本实验中，我们要判断测试次数是不是 18 的倍数，并且只有在试次数是 18 的倍数时才运行 `instruct` 程序。注意，第一个试次的编号为 0，它是 18 的倍数，所以指导语在实验刚开始时就会出现。下面是需要在 Begin Routine 选项卡中输入的代码。

```
# only pause for a rest on every 18th trial:
if trials.thisN % 18 != 0: # this isn't trial 0, 18, 36, ...
    continueRoutine = False # so don't run the pause routine this time.
```

解决方案：取模运算符 % 非常有用

如果我们能辨别数字的奇偶性，那么就很容易创建出闪烁的刺激，让刺激在交替帧（假设只在偶数帧）上显示。Builder 界面中有一个叫作 frameN 的计数器变量，它随着屏幕的刷新而递增。当我们想让刺激不断闪烁或让两个刺激交替显示时，即可使用该变量。

9.9　让试次平稳地过渡

现在大部分实验已经可以正常运行了。我们在正确单击目标刺激后，下一个试次会立刻开始，一组新的刺激则会呈现在屏幕上。但这可能会显得非常突兀，因为参与者在单击目标刺激后，该刺激会立刻跳到屏幕的另一个地方。因此，在呈现下一组刺激前，我们最好可以提供短暂的停顿。

在 `trial` 程序中，我们需要对所有刺激进行编辑，将它们设置为在试次开始 0.5s 后才出现。同时，插入一个中央注视点刺激，使其在这 0.5s 中出现。不过，这种操作十分麻烦，因为我们需要对许多刺激组件进行完全相同的编辑。其实，我们可以在 `trial` 程序前面插入新的程序（即 ITI），让 ITI 只包含一个中央注视点刺激且持续时间设置为固定的 0.5s。这样设置的结果则是，`trial` 程序中的刺激将在每个试次的第 0.5s 呈现，因此我们就不需要单独对所有刺激进行编辑了。

实验最终的 Flow 面板见图 9-13，图中展示了循环内 3 个程序的排列方式。在实际的运行过程中，`instruct` 和 `trial` 程序的颜色是红色，这表示它们没有固定的持续时间（只有单击才可以结束程序）；ITI 程序的颜色是绿色，这表示它有固定的持续时间（0.5s）。

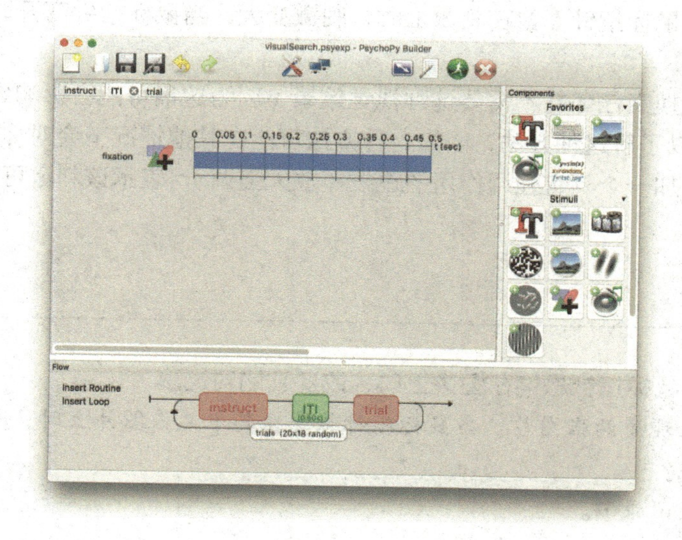

图 9-13　实验的最终结构

注：插入新的 ITI 程序，减少两个试次之间的视觉干扰，这是唯一一个有固定持续时间的程序，所以在实际运行过程中，它的颜色为绿色。

现在，视觉搜索任务已经完成了，请尝试运行并检查数据结果。从结果上看，对于任何个体来说，系列搜索（serial search）和突出效应（pop-out effect）应该都十分明显，结果见图 9-1。祝你在寻找六边形的过程中玩得开心！

9.10 用指向替代单击

视觉搜索任务中，我们希望实验在参与者明确单击目标刺激时才有相关反应。所以，通过鼠标组件，将一个或多个刺激设置为可单击（clickable）。但有时，我们希望即使没有单击，只要鼠标指针指向了目标刺激，实验程序就会有相应的反应。例如，当鼠标指针停留在某个刺激上时，我们希望可以让这个刺激高亮显示。Builder 界面中的鼠标组件没有这个功能，所以我们需要自己写一些代码。

假设在视觉搜索任务中我们希望当鼠标指针停留在某个刺激上时，这个刺激就会放大。我们需要在屏幕每次刷新时运行一些代码，检查鼠标指针的坐标是否位于目标刺激中，如果位于，就改变刺激的大小。幸运的是，PsychoPy 的视觉刺激有一个 `contains()` 函数，它可以检查鼠标坐标是否位于刺激的范围内。因此，在 `trial` 程序的代码组件中，我们需要在 Each Frame 选项卡框中输入如下代码。

```
# check if the mouse pointer coordinates lie
# within the boundaries of the target stimulus:
if target.contains(mouse):
    target.size = (40,40) # highlight by expanding the target
else:
    target.size = (20,20) # go back to the default size
```

运行结果是当鼠标指针停留在刺激上时，刺激变大；当鼠标指针离开时，刺激恢复原始大小。

实际上，视觉搜索任务并不需要这种视觉效果（因为这很可能会影响到参与者寻找目标刺激），但是你可以了解这种方法，因为这种方法可能在其他情况下会对你有所帮助。例如，可以为某个刺激添加一个具有强调作用的边框（放大强调），表示该刺激可以单击。

练习和拓展

练习 9.1 当鼠标指针悬停在图像上时，改变它的对比度

假设你呈现了两张图片。当鼠标指针悬停在其中某张图片上时，如何才能改变它的对比度呢？

答案请见附录 B。

练习 9.2 用鼠标在屏幕上移动刺激

如何让参与者单击刺激并将其拖到新的位置呢？

答案请见附录 B。

第二部分

写给专业人士

本书第二部分主要提供一些专业信息，主要包括前几章所述实验中涉及的一些细节。如果你已经或想要从事行为科学的研究，那么理解这部分细节和信息将对你很有帮助。

第 10 章

用随机化实现研究设计

学习目标：学习如何在 Builder 界面下设计多种随机化方案。

许多研究设计会用到随机化（randomization）处理，例如，在不同的实验条件下随机选择不同的实验参与者，并控制区组的呈现顺序；也可以在试次内随机指定刺激出现的位置和时间。在行为研究中，随机化也是对实验进行控制的一个关键因素。即使在基于观察和问卷的研究中，我们也需要对问题呈现的顺序进行随机化处理。然而，并不是所有东西都可以随机化：在有的实验中，我们不仅需要将相似的试次集中到区组中，还必须注意区组本身的呈现顺序。本章将探讨如何在 PsychoPy 里实现上述内容。不过，与前面的章节不同，在这里我们不会创建特定的实验，而是只会为你提供一些在 PsychoPy 中实现随机化的建议。

对于行为科学家来说，随机化是最有用的工具之一。本章首先将提到一个十分重要的话题——如何将参与者随机分配到不同实验条件下。然后，本章会讨论更具体的随机化问题，例如，单个刺激的随机化（PsychoPy 极其擅长对单个刺激进行随机化处理）。在研究中，由于前提条件不同，我们需要精确地平衡某些特定的因素，例如，确保在每个实验条件下都有相同数量的男性和女性，或有相同数量的年轻人和老人。而对于其他因素，我们则让其随机化即可。

10.1 如何将实验对象分配到不同的实验条件或小组中

将参与者分配到不同小组的一个方法是使每个对象真随机且相互独立。这种简单的随机分配就像抛硬币，例如，每个参与者抛一次硬币，正面朝上就将参与者分配到实验组，反面朝上就将参与者分配到对照组。但是，在某些特定的研究设计中，这种“单纯的”随机化方式并不理想，因为如果按照这种方法来操作，我们就不能确保每个小组中参与者的数量都相同。另外，我们也很难在其他因素上系统地平衡两个小组（例如，我们还希望在每种实验条件下，男性和女性的数量相同）。此外，若使用这种随机化方式，我们可能偶尔会对同一组参与者进行长时间的测试，或在某一组中可能会出现上午测试人数比下午测试人数多的情况。因此，简单的随机分配可能会与研究的设计目的相矛盾，例如，在不同的实验条件下，我们需要系统地平衡混淆因素（confounding factor）。

解决方案：随机化并没有那么神奇

只有当实验对象数量足够多时，我们才可能认为，随机化消除了不同小组之间的差异。当参与者数量很少时，即使对实验对象进行了随机分配，在某些重要的混淆变量上，不同小组之间也存在显著差异。

在许多研究设计中，在随机分配时存在某些系统限制（systematic constraint）。例如，难以让每个小组中的参与者数量相同，或难以确保不同小组中的男女比例相等，等等。但幸运的是，针对上述情况，电子表格可以为我们提供很大的帮助。

比如，在进行精神运动警觉性任务（Psychomotor Vigilance Task，PVT）前，我们需要让相同数量的参与者分别饮用茶、咖啡和水。同时，在这 3 种条件下，我们还希望男女数量相同且测试时间段（上午或下午）也相同。我们可以在表格中整理上述这几种条件之间的所有组合，这样一来，参与者就可以被分配到这些条件组合中了（表格通过行来指定这些条件的集合，一行表示一种组合，可参考图 10-1）。

虽然更适合用代码来创建这类表格，但本书主要介绍如何使用 Builder 界面，因此我们将直接使用电子表格来进行创建。创建一个平衡设计（balanced design），对 3 个因素（性别、实验时间和刺激物）所有的水平进行组合。我们最常使用的电子表格就是 Microsoft Excel，其原理与其他大部分电子表格软件一样。首先，需要在首行为每列都添加一个标签，（例如，gender、session 和 stimulant）。其中，变量 stimulant 有 3 个水平（tea、coffee 和 water），变量 session 有两个水平（morning 和 afternoon），变量 gender 有两个水平（male 和 female）。因此，我们需要 12 种组合来平衡所有（个数为 3×2×2）因素。如何填写这 12 行内容，请见图 10-1。

	A	B	C	D
1	gender	session	stimulant	
2	male	morning	tea	
3	male	morning	coffee	
4	male	morning	water	
5	male	afternoon	tea	
6	male	afternoon	coffee	
7	male	afternoon	water	
8	female	morning	tea	
9	female	morning	coffee	
10	female	morning	water	
11	female	afternoon	tea	
12	female	afternoon	coffee	
13	female	afternoon	water	
14				

图 10-1　3 种因素平衡的条件文件

注：前两个因素均有两个水平（male 和 female，morning 和 afternoon），第 3 个因素有 3 个水平（tea、coffee 和 water）。使用 Excel 的移动、拖曳、填充功能，无须手动输入每个单元格内的值。

在 gender 标签（A1 单元格）下方的 A2 单元格中输入 male。单击选中，并将鼠标指针移到该单元格右下角之后，光标发生了变化（在 Excel 中，光标从白色十字变成黑色十字），单击黑色十字并向下拖动单元格（直到 A7），male 就会自动填充单元格。接下来，在下一个单元格内（A8）输入 female，重复上述操作，拖动至 A13 即可。这种操作可以自动复制单元格的内容，无须手动输入，可以为你节省很多时间。

拖曳功能不仅可以复制某一个值，还有其他作用。例如，在 session 列中，将光标从 B2 拖动至 B4 以填充 morning，从 B5 拖动到 B7 以填充 afternoon。然后再选中这 6 个单元格，将鼠标指针移动到右下角，直至光标变成黑色十字。现在，当向下拖动时，Excel 自动识别到你想重复某种模式（pattern），因此它会将连续的 3 个 morning 和 afternoon 填入空白单元格，你只需要将单元格拖动至 B13 即可。最后，在 stimulant 列重复上述操作，在单元格内重复填入 tea、coffee 和 water，然后使用拖曳功能即可。

现在从该表格中可以发现：stimulant 在每一行的值都不同；session 的值从 morning 到 afternoon，在重复 3 行之后改变一次；gender 的值在重复 6 行之后只改变了一次。从表格中，我们很容易就可以看出这些因素之间是否相互平衡。（三者的顺序实际上也可以是任意的，例如，也可以让 gender 的值每行都改变，同时也可以让 session 的值改变得更慢。）从这种排列中，我们可以看出：首先，至少需要 12 名实验对象才能完成平衡设计；其次，需要更多的实验对象才能让研究更有说服力。另外，每种组合下都需要多名实验对象，这样在统计学上才能检验到它们之间最高级别的交互作用。因此，实验对象的总数必须是 12 的倍数（如 24、36、48、60 等）。我们只需要根据需求不断复制、粘贴这 12 行内容，让每一名实验对象都对应一行实验条件即可。

现在，我们已制作完了一个实验表格了，该表格不仅平衡了实验条件，还给出了需要招募的参与者数量。但如何将实验对象分配到表格中的某一行呢？按顺序分配的想法很难执行（例如，招募完所有男性后，再招募女性），因为在项目持续的过程中，影响因素的变化可能会导致系统误差的产生。一种比较简单的方法是随机打乱表格中的行，按照打乱后表格中的顺序依次分配实验对象。

那么如何随机打乱表格呢？我们只需要在表格中添加新的一列，这一列的每一行都有一个随机数值，然后按照随机数值对表格排序即可。首先，给第 4 列添加一个标题（例如，order），在单元格 D2 中输入公式“=RAND()”。符号 = 表示该单元格的内容是一个需要计算的公式，而不只是单词或符号。Excel 会计算这个公式，并在 D3 中填入一个介于 0.0~1.0 的随机数。向下拖动该单元格，让这一列的所有单元格都填入相同的随机数生成公式。现在，单击表格内的任意单元格，在“数据”功能区（Mac 计算机中是在“数据”菜单）中选择排序，对 order 列进行排序（因为这些数字都是随机数，所以升序排列和降序排列没有任何影响）。

根据随机数排序，然后从上到下按顺序分配参与者的方法可以解决很多问题。我们不仅可以保持实验设计的平衡，还可以将参与者随机分配到不同的实验条件中。另外，我们只需要进行一次随机化处理，不需要为每名实验对象都进行一次随机化处理（可以不用抛硬币了）。

实操方法：排序的风险

在电子表格中存储和操作数据时，这种简单的排序存在一个很大的风险，即你可能没有对所有的列同时进行排序。例如，你有一张人口统计数据表，匿名的实验对象的 ID 都对应他们的个人详细资料。该表格目前按照年龄排序，但你希望按照 ID 重新排序。因此，你选中 ID 列，将它设置为按升序排列。可是你发现只有 ID 列进行了排序，其他列都保持不变。这时你应快速选择撤销或在不保存的情况下关闭文件；否则，这个问题会导致 ID 与其所有者的信息无法一一对应。你也可以在操作文件之前，提前建立一个副本以防万一。

出现问题的原因是你只选择了表格的一个子区域。Excel 会默认对任何选中的部分进行排序，如果你只选择一个单元格，它会尝试扩展选中区域，直至覆盖整个表格。但如果你明确地只选择了一个子列，那么 Excel 就只会对这一列进行排序，其他内容则保持不变。因此，在对表格排序之前，务必检查一下你是否已选中了整个表格。

由于上述问题，越来越多的人建议不要直接使用电子表格设置数据，而使用代码来分析和处理数据。因为在使用代码时，原始数据并不会改变，在出现错误时我们只需要修改代码并重新运行即可，数据文件本身也并不会改变。

请注意，每次在电子表格中做出更改，或只是简单地关闭并重启文件时，随机数的值都会重新计算。这些单元格内包含的是公式，它们并不是静态值，而是动态的、实时的内容。因此，如果我们对表格进行第二次排序，结果会完全不同。如果你担心会出问题，可以保存一份原始随机数：选中所有随机数，用选择性粘贴命令或类似的命令，在空白单元格中粘贴数值即可。这样，每个单元格的内容将会是固定的文本值，而不是公式。

解决方案：随机种子

任何计算机软件都无法产生真正的随机数。事实上，对于一个给定算法，若起始值（也叫作“种子”）相同，产生的随机值序列始终就会相同。默认情况下，Python 会使用时钟生成种子，因此每次你都能获得一个不同的伪随机序列。

但有时我们并不希望发生这种情况。例如，有时我们希望每个人都能获得相同的“随机”序列。就像在气球模拟风险决策任务中，若在最初的几个试次中气球都在小体积时爆炸，之后参与者在吹气球时就会变得十分谨慎；相反，若一开始遇到的都是大气球，参与者之后就更愿意去冒险。不过，这种任务的目的是测量个体差异，因此我们不希望实验在序列上有任何个体差异。

你或许希望以固定随机序列重复实验：有时随机序列的影响很大，使用不同的随机序列可能无法重复实验。这种情况下，你可能需要指定一个种子，并在未来的实验中重复使用。

不管是上述哪种情况，若你希望通过设置随机种子，以确保每次获得的随机试次序列都相同，那么你可以在 PsychoPy 中的 Loop Properties 对话框（见图 2-9）内设置种子值（例如，某个任意值，839216）。

让 Builder 界面了解分配结果

实验开始时会出现一个 Experiment info 对话框，在对话框内输入的数据会自动存储到数据输出文件中。每个会话（session）中，实验对象的 ID 必须是唯一的，这个问题至关重要，因为它确保了在数据文件中每个观察值都与其实验对象的 ID 一一对应。

我们还需要添加新的一栏来记录参与者所分配到的小组或条件。这种操作有利于 Builder 界面用来控制任务变量（如刺激的属性）。即使对于实验中并不会使用的变量，也是如此。例如，我们刚才提到的精神运动警觉性任务（Psychomotor Vigilance Task，PVT），即喝咖啡、茶和水对警觉性的影响。饮料的分配和实际行为（喝饮料）都发生在 PsychoPy 之外，也就是说，无论属于哪个饮料类别，实验程序本身对任何人来说都相同。但是，在实验开始时，我们仍需要输入每名参与者的饮料所对应的值。而在 Builder 界面中，我们只需要在实验开始时默认出现的 Experiment info 对话框中添加这一栏即可。这样一来，在数据输出文件中，每一行都会保存实验条件的名称。这将极大地简化我们后续的数据分析，因为所有的观察值都已被自动标记上正确的实验条件名称。

如前所述，随机化方案通常会以表格的形式呈现，每一行都代表一名参与者。但是现在只需要一些代码，PsychoPy 就可以循环处理该表格，并确定下一次运行的实验条件，且按照要求机械地分配实验条件。然而，有的实验可能并未按计划进行，例如，一名参与者可能只完成了实验的一半，因此他的数据需要丢弃。在这种情况下，你可能希望将该实验条件重新分配给下一名参与者，这样才能更好地平衡实验。又或者，一名男性参与者没有准时参加实验，而下一名参与者是女性，因此你需要跳过这一行实验条件，并将其分配给下一名男性参与者。这就说明，有时你需要灵活应对，而不是严格按照顺序运行实验（同时避免任何误差）。在电子表格中手动为实验对象分配实验条件确实很简单，但与这种简单性相比，在软件中尝试使用一些虽然复杂但很灵活的操作则会更有价值。

10.2 循环设置的选项

我们已经讨论了如何将实验对象随机分配到不同的小组或实验条件中，但在实际实验过程中随机化随处可见——例如，将刺激呈现的顺序随机化。在前几章中我们已经知道，Builder 界面中的 Loop Properties 对话框可以控制条件文件中每一行的呈现顺序。而本节将更正式地介绍该对话框中几种不同的选项及其在研究设计中的应用。

PsychoPy 采用不重复抽样方式从条件文件中选取行。想象一下，我们在盒子里放了一组棋子（国际象棋），使劲摇晃盒子，打乱棋子，然后一个接一个地从盒子中取出棋子，并在桌上排成一列。因为摇晃盒子的关系，棋子取出的顺序应该是随机的。另外，我们采用的是不重复抽样，不会将取出的棋子再放回盒内，所以所有的棋子都只会被选中一次。因此，尽管取出的棋子顺序随机，但不重复的规则实际上为抽样增加了一定的确定性。一旦我们取出了黑皇后棋子，我们就清楚地知道，它不会被再次选中。和这些棋子一样，当 PsychoPy 进行循环时，条件文件中的每一行都会被选中，且仅会被选中一次。这意味着，你可以相信你在条件文件中指定的任何因素水平依旧是平衡的。

我们可以通过多种方式来控制条件文件中所选行的顺序，图 10-2 以柱状图描述了这些方式，我们会在后面中对其进行详细介绍。图 10-2 中，柱状条表示某些变量的值，它们取自条件文件的某 10 行。柱状条的高度可以代表任意量，例如，刺激的持续时间、呈现密度，或算术问题的难度。在图 10-2 所示的实验中，循环会运行 5 次，因此这 10 个条件都会重复 5 次，总计有 50 个试次。图中的 4 行柱状图分别表示 4 种不同的随机化方案，这些将在后面详细讨论。

10.2.1 顺序循环

若希望按顺序来循环条件文件中的每一行，可在 Loop Properties 对话框的 loopType 选项中选择 `sequential`。

在某些任务中，我们希望试次按条件文件的顺序运行。如图 10-2 的第 1 行所示，变量的值从条件文件的第一行到最后一行递增，而柱状条的高度表示条件文件的每行中某个变量的值。例如，你可能希望让呈现的句子或数学问题的难度递增，这样参与者可以从跨试次的渐进式学习中得到提升。神经心理学评估领域中的反向数字广度任务（Backwards Digit Span Task）就是一个例子。该任务中，参与者需要倒序复述他们听到的一系列数字。这个任务需要按顺序依次进行，开始时只有两个数字，然后不断递增，直到参与者无法正确复述全部数字为止。在图 10-2 的第一行中，柱状条的高度稳定递增，这可以表示上述任务。

在图 10-2 的实验设计中，条件文件会重复 5 次（Loop Properties 对话框中 `nReps` 的值为 5）。因此，第一行的任务中，每个区组内的任务难度逐渐递增，而在下一个区组开始时，任务难度又被重新设置为最低值。这种设计可以评估参与者的表现如何随练习的变化而变化。在反向数字广度任务中，随着区组的进行，参与者会学习相应策略，优化回忆的广度，因此我们预测参与者的成绩会随着区组的进行而有些许进步。

我们需要特别注意的是，当条件文件按顺序呈现时，任意一行都不会连续重复。因为连续重复的某个相同值在某些任务中可能会产生问题。例如，假设目标刺激需要在不同的试次里多次出现，在这种情况下，如果目标的坐标需要在连续的试次中保持相同，那么目标可能在某个地方长期保持不动（因为如果该目标刺激随机呈现，连续的两个试次中，其坐标很可能被“随机化”成一样的）。而在顺序循环的情况下，虽然我们无法在连续的试次中选取同一行，但我们可以在每行中输入相同的值，这就意味着我们需要关注那些连续呈现的值。在下面几种随机化方式中，我们还会再次讨论这个问题。

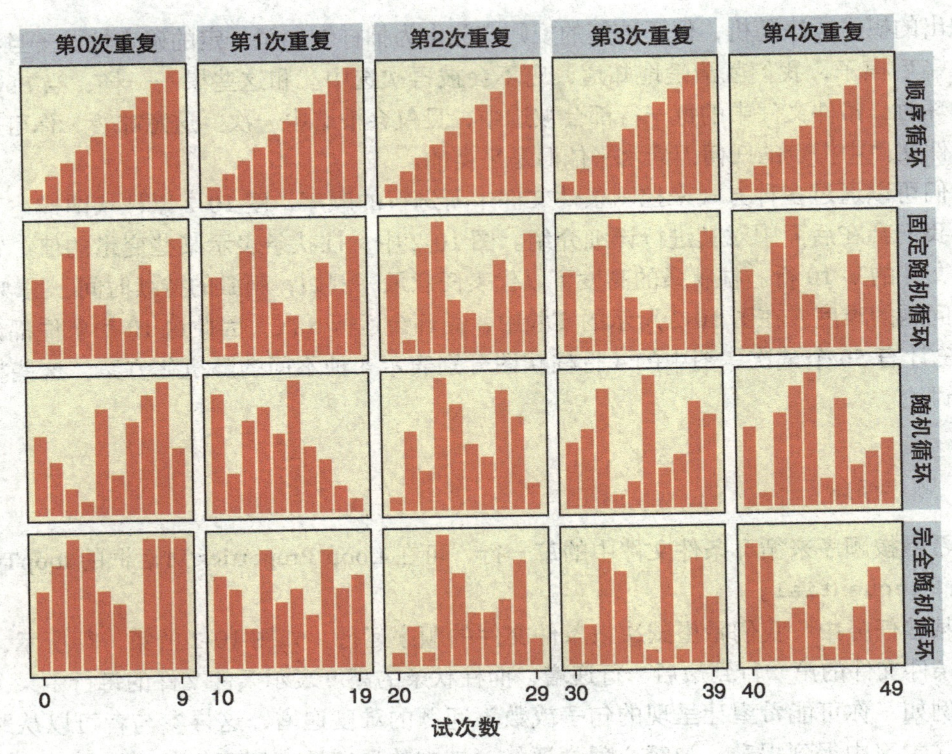

图 10-2 条件文件的 10 行中某个值的示意图

注：因 Loop Properties 对话框中的设置不同，它们呈现的顺序也不同。每个竖条代表条件文件的 10 行中某个任意变量的值（例如，声音刺激的音量大小或问题的难度）。Loop Properties 对话框中 nRpes 的值为 5，因此这 10 个条件都会重复 5 次，总计有 50 个试次。至于如何实现这些不同的排序方案，请参考正文。

10.2.2 固定随机循环

有时我们希望实验条件的顺序在参与者看来是随机的，但实际上是固定的，即每名参与者都会采用相同的伪随机顺序。我们将这种顺序称为固定随机（fixed random）顺序。

在 Loop Properties 对话框中，loopType 选项中并没有 fixed random，但我们可以通过两种方式进行设置。一种方式是在 loopType 中再次选择 sequential，然后使用你自行配置的条件文件，实验条件的顺序（看起来随机）即条件文件中行的顺序。而另一种方式则是选择 `random` 选项，但这需要在随机算法（在后面会具体说明）中指定一个种子值。这意味着，即使 PsychoPy 会帮助你进行随机化处理，但每次产生的顺序都相同。

固定随机顺序似乎是一个十分矛盾的产物，但它的确存在。虽然在实际上顺序是固定的，但是固定随机顺序可以让条件顺序在参与者看来是随机的。从参与者的角度来看，刺激是随机出现的——参与者并不知道其他人使用的“随机”序列与他相同。这种方式通常称为“伪随机”方式，即因为实验者在呈现顺序中施加了一个或多个限制，使得呈现的顺序看似随机但不可能真正随机。

在图 10-2 的第 2 行中，我们还可以发现，这些柱状条在一次重复里看起来像随机值序列，但由于循环重复运行，相同的序列重复出现了 5 次。

这种固定随机方法被应用于神经心理学领域里的加利福尼亚言语学习测验（California Verbal Learning Test）的评估任务中，参与者需要回忆 4 种类别（工具、水果、衣服和药草香料）的单词列表（Elwood，1995）。实验中，同一个单词列表会以固定的顺序呈现多次，参与者也需要回忆该单词列表多次。由于呈现顺序的一致性，参与者能够正确回忆的单词数量应该逐渐增加。参与者无法了解列表的顺序，但实验顺序确实存在一些限制（例如，不会连续呈现同一类别的单词）。如果想要对所有实验对象的测试结果进行标准化处理，那么单词的顺序不但需要在一次实验中相同，而且在实验对象中也要相同。如果顺序不同，我们就无法知道回忆结果是否真正反映了参与者的学习和记忆能力，或者其结果可能仅仅是因为（至少是部分）某些列表的顺序更容易学习而已。而在 PsychoPy 中，我们需要首先想好单词列表的顺序，然后将这些单词填入条件文件中。然后在 loopType 中选择 sequential，因为我们已经手动处理了伪随机序列，PsychoPy 只需要运行即可。

另一个案例是运动序列学习任务（Motor-sequence Learning Task）。例如，当目标刺激在看似随机的时间点出现在看似随机的位置时，参与者需要尽快地单击目标刺激。但随着时间的推移，随机序列事实上会开始重复，参与者或多或少会掌握潜在的“随机套路”，其反应时也会逐渐降低。若目标刺激真正随机出现且不可预测，参与者的反应时完全不可能达到非常短的水平。

在 Builder 界面的 Loop Properties 对话框中，有关简单随机化的选项十分有限，而有时 PsychoPy 的用户希望能对简单随机化有更多的限制，因此他们会创建固定伪随机序列。例如，在呈现刺激时，我们可能希望同一类型的刺激连续呈现的次数不要超过一定的数量。这需要首先随机生成一个列表，然后手动交换不同行的内容才能满足上述要求（因为在真随机下，可能会出现连续多行都是同一类刺激的情况）。假设我们需要目标刺激随机出现在中央注视点的左侧或右侧，但若目标刺激长时间持续出现在同一侧，那么参与者则可能熟悉目标刺激出现的节奏，而这就可能会对反应时数据有所影响。因此，通过编辑条件文件我们可以确保刺激不会连续 3 次或更多次出现在左边或右边。不过，在使用这种方法时需要多加小心，由于参与者相当聪明，在足够长的实验中，他们可能会有意识或无意识地掌握这种规则（固定随机的某种规律）。例如，当目标刺激在某一侧连续出现 3 次后，参与者就会知道下一次目标刺激一定出现在另一侧。实际上，这种非随机的限制可能会比随机序列带来更大的反应时误差。

总结一下，在 Builder 界面中可以采用如下两种方式设计固定随机序列。

- 创建一个特殊的条件文件，按照行的顺序生成随机序列，而不是让 PsychoPy 动态生成，即以顺序循环的方式循环伪随机序列（在 loopType 框中选择 sequential）。如果你希望给看似随机的呈现顺序添加某些限制，例如，限制某些值连续出现，可以采用这种方法。
- 像平常一样创建条件文件，在 loopType 框中选择 random（见下一节），并在 random seed 框中指定一个值。对于随机数生成器来说，固定的种子值意味着每次实验运行时生成的随机序列都相同。如果你希望每名参与者在每次循环时都使用相同的随机序列，同时又不关心随机序列是否具有某些属性（PsychoPy 可以帮助你创建随机序列），可以采用这种方法。

如前一节所述，条件文件的同一行不可能在连续的两个试次中出现。即根据定义，下一个试次所呈现的行号必须与上一个试次不同。

10.2.3　随机循环

如果你希望每次条件文件在循环时行的顺序都是随机的，那么你可以在 Loop Properties 对话框的 loopType 框中选择 random 选项。

这是随机排列实验条件最简单也是最常见的方式。在这种情况下，PsychoPy 会随机打乱条件文件中不同行的呈现顺序。如果循环中 **nReps** 的值大于 1，那么在每次循环重复时顺序都会被重新打乱，如图 10-2 的第 3 行所示。这种方式对随机化也有一定限制：如果柱状条的高度代表项目的难度，那么在每个区组的 10 个试次中，最难的项目只会呈现一次——最难的项目总共会出现 5 次并均匀分布在每个区组中，同时在一个区组中它不会在连续的试次中出现。例如，对于条件文件中给定的一行，最难的项目可以在区组内的任意试次中呈现，但在每个区组中只能呈现一次。这就是为什么该选项在 PsychoPy 的循环中最常用。**random** 选项可以使实验条件在试次间有所区别，同时还可以施加一定的限制，即条件文件中给定的一行不会以真正随机的形式集中、连续出现。

在连续的试次中，只有当该循环中最后一个试次和下一次循环中的第一个试次都恰好选中了该行时，同一行才可能重复呈现。例如，图 10-2 的第 3 行中，第 1 次重复时的最后一个试次和第 2 次重复时的第一个试次的值相同。但是，这种重复最多在两个连续的试次中出现，因为在一个区组中每行都只能选中一次。

10.2.4　完全随机循环

如果你希望试次完全随机化，即没有任何限制地在任意试次的任意阶段选取条件文件中的任意一行，那么在 Loop Properties 对话框的 loopType 中选择 fullRandom 即可。

只有当循环次数大于 1 时，fullRandom 选项才会起作用。如果 **nReps** 的值为 1（控制试次的循环只有一次），random 选项和 fullRandom 选项都会简单地将条件文件的顺序随机打乱，那么两者实际上没有任何区别。只有当条件文件重复 *n* 次（*n* 为 **nReps** 的值，且大于 1）时，fullRandom 选项才会真正起作用。在这种情况下，所有试次会在完全混合后再打乱，不受循环重复次数 *n* 的影响。就好像你先把条件文件的行重复 *n* 次，再将新条件文件所有的行随机打乱。

在图 10-2 的第 4 行中，我们随机打乱的是一个 50 行的条件文件，而不是将原始的只有 10 行的条件文件打乱 5 次。假设柱状条的高度代表刺激的大小。从图 10-2 的第 3 行可以看出，当选择了 random 循环类型时，每次重复的过程中，最大的刺激（即柱状条最高）出现一次并且仅出现一次；而从图 10-2 的第 4 行可以看出，当选择了 fullRandom 时，第 0 次重复的过程中，最大的刺激就随机地出现了 4 次。

在完全随机化的过程中，由于所有试次会在完全混合后再打乱，因此完全相同的项可连续出现的次数就没有限制，于是参与者很难预测下一个刺激。例如，在前几种随机方法下，如果实验对象发现某个特定的目标在当前区组中一直没有出现，因此他会预测该刺激一定会在最后一个试次中出现，在很多任务中，这种预测的行为会产生一定的问题。Builder 界面的演示样例中的气球模拟风险决策任务（Lejuez et al., 2002）就说明了该问题。这是一个类似于碰运气的任务：参与者需要重复按某键来给屏幕上的气球充气（按一次键，气球则被吹大一号），气球越大，得到的奖励越多。但是，在每个试次中，当气球的大小达到某个随机值时，气球就会爆炸，参与者必须在气球爆炸前结束试次；否则，他们不会得到任何奖励。我们希望它是一个风险测试，而不是一个模式识别任务。因此，我们不希望随机化有任何限制，否则参与者可能采用“算牌”的方式获利。例如，若我们选择随机循环，参与者很快就能知道，最小的气球通常不会在连续的试次中出现。如果在某个试次中遇到了最小的气球，他们就能肯定：在下一个试次中，它们至少可以将气球吹大一号。而采用完全随机方式就可以避免这种（潜在的、无意识的）“学习”效应。我们希望在这种类似于碰运气的任务中，完全相同的值可以连续、随机地出现多次，这能极大地降低任务的可预测性。

然而，在这种顺序中，误差可能会随机出现在值的分布中。从图 10-2 的第 4 行可以看出，5 个最大值中的 4 个都在第 0 次循环时就出现了。这种随机出现的特点可能就会导致参与者在某种程度上可进行预测[①]。因此，你需要仔细考虑完全随机循环的相对优缺点，并将这种方式与其他方式进行比较（如与限制在区组内的 random 或人工操作的 fixed random 进行比较）。

10.2.5 只呈现实验条件的子集

在 Loop Properties 对话框的 Selected rows 框中，指定行号的子集。

在某些研究中，实验条件的组合种类太多，我们不可能将它们全部呈现给某一名参与者，但又想涵盖所有条件。假设现在有一个 200 行的条件文件，但在实验时长合理的某次实验中，参与者最多只能完成 50 个试次，那么我们可以在 Selected rows 框中填入 Python 表达式 `0:50`。尽管 Python 从 0 开始计数，但这个表达式的结果是 50 个试次，而不是 51 个试次。因为对于这类表达式，Python 通常不会包括最后一个数字。也就是说，`0:50` 实际上选择的是第 0~49 行，共计 50 行。

若在 loopType 框中选择 sequential，那么条件文件的前 50 行按顺序呈现。若在 loopType 框中选择 random，那么条件文件的前 50 行随机呈现。实际上，我们只选取固定的行号，如果要将这些行的呈现顺序进行随机化处理，我们需要为每一名参与者指定一组不同的行。如何在 200 行的文件中选取任意 50 行的随机样本呢？我们只需要插入 Python 函数来生成行索引的随机样本即可（无须指定行号的具体范围）。具体代码如下。

---

① 如果最大值连续两次出现，实验对象可能会猜测下一次也是最大值，或者，当最大值已经出现 4 次后，实验对象就可能会预测到在后面的任务中，基本不会再出现最大值了。——译者注

```
np.random.choice(200, size = 50, replace = False)
```

每个实验开始时，Builder 界面中会导入一个叫作 numpy 的 Python 库（方便起见，将它简写为 np）。numpy 库中有许多十分有用的数值函数（它也因此而得名），其中包括一些随机函数，它们比 Python 语言中的随机函数更加灵活。在上述代码段中，我们使用了 numpy 的 random.choice() 函数，即从 200 个数字（从默认起始值 0 开始，最大数为 199）中选取 50 个数字。同时，我们将这个取样设置为不重复取样，即任意一个行号都不会被选中超过 1 次。numpy 库提供了许多灵活的随机化和取样选项，你可以在网上查找相关文档，看看它能否满足你的特殊需求。

10.2.6 自适应设计

上述所有的循环控制选项都有一个基本出发点，即我们在运行实验前就指定了刺激参数的值，之后只是在条件文件中系统地列出这些值而已。在心理物理学领域中，研究人员将预先设定刺激值的方法称为恒定刺激法。与此相反，另一些实验设计需要由参与者（而不是由实验人员）来控制试次间刺激值的变化，这种实验设计称为**自适应设计**（adaptive design）。心理物理学领域最早倡导使用这种实验设计，且这种设计的实现方式和分析在心理物理学领域仍然是非常先进的。例如，假设我们希望测量某人探测某种特定现象的感觉阈值[①]：如果呈现的试次都远高于或远低于参与者的阈值，效率将十分低下，因为参与者要么完全可以，要么完全不可以探测到刺激，而远离阈值的试次几乎无法提供任何有效信息。为了精准估计参与者的阈限，我们希望能够将试次集中在参与者的阈值附近。但不同个体的阈值水平不同，我们不可能预先指定临界水平附近的刺激值。因此，我们需要使用自适应阶梯法（adaptive staircase technique）：这是一种特殊的算法，可以根据参与者在之前试次中的反应，改变后续试次中的刺激值。

在 loopType 中选择 staircase 或 interleaved staircases 选项就可以使用自适应阶梯算法了。本章不会深入讨论这些特殊的循环选项，如果你想了解更多信息，请参考第 16.6 节。

10.3 总结

希望你已经熟悉 Builder 界面的相关特性和技术并能够应用不同的随机化方法了。从本章和第 8 章中，你可能已经发现：条件文件的内容和结构及 Loop Properties 对话框的设置，都在表达和实现研究设计的过程中起到了关键作用。

---

① 阈值（threshold）是用来测量感觉系统感受性大小的指标，可理解为能刚引起感觉的最小刺激量。——译者注

第 11 章

坐标和颜色空间

学习目标：PsychoPy 的功能之一是能在一定坐标（单位）范围内指定物体的位置、尺寸和颜色，虽然这看起来很简单，但这里面也有许多需要你深入学习的地方。

在写论文时，你是否曾经因为需要将刺激的尺寸（单位为“像素”）转换为视角度（degree of visual angle）而感到沮丧和挫败？为了使刺激可以在另一个屏幕上呈现，你是否编写过一些转换尺寸的复杂代码？或者你是否希望刺激能够自动改变尺寸和形状来适应不同的屏幕？

PsychoPy 可以帮助你解决上述问题。PsychoPy 拥有一系列不同的单位，可以控制刺激的空间特征（尺寸、位置等）和颜色。

11.1 坐标系

PsychoPy 的传统优势之一就是，它可以采用许多不同的单位（例如视角度或像素）指定刺激位置和大小等。虽然这些不同的单位系统很灵活也很实用，但当第一次使用它们时，你可能还是会对其感到些许惊讶。这些系统都各有各的优势和劣势。

PsychoPy 可能并不遵循其他系统或软件所遵循的惯例。例如，在下面描述的所有坐标系中，原点 (0, 0) 不是计算机科学家们所认为的屏幕左上角（也不是左下角）。在 PsychoPy 中，原点 (0, 0) 指的是屏幕中心，负数表示向左或向下的位移，而正数则表示向右或向上的位移。

注意，在设置刺激的单位时，这些单位会应用到该刺激的所有相关设置中。不过在本书撰写之时，刺激大小的单位还无法设置为厘米（cm[①]），刺激位置的单位也无法设置为归一化（norm）。

实操方法：单位的错误

注意，刺激单位的改变（或使用可变化的默认单位）可能会产生一些让人困惑的实验漏洞，你的刺激甚至可能消失。若刺激的坐标为 (20, 0)，单位为像素，它会正确地出现在屏幕中心向右 20 像素的位置；若位置坐标相同，但单位为归一化，刺激会出现在屏幕中心向右 10 倍屏宽的位置，并且刺激不可见。类似地，若刺激的尺寸为 (0.5, 0.5)，单位为归一化，刺激的尺寸为屏幕高度和宽度的 1/4（如果你

① 幸运的是，在 PsychoPy 3.2.4 版中，你已经可设置这些单位了。——译者注

不清楚原因，请认真研究归一化单位的相关内容)，在相同尺寸的刺激之下，当单位为像素时，刺激的尺寸将小于 1 像素（不可能出现 0.5 像素这种情况）。

注意，不要过分依赖 PsychoPy 偏好设置中的默认单位，因为默认单位会随着计算机的不同而变化。当你创建新实验时，最好在 Experiment Settings 对话框中对该实验的默认单位进行设置。

刺激消失的原因有很多，在写作本书时，PsychoPy 的缺点之一是，当刺激不合理时，PsychoPy 不会发出警告。

11.1.1　像素

像素（pix）是最容易使用的单位。大部分人对像素（屏幕上组成刺激的点）有粗略的认识，以像素为单位通常不会出现什么意外。但像素单位和“实际”单位（real-world unit）之间的转换很麻烦，而且若刺激尺寸的单位为像素，别人可能无法重复你的研究（因为对于不同的计算机，像素值也不同）。

11.1.2　厘米

大多数人对厘米（cm）的概念并不陌生。当然，你也可以先以像素为单位，简单地绘制刺激，然后在屏幕上用尺子测量，但使用 PsychoPy 可以更便捷地在厘米和像素（显示器的固有单位）之间进行必要的转换，前提是你需要为 PsychoPy 提供更多有关显示器的信息。尽管 PsychoPy 能确定屏幕的尺寸（单位为像素），但计算机操作系统并不会告诉你屏幕的宽度和高度（以厘米为单位），因此，PsychoPy 无法确定厘米和像素之间的转换关系，请在显示器中心（Monitor Center）中设置显示器的校准信息并参考 13.4 节介绍的方法来为 PsychoPy 提供空间信息（以厘米和像素为单位）。

11.1.3　归一化

图 11-1 可能更有助于理解归一化单位。

屏幕的中心位于 (0, 0)，左侧边缘位于 x=−1 上，下侧边缘位于 y=−1 上，右侧边缘位于 x=1 上，上侧边缘位于 y=1 上。这有利于在所有屏幕的相同部位上定义一个位置。例如，无论屏幕尺寸如何，基于归一化单位的位置 (0, −0.9) 处于中心垂直线上，且它到屏幕中心的距离为屏幕中心到底部距离的 90%。很清晰，对吧？

在使用归一化为单位时，第一个令人困惑的方面是尺寸。首先，整个屏幕的尺寸为 2 × 2（你或许认为它应该为 1 × 1）。如果你认真思考一下，屏幕左侧边缘的位置为 −1，右侧边缘的位置为 +1，整个屏幕的宽度必须为 2，因为 −1 到 +1 之间的距离显然是 2。那么让我们用这个原理来推断一些字母的高度。如果我们将字母的高度设置为 0.1，使用归一化单位，那么字母有多大呢？屏幕的高度为 2，即该字母的高度是屏幕高度的 1/20（在任何情况下都是如此）。

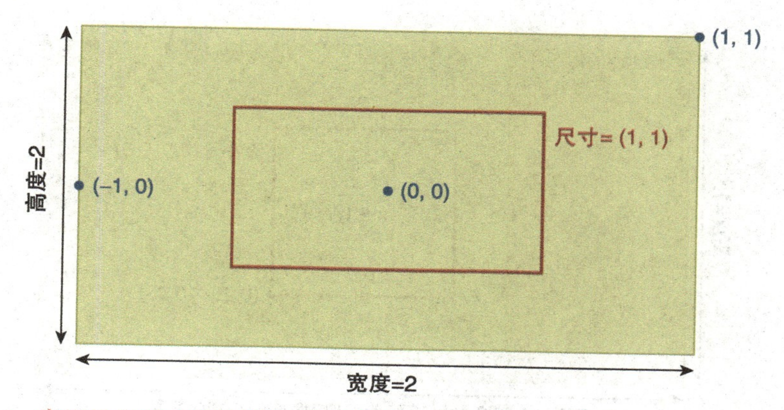

图 11-1 宽屏显示器（分辨率为 1920 像素 ×1080 像素）上关于归一化单位的图解

注：蓝点 (0, 0) 的定位很直观，但一开始，图中的尺寸就让人感到奇怪，这主要表现在两个方面。首先，当尺寸设置为 (1, 1)（如，图中的红色方框）时，你以为你会看到一个正方形，实际上你看到的是和屏幕高宽比相同的矩形。因为这里的单位实际上是屏幕尺寸的比例，而屏幕的宽度和高度显然是不同的。然后，若刺激的尺寸与屏幕相同，其尺寸应设置为 (2, 2)，而不是 (1, 1)，因为屏幕的宽度和高度在这个坐标空间中都是 2。

在使用归一化为单位时，第二个令人奇怪的方面是，若宽度和高度相等，例如 (1, 1)，刺激的形状却不是正方形，而是矩形。在使用归一化单位的情况下，刺激的高宽比与屏幕相同，一般来说，屏幕的宽度总是大于高度。

若要将物体置于特定位置或使图像全屏显示，即将尺寸设置为 (2, 2)，使用归一化单位会十分有效，但是若要使物体变为正方形，使用归一化单位则会很困难。

11.1.4 高度

若以高度（height）为单位（见图 11-2），尺寸的问题就变得更加简单了。不管方向如何，值为 1 的刺激均与屏幕高度相等。因此，若你将尺寸设置为 (1, 1)，刺激呈现为正方形，且是屏幕上可见的最大正方形。

与归一化单位相反，对于高度单位，你需要对定位有更多的思考。屏幕上方和下方的坐标为 x=+0.5 和 x=−0.5（因为屏幕的总高度等于 1）。屏幕的宽度取决于屏幕的高宽比。对于标准高清显示屏（分辨率为 1920×1080 像素），左侧和右侧边缘的坐标为 (−0.888889, 0.88889)，即横坐标为 1920/1080×(−0.5)，纵坐标为 1920/1080×0.5。

11.1.5 视角度

当实验中刺激的尺寸对研究非常重要时，你需要报告该刺激的尺寸（通常指的是参与者看到的尺寸，而不是屏幕上的物理尺寸）。显然，参与者感知到的刺激尺寸不仅与刺激的实际尺寸有关，还和参与者与屏幕之间的距离有关。通常情况下，为了了解刺激相对于参与者的大小，我们通常采用视角度（degree of visual angle）来报告刺激的尺寸和位置。

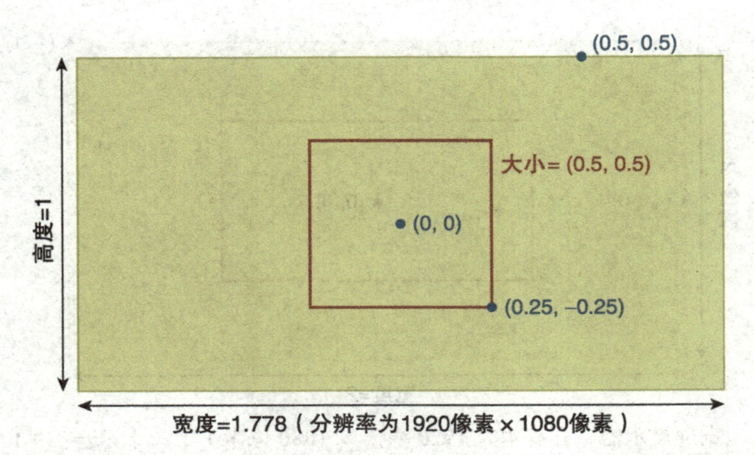

图 11-2 宽屏显示器（分辨率为 1920 像素 ×1080 像素）上关于高度单位的图解

注：直观来看，该坐标系中物体尺寸似乎是合理的。当将尺寸设置为 (0.5, 0.5) 时，物体呈现为正方形，且宽度和高度是屏幕高度的一半。但不那么直观的是，若要确定屏幕的宽度，你需要事先了解屏幕的高宽比；另外，通过将坐标的 y 值设置为 0.5（屏幕中心到上侧边缘的距离，即半屏）而把物体置于屏幕上侧边缘的做法也不是很好。

与以厘米为单位的长度和高度一样，你可以用三角函数（trigonometry）的知识自行计算视角度，也可以将必要信息提供给 PsychoPy，让它帮你计算（将刺激设置为 2° 其实比计算对应的像素值更容易）。在进行这些计算时，PsychoPy 需要了解屏幕的相关信息，包括屏幕的宽度（分别以厘米和像素为单位），参与者和屏幕之间的距离。重要的是，假如你将屏幕或参与者移动到房间的不同位置，请务必更改 PsychoPy 软件里原先所设置的距离。PsychoPy 计算视角度的方法有很多，选择何种方法取决于你需要何种精确度。

最常用的方法是确定在屏幕中心 1° 所对应的宽度（单位为像素），并假设它在整个屏幕中都是如此。这种算法很方便，有如下两个原因：第一，假设 1° 在屏幕各个部分都代表相同的像素值，计算将会更加简单；第二，刺激“看起来更合理”。不过上面的假设并不完全正确，因为你的屏幕是平的，屏幕的角落比中心离你眼球更远一些（假设你坐在屏幕正前方，而不是偏向某一边）。因此，与在屏幕中心相比，1° 的视角在角落包含的像素更多，因为视角度取决于距离和物体的物理尺寸。那么这个误差有多大？值得我们担忧吗？其实只有刺激在外围区域时，误差的影响才比较显著：如果刺激距屏幕中心 3°，位置的相对误差是 0.2%；若刺激距屏幕中心 10°，位置的相对误差将达到 2%；度数越大，位置的相对误差越明显。除非你需要非常精确的位置信息或需要在周边视觉呈现刺激，否则你使用近似值也可以。若你以视角度为单位，可使用 PsychoPy 进行上述操作。

解决方案：为什么实验通常在离屏幕 57cm 的距离下运行

令人惊讶的是，大量的研究报告中，参与者到屏幕之间的观察距离是 57cm。不是 56cm，也不是 58cm，恰好是 57cm。在这个距离，计算以度为单位的刺激尺寸更容易（如果没有 PsychoPy 帮忙计算的话）。在离屏幕 57cm 处，位于屏幕中心、尺寸为 1cm × 1cm 的刺激恰好对应 1° 视角。另外，度数与距离呈线性关系，所以

> 当距离为 114cm 时，尺寸为 1cm 的刺激恰好对应 0.5° 视角。如果你在期刊文章中看到 57cm 或 114cm 的距离，其目的是让数学计算更简单。当然，假设屏幕的边缘是平的，那么边缘离眼睛的距离则超过 57cm，所以该方法在平面屏幕上也并不完全正确（即使其精确度与 PsychoPy 的 deg 单位一样）。

PsychoPy 中还有两种坐标系统——`degFlatPos` 和 `degFlat`，可以修正平面屏幕的几何结构。当使用 `degFlatPos` 单位时，刺激的位置可以指定，但无法指定刺激的尺寸。当使用 `degFlatPos` 单位时，刺激尺寸在屏幕的各个位置看起来都是相同的。正方形物体会保持正方形，尺寸保持不变（单位为厘米），刺激之间的距离随着你远离屏幕中心而增加（单位为厘米）。该单位对研究眼动追踪很有帮助，这些研究只需要一些小型刺激（不关心刺激的精确尺寸），但需要非常精确地了解刺激的位置信息，甚至偏心位置（eccentric position）。

`degFlat` 单位是最精确的，在每个顶点的位置都会对平面屏幕进行校正，因此，对于位于屏幕角落的刺激，它们的尺寸和距离都被增加了（单位为厘米），在参与者眼里，它们看起来与在中心位置视角度单位下的刺激尺寸和距离相同。除非屏幕非常大，否则这种方法产生的误差会很小（采用近似值的误差会相对较小），但如果空间校正必须完全正确，它们之间的差别就需要引起你的重视。

当然，所有这些校正的前提都是屏幕为平面的，且参与者坐在屏幕的正前方。如果屏幕不是平面的，你可能需要在刺激呈现中应用弯曲效果（PsychoPy 也可以做到，不过需要编写 Python 代码，这不在本书的介绍范围内）。如果参与者没有坐在屏幕的正前方，可能就需要你自己去解决刺激尺寸和形状的问题了。

11.2 颜色空间

PsychoPy 中指定颜色的方式很多，例如，使用颜色名称、十六进制字符串（类似于 `#00FFCC`）或三原色组。如果使用三原色组，你还需要指定这些值对应的颜色空间（color space），这样 PsychoPy 才可以知道如何对这些值做出解释。详情如下。

11.2.1 使用颜色名称

你可以像之前那样，简单地写下颜色名称。任何来自“X11 Colors”的名称都可以被识别（访问维基百科可获取完整列表）。这些名称要用小写字母，对于多个词组成的颜色名称应小写并去除空格，如 `salmonpink`（橙红色，原为 salmon pink）。

11.2.2 PsychoPy 特有的 RGB 颜色空间

一般来说，在指定颜色时使用红色、绿色、蓝色组成的三原色组。

PsychoPy 的默认颜色空间中，定义三原色组的方式很特殊，它们的范围是 -1~+1（传统的范围是 0~255 或 0~1）。在 PsychoPy 中，颜色值的范围 -1~+1，所以 [1, 1, 1] 表示白色，[-1, -1, -1] 表示黑色，[+1, -1, -1] 表示最深的红色，[0, 0, 0] 代表中灰色。

请参阅延伸阅读“PsychoPy 的正负颜色”。

延伸阅读：PsychoPy 的正负颜色

PsychoPy 中颜色值的范围是 -1~+1，而不是 0~1（或 0~255），一开始这可能会令人感到困惑，但结果证明它有很多有用的功能。PsychoPy 最初用来运行视觉科学实验，在那些研究中，屏幕的标准颜色是中灰色（在现在的颜色空间中对应的是 0），黑色将中灰色的亮度降到最低，而白色将中灰色的亮度增加到最高。这种方式的关键优势之一是它可以简化基于颜色的计算，尤其是颜色空间的值可以与对比度等价。例如，在 PsychoPy 的颜色空间中有一张图像刺激（有 RGB 值），将其颜色值除以 2 可以把它的对比度减半，当颜色值为 0 时，刺激对比度也是 0。另外，如果你想转换图像里的颜色（将蓝色转换为黄色，将白色转换为黑色等），简单地在颜色值前加一个负号即可。而在传统的 RGB 空间中，你需要用 255 减去颜色值。

我们还注意到，在这个颜色空间中，+1 并不是显示器输出的最大值，实际上它和传统颜色空间中的 254 有关。除非你的研究确实需要刺激亮度完全达到最大值，否则对此你不需要特意关注。PsychoPy 特有的颜色空间的另一个优势是亮度级为奇数。为什么这是一个优势呢？如果亮度级为偶数，就没有中间值。如果颜色值的范围是 0 ~ 255，那亮度均值就是 127.5，而标准显示器无法产生这个亮度级，它只能是 127 或 128，详情请参阅 13.1 节。因此，PsychoPy 默认使用平均亮度级为 127、最大亮度级为 254 的灰色屏幕，其平均亮度恰好是最小值与最大值之和的一半。注意，在 PsychoPy 提供的 rgb255 颜色空间中，颜色值最大也可以为 255，但中灰色的亮度值就无法完全居中了。

11.2.3　RGB 传统颜色空间

你可以选择 `rgb255` 作为颜色空间，使用最常见的 0~255 颜色值范围。在这个颜色空间中，(0，0，0) 代表黑色，(255，255，255) 代表白色。

11.2.4　十六进制颜色

对于做过 Web 编程的人来说，十六进制颜色相当常见。它们看起来类似于 `#00FFCC`，而 PsychoPy 将它们识别为以 # 开始的字符串。另外，十六进制值的原理与上面两种颜色空间一样：3 对十六进制的数字分别指定红色、绿色和蓝色的强度（例如，`#00FFCC` 中，红色对应的值为 0，绿色对应的值为 255 且在十六进制中是 `FF`，蓝色对应的值为 204 且在十六进制中是 `CC`）。如果这令你感到困惑，请不要担心，建议你使用另外的颜色空间。

11.2.5 色调、饱和度、明度

HSV 颜色空间中的三原色组为色调（Hue，H）、饱和度（Saturation，S）和明度（Value，V）。色调用圆的角度表示（0°~360°），饱和度和明度的范围都是 0~1。其中，明度很难描述（可能这就是为什么发明者只称它为“Value”）。当明度为 0 时，颜色总是黑色（与色调和饱和度的设置无关）；当明度为 1 时，黑色会完全消失。所以明度的概念有点像“亮度”（brightness）。对于完全饱和、明亮的颜色，其饱和度和明度都为 1。如果要生成柔和的颜色，可以将明度设置为 1，而将饱和度的值调低一些（例如，0.2）。当饱和度为 0（明度为 1）时，颜色为纯白，色调不会受影响。可以在有颜色选择器的应用中试一试 HSV 颜色空间（例如，任何绘图软件）。

11.2.6 DKL 颜色空间

以上讨论的所有颜色空间都是设备依赖型。不同的设备中，虽然 RGB 或 HSV 的值相同，但其对应的颜色不一定相同，因为红色、绿色和蓝色的实际颜色随显示器的不同而变化。为了在不同设备上使用颜色相同的颜色空间，你需要有一个能测量显示器输出的校准设备（详情请参阅 13.6 节）。如果无法进行完整的颜色校准（需要一个昂贵的光谱辐射计），你就不能使用该颜色空间。

基于 MacLeod 和 Boynton（1979）的色度图（chromaticity diagram），Derrington、Krauskopf 和 Lennie 于 1984 年提出 DKL 颜色空间并将其推广开来。这个颜色空间用球形表示[①]，它有一个等亮度（isoluminant）平面，上面所有的颜色亮度都相同，在指定颜色时需要参考这个平面。我们可以将围绕这个等亮度平面移动的颜色的方位角（azimuth）视为色调；等亮度平面之上的颜色更明亮，之下的则更暗淡，而且这也通常是一个角度（与等亮度平面的仰角或偏角）。某颜色到平面中心的距离代表其饱和度或对比度（这和 PsychoPy 中的 RGB 颜色空间类似，RGB 颜色空间由视觉科学家所设计，中心值为灰色）。DKL 球形颜色空间的半径是归一化的，其最大值为 1，是显示器在白色方向可以输出的最大值。令人困惑的是，在这个颜色空间中，并不是所有的角度都可以完全对应半径 1，这可能是受显示器产生的色域（gamut）或颜色范围的限制。

因此，在该颜色空间中，我们可以依据颜色的方位角（单位是度）、仰角（单位是度）和对比度[②]（-1~+1，-1 实际上是对比度翻转）来指定颜色。

---

① DKL 颜色空间是一个拮抗调制颜色空间，也称为 DKL 视锥激活空间。在 DKL 颜色空间中，任意颜色可以用一个三维矢量表示，方位角表示色调值；该颜色与等亮度平面的偏角表示不同的亮度（取值范围为 -180° ~ +180°）；矢量的模代表该颜色的饱和度，原点的饱和度为 0（灰色），最大饱和度为 1。（沈模卫，杨振奕，王祺群，2005）。——译者注

② 对比度和饱和度事实上存在一定的差异，原作者在文中并未完全加以区别。此处可理解为饱和度。饱和度指色彩的纯度，纯度越高，越鲜明。——译者注

11.3　纹理的相位

最后一个单位是纹理的相位，但这仅和光栅类刺激有关。如果你不使用这类刺激，可跳过本节的内容。

在许多数学或工程学系统中，相位被定义为一个角，它的单位是度或弧度，周期为 2π 弧度（360°）。相位可用来表示绕圆周运动或沿正弦波振荡的情况。但对大多数人来说，计算相位的过程很麻烦。在 PsychoPy 中，我们打破常规，将相位的单位的定为周期（cycle），则相位在圆周运动或正弦振荡中的取值范围是 0~1（1 表示一个圆周运动，也就是一个周期，即一圈 360°），且包含两个方向。我们常用相位去指定圈数（但这需要反复地乘以 2π 或 360°），而现在我们只需要直接提供那些圈数（周期数）即可。尤其是，如果我们希望让光栅刺激以特定的速率漂移（假设每秒 2.5 个周期），那么我们只需要简单地将相位设置为 *t*× 速率（即 `t*2.5`）即可。简单吧？

PsychoPy 的单位在很多方面打破了传统，但这些单位都是经过筛选的，因为传统单位确实不便于使用。我们同样希望，一旦你理解了这些坐标系，你就会发现他们比传统的更好用。接下来，我们必须去说服世界上的其他人，亮度的范围不一定是 0~255，相位的单位也不一定是弧度，也让他们理解和学习这些简单且方便的坐标系。

第12章

计算机的计时问题

学习目标：了解计算机的物理限制对反应时研究的影响（例如，刷新频率和按键延迟）。

请读者一定尽力读完本章。尽管本章看起来很专业、很无聊，但如果精确计时对你的研究十分重要，那么理解计算机的性能对你至关重要。你不应该假设软件会帮你完成所有事情，即使（特别是）软件制造商告诉你它们的软件可以确保亚毫秒级的精度①。实际上，你应该自己检测系统的性能。幸运的是，PsychoPy 可以为你提供所需的相关工具，以帮助你处理其中的一些问题（但计时的某些方面仍需要使用硬件去完成检测）。

如果你不打算读完本章剩余的部分，请至少记住下面的信息：

- 刺激的呈现时间必须是帧数的整数倍，而不是任意一段时间；
- 从硬盘加载图片刺激需要时间；
- 显示器应与屏幕刷新频率同步；
- 理想情况下，较短的时间段可使用帧数计时；
- 键盘的反应有延迟。

12.1 屏幕的刷新频率

对于计算机，你必须知道屏幕以固定的频率更新。如果你有一个标准平面显示器（很可能是 LCD），它极有可能以 60Hz 的频率刷新。虽然在某种程度上你也许已经了解这个信息，但很多人没有想过这可能会给他们的实验带来什么样的后果。显而易见，你只能在屏幕刷新的时候改变视觉刺激，但令人意外的是你的刺激无法恰好呈现 220ms。

如果屏幕以 60Hz 的频率刷新，则两次刷新之间的间隔为 16.666667ms。刺激的呈现时间只能为屏幕刷新频率的整数倍。假设屏幕刷新频率为 60Hz，可以用如下公式计算帧数 N。

$$N = t \times 60$$

式中，t 表示持续时间，单位为 s。

---

① 任何软件制造商都无法确保亚毫秒级的精度，如果它们声称可以，那么请你一定保持谨慎。虽然这是很棒的宣传点，但如本章所述，事实上你的键盘大约有 30ms 的延迟，屏幕顶端比底端的显示时间也多 10ms，且刷新的能力取决于刺激的复杂程度。制造商的意思是，计算机的时钟精度可以达到它们声称的水平（若其他硬件无法达到，则其作用不大），或者你的计算机相当不错，在呈现简单的视觉刺激时，也许能达到此精度。——译者注

相反，假设屏幕刷新频率为 60Hz，也可以用如下公式计算一定帧数（N）的持续时间（t）：

$$t = N/60$$

为什么刺激的呈现时间不能为 220ms 呢？如果我们用 220ms（0.22s）乘以 60Hz，得到的帧数为 13.2（0.22s × 60Hz = 13.2），但刺激无法呈现 13.2 帧。刺激的呈现时间可以为 13 或 14 帧（换算成时间为 13/60Hz = 216.667ms，14/60Hz = 233.333ms），但 13 和 14 之间的任何数都不行。幸运的是，60Hz 的频率可以划分为许多时长（例如，3 帧的持续时间 $t = \frac{3}{60} =$ 0.05s = 50ms，所以 50ms 的倍数都可用）。

12.1.1　我能选择不和帧同步吗

计算机的系统设置里（Windows 系统里的控制面板）可以关闭或打开和屏幕同步刷新的功能，这有时也称为*垂直同步*（vsync）或*垂直消隐同步*（sync to vblank，旧的阴极射线管扫描完一帧后，从图像右下角返回左上角的这个时间间隔称为垂直消隐）。你也许认为关闭同步很明智，这样刺激就不会受到时间的限制了。但很遗憾，事实并非如此。尽管计算机会试图以更高的频率刷新屏幕（通过改变它的输出信号），例如每秒 300 次，但屏幕本身只能以固定频率刷新。

当垂直消隐（vblank）关闭时，你可能会遇到画面“撕裂”的情况，即计算机上的帧依旧呈现，而屏幕刷新只完成一半。这种情况一般最容易发生在物体移动过快的时候，如屏幕的上半部分接到上一帧的指令，而下半部分接到下一帧的指令。

除了画面撕裂的情况之外，你还无法得知刺激何时对参与者可见。刺激和屏幕垂直同步刷新的优势之一是，我们能知道刺激何时出现（通常可达到小于毫秒级的精度）。但若因为不同步而没能检测屏幕刷新的次数，我们将无法知道在刺激绘制（最多 16.667ms）的命令下达后，刺激实际上要多久才会出现在屏幕上。

12.1.2　掉帧（丢帧）

计算机系统计时的另一个潜在问题是，尽管它的运算速度很快，但运算实际上也是需要花费一定时间的，不可能每件事都能立刻完成。有些操作花费的时间特别长，例如，从硬盘中加载图像。另外，也许你的实验并不复杂，但计算机的后台可能被其他事情占据（例如，下载更新、检查邮件，以及和 Dropbox 同步等），而所有的这些事情都会花费时间。如果你的计算机性能很强大，那么这些事情对实验的影响也许很小，但在标准的笔记本电脑上，它们可能会大大减慢实验的运行速度。

如果屏幕刷新的间隔超过 16.667ms 或计算机突然开始自动更新杀毒软件，会发生什么情况呢？如果 PsychoPy 无法在 16.667ms 内接收到待运行的代码，那么将会导致“丢帧”。这种情况下，PsychoPy 窗口中呈现的刺激内容将在下一帧的时间内保持不变，而下一次刷新的时间则会比预想的晚一帧，就好像这一帧一共持续了两倍的时间（33.333ms）。丢帧问题见图 12-1。

某些情况下，丢一帧并不重要。它可能只是让你的画面看起来有点卡，或刺激持续的时间超过 16.667ms。但在另一些情况下（例如，如果你研究运动知觉且需要刺激流畅持续地运动时，或你研究单帧刺激呈现时的快速感知），丢帧可能会带来灾难性的后果，你需要在研究期间检查实验中是否存在丢帧的情况。

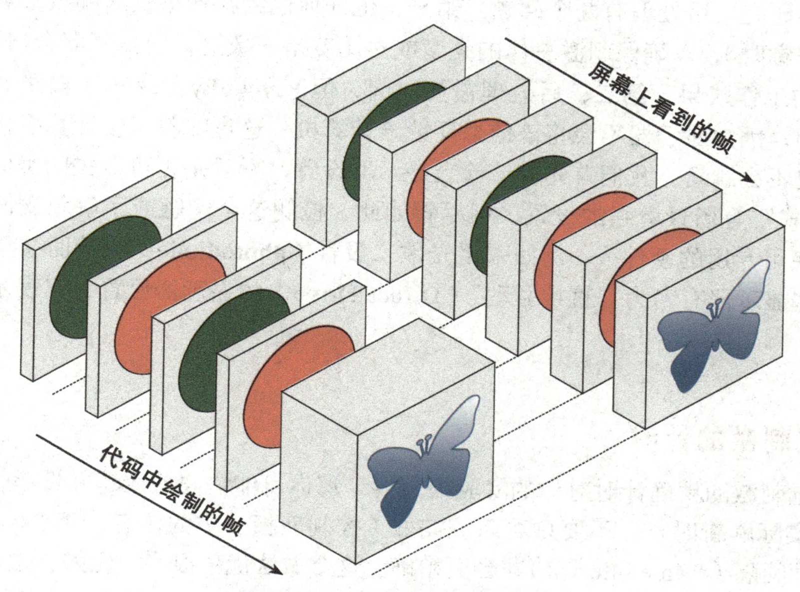

图 12-1 丢帧的图形化演示

注：上方的一系列灰色平板代表每次屏幕刷新时实际出现在显示器上的图像。它们像钟表装置一样，以相当精确的间隔呈现（例如，对于 60Hz 的显示器，间隔为 16.667ms）。虚线代表图像开始呈现的时间，其下方的一系列灰色平板代表运行绘制图像的代码所花费的时间。每一帧中，代码的作用是及时将图像发送给显卡，并在下一次屏幕刷新时呈现图像，因此，代码必须在虚线之前运行完毕。也就是说，图像以 60Hz 的固定频率在屏幕上刷新，而代码的作用是与这个固定的硬件周期同步。在前 4 帧的间隔中，代码交替绘制预先定义的红色或绿色圆形刺激，这些可以容易地在一个帧间隔中完成。但对于第 5 个间隔，实验者试图绘制一幅新图像（蝴蝶图像），而这需要从运行速度相对较慢的硬盘驱动器上读取大的图像文件。这个过程就需要花费很长的时间，且无法在屏幕刷新的一个间隔中完成，所以就“丢了一帧”。当代码无法及时将新图像传递给显卡时，现存图像（红色圆形）就会再次呈现。由于是第二次呈现，红色圆形呈现的总时间是 33.333ms（两帧），而不是预期的 16.667ms，因此当蝴蝶图像最终出现时，其时间比我们计划的要晚 16.667ms。

12.1.3 关于显示器计时的更多问题

除了显示器以固定频率刷新，还有两个与显示器刷新刺激有关的问题。第一，显示器按像素刷新，一般从屏幕顶端一直刷新到底端。也许你已经对此有所了解，但你可能还没想到它会带来什么样的后果。自上而下的扫描过程占用了大部分的刷新时间，如果帧每 16.67ms 刷新一次，那其中大约 12ms 在进行从上而下的逐步扫描。这意味着屏幕顶部刺激的呈现时间比底部刺激的早几毫秒。因此，如果你发现当刺激处于屏幕中心的注视点位置之上时能更快地被实验参与者识别到，那么请务必确保这不是由屏幕刷新导致的。

另一个问题是，在计算机处理完之后，屏幕有时在呈现过程上有延迟，其原因是“后处理”（post-processing）。在后处理的过程中，显示器会调整像素的颜色和亮度，让图像看起来更漂亮，这在平板电视上极其常见，所以如果你注重刺激呈现的准确性，就不应将平板电视等用于科学研究。后处理有两个问题。第一，也许你已经花费很长时间校准刺激（尤其是当你研究视知觉时），以确保刺激总体的亮度或对比度是一致的，但显示器会自动调整图像，破坏你之前的工作成果。第二，后处理需要时间，但 PsychoPy（或任何软件）无法将这段时间考虑在内，因为显示器不会将该信息反馈给计算机。这意味着即使计算机接收到同步的信号，屏幕也不会刷新。我们首先应该检查显示器设置，看看是否可以关闭类似于“电影模式”“游戏模式”等场景增强的设置，但尽管如此，检测这个问题或了解刺激何时出现的唯一方式仍是使用专用的硬件——例如采用光敏二极管（photodiode）或计时装置从物理上进行测量。某些显示器有名为“直接驱动”（Direct Drive）的显示器设置，它表示后处理处于关闭状态。

12.2 测试刺激的计时

如果视觉刺激的精确计时对你的实验很重要，那你可能需要检查这几件事情。第一，检查计算机的实际刷新时长。不要只看系统偏好（控制面板）中的信息，用 PsychoPy 测量呈现刺激时的帧间隔（frame interval）[①]会更精确。这个做法优势很多，比如，你可以了解实际的刷新率（刷新率实际上可能比名义上的 60Hz 慢一些），也可以分辨屏幕是否正确同步或计时是否不稳定。

在研究完成后，你可以检查数据文件夹中的日志文件来获取相关信息，例如，刺激呈现之后的持续时间。日志文件中计时信息的精确性取决于被计时的事件。在后面计时测试的案例中，对于视觉刺激来说，它变化的水平是精确的，通常在 200 μs（0.2ms）的范围内。如果因为某些事物妨碍了刺激在屏幕刷新时的及时呈现而使其丢了一帧，那么这些信息会正确地反映在计时日志中，刺激实际出现的时间也会记录。但对于听觉刺激和键盘反应来说，PsychoPy 无法检测或测量其在计时上的限制，因此这里讲述的内容并不能解释键盘或声卡的延迟。

12.2.1 在显示器上运行计时测试

事实上，所有的计算机都不同，我们也无法了解你所使用的计算机性能如何。一般来说，PsychoPy 在高性能的计算机上运行得很好（尤其是拥有高性能显卡的计算机），在某些中等性能的计算机上也运行得不错。我们不推荐使用廉价的计算机（如上网本）进行任何复杂的运算。最后，无论你打算使用何种设备，如果你注重刺激的计时，就应该检测设备的计时功能。

---

① 帧间隔表示某一帧的实际持续时间，即当前帧开始到下一帧开始前间隔的时间段。理论上每一个帧间隔相等且均为 16.67ms（刷新频率为 60Hz），但由于丢帧或其他情况，每个帧间隔可能会不同，甚至有的会远远超过 16.67ms，达到其三四倍或更长的时长。——译者注

在案例一中，运行计时测试需要使用 PsychoPy 的另一个主界面——Coder 界面。通过 View（视图）菜单或按 Ctrl-L 快捷键（Mac 计算机上按 Cmd-L 快捷键）进入界面。

在 Coder 界面中，选择菜单栏中的 Demos → timing → timeByFrames.py，打开一个 Python 脚本，用来测试在简单状态下（仅刷新几个视觉刺激，测试刷新间隔）屏幕的计时情况。我们将检查由脚本输出的一些图形。以下图像来自双核 Macbook Air（它不是高性能计算机，也不是廉价设备）。我们测试了 1 000 次屏幕刷新的情况。

理想状态下的情况见图 12-2。你需要尽可能关闭计算机上的其他程序，并使刺激窗口处于全屏模式。从图 12-2 中可以看出，刷新间隔的平均值为 16.71ms（稍微大于预期的 16.667ms），且所有刷新间隔都在（16.71 ± 0.40）ms 的范围内。系统计时的精确度在 1ms 以下（大多数情况下，大约为 200 μs）。

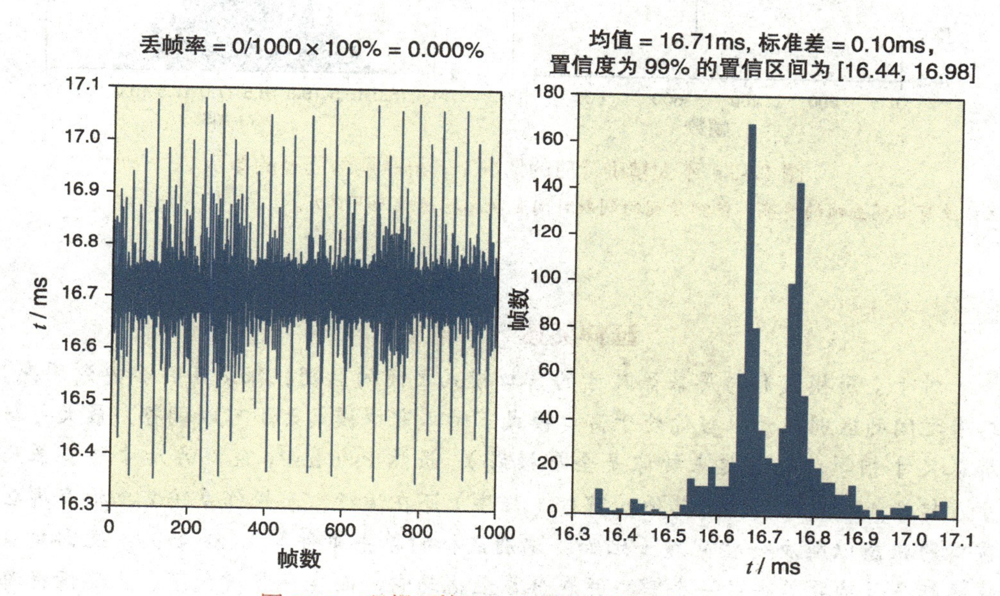

图 12-2　理想环境下，屏幕刷新间隔的图示

注：系统计时的精确度在 1ms 以下（大多数情况下，大约为 200 μs）。对轻型笔记本电脑来说，这个结果很不错了。

案例二（见图 12-3）中，屏幕在窗口模式而非全屏模式下运行，这容易对计时产生消极影响。在测试运行时这台笔记本电脑没有产生大量其他的处理，但其计时较不精确（精度略微大于 1ms）。注意，实际上该笔记本电脑屏幕刷新的精度依然很高，这里的问题来自脚本对其刷新的检测。

尽管在这台计算机上精度较低的计时没有造成丢帧的情况，刺激呈现时的精度依然良好，但在你自己的计算机上情况可能会完全不同。如果你的实验因为某种情况不能使用全屏模式，你就必须测试这些内容。

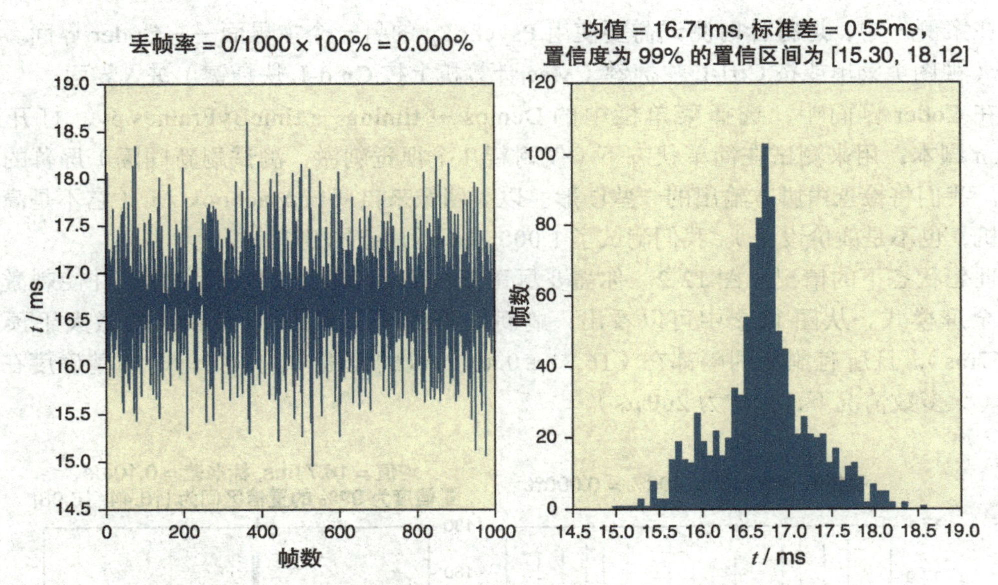

图 12-3　不太精确计时的情况下，屏幕刷新间隔的图示

注：没有出现丢帧的情况，但测量到的刷新时间变动比理想情况下更大。

延伸阅读：全屏模式

对于全屏模式和与屏幕等尺寸的窗口模式之间的区别，很多用户会感到困惑。二者之间的区别在于，当你处于窗口模式下时（窗口模式大小可以调整，最大可与屏幕尺寸相等，它看起来就像是全屏模式），虽然 PsychoPy 窗口的尺寸与屏幕尺寸看起来相同，但实际上其他的窗口（程序）还在运行，而操作系统需要检查那些窗口的状态以解决一些问题（比如，识别鼠标的单击事件等）。例如，系统需要检查鼠标是否将要单击另一个窗口并在屏幕上拖动它。而在全屏模式下，上述情况都不会发生。全屏模式拥有最高优先级，其他窗口均不可见。此时，系统可以将所有的处理能力都集中到你的实验上，但其缺点是你无法在呈现刺激的窗口上（或屏幕上）再呈现另一个窗口（或者，一个对话框）。如果你的实验在运行时必须要呈现其他窗口，那么你就要退出全屏模式，且不得不接受稍微低点的计时精度。

全屏模式的另一个问题是，如果实验卡住了（例如，实验代码出现错误），你就很难退出全屏模式了。你可以在调试实验时使用窗口模式（在 Experiment Settings 对话框中关闭全屏模式即可），在收集真实数据前再转换到全屏模式。

案例三（见图 12-4）中，我们关闭了全屏模式，同时启动其他后台应用程序。另外，我们还在 Dropbox 中新建文件夹，让它进行一些处理。在实验运行时，系统需要对 Dropbox 和其他应用的运行进行额外处理，由此导致计时出现大量问题。注意，图上坐标轴的刻度已经改变，帧间隔的时间变长，差异性增大。大部分的帧间隔依然约为 16.67ms：类似于案例二，但测量结果有较大的差异性。我们发现，有的刷新之间出现了一些约 33ms 的帧间隔，这表示实验出现了丢帧的情况。另外，我们还发现一些丢了很多帧的情况，即出现了约 50ms 甚至 66ms 的间隔。

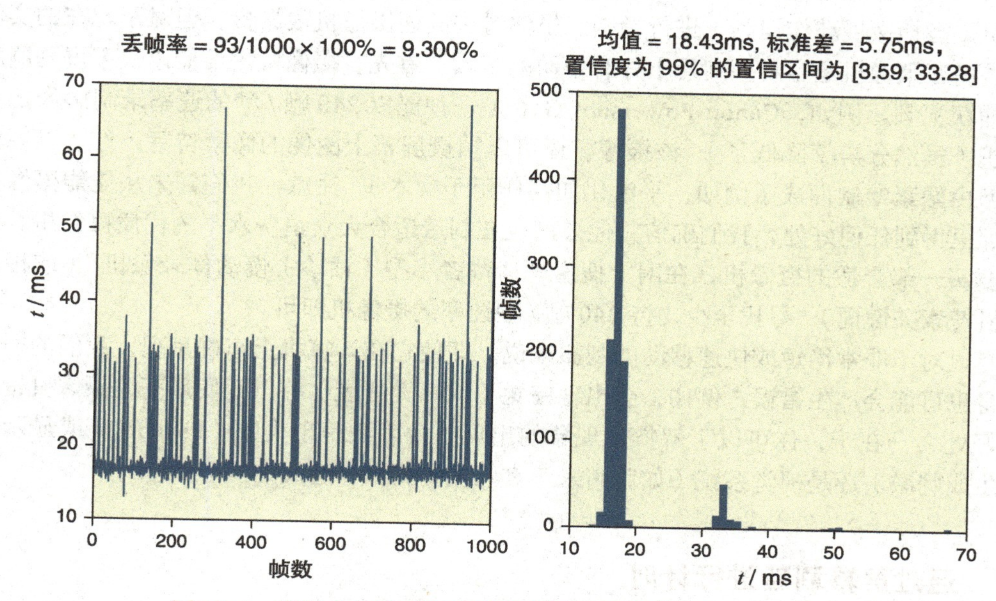

图 12-4 出现大量计时问题的情况下，屏幕刷新间隔的图示

注：因为笔记本电脑在运行脚本的同时也在运行其他程序，所以出现了大量丢帧的情况。

最后一个案例表明，计算机系统运行不顺畅会给刺激的计时带来灾难性的后果。其原因并不在于实验中使用了不同的软件包或计算机升级了，而是在于你简单地调整了某些设置（如，非全屏模式）且未关闭其他运行的程序。再次提醒，你的计算机情况也许不同，你可能拥有一台性能非常高的实验室计算机，上述这些事情可能不会对计时产生严重的消极影响。你也可能拥有一台配置最佳的计算机，却因为一些不好的操作导致它依然无法跟上刺激呈现的速度。又或许刺激本身的复杂程度比基本计时测试中的刺激更高（例如，高分辨率的电影文件），所以在实际研究中计时出现了问题。

还有一个问题仅和 Windows 操作系统的计算机相关，即你或许会发现计时测试似乎可识别短于 10ms 的平均帧周期。这听起来似乎表示你的屏幕刷新得很快，但事实上除非你的屏幕非常特殊，否则这可能表示计时出现了问题。最可能的原因是显示器在垂直消隐间隔（刷新）上并未与计算机同步。尽管 PsychoPy（和计算机）可快速刷新屏幕（可能为 300 帧 / 秒），但屏幕的刷新速度不可能比其固有的 60 帧 / 秒（一些显示器可能略有不同）更快，因此，显卡内存做出的大部分工作被忽略了。糟糕的是，我们不知道当显示器实际刷新时，屏幕处于何种状态。更糟的是，在刷新周期内（屏幕上的线条处于更新过程中），刺激的绘制或渲染可能会改变。另外，若刺激正在快速移动，屏幕上可能会出现画面撕裂的现象。

在计时测试中，PsychoPy 反馈的时间间隔非常精确。如果 PsychoPy 报告屏幕刷新所花费的时间为（16.7 ± 0.4）ms，你可以确信这真的是计算机系统的计时，且视觉刺激确实由帧数精确计时，精确度达到亚毫秒级。

12.2.2　使用高速摄影机进行测试

为了测试你是否从刺激呈现软件中真的获得了期望的性能，目前最好的方式是使用高速摄像机（能拍摄慢动作视频）进行录制。虽然过去高速摄像机很昂贵，但对于现在的实验室来说，高速摄像机是容易买到且十分有帮助的工具。首先，摄像机需要能以快于屏幕刷新的速率捕获视频。例如，Canon Powershot G16 是一种能以 240 帧 / 秒的速率录制影像的小型摄像机（虽然分辨率降低了）。该摄像机还可以拍摄屏幕上图像的像素特写，你可以观察图像如何由像素绘制而成（例如，平滑化如何作用于文本）。注意，我们并未从佳能摄像机销售员那里得到任何好处，我们确信其他公司也在制造适合大众消费水平的优质摄像机。如果你想要买一部合适的摄像机，在网上搜索"消费者小型（袖珍）慢动作录像机"（或相关的摄像机搜索关键词），寻找至少支持 240 帧 / 秒速率的摄像机即可。

有时对于非常简短或快速移动的刺激来说，即使它在计算机上正确呈现，我们的视觉系统本身也可能会产生错误，例如，会出现错觉（或感觉适应）等。而使用高速摄像机检查刺激的好处之一在于，你可以了解特定现象的出现是由刺激呈现失败（PsychoPy 或显示器未正常生成刺激）还是视觉系统（如眼睛未正常感知到刺激）造成的。

12.3　通过屏幕刷新进行计时

PsychoPy 提供了多种对刺激开始时间和持续时间计时的方式，它们各有不同的优势和劣势。值得一提的是，在 PsychoPy 中可以根据帧数或屏幕刷新次数（即 frame N，具体参见 6.4 节）对刺激进行计时。对于简短的刺激而言，我们一般推荐使用帧数计时，原因如下。

第一，帧数计时可以帮助实验者记住，刺激的呈现时间不能是任意一段时间。尽管很多人在一定程度上知道显示器以固定速率改变图像，但他们很容易忘记刺激的持续时间不可能是 220ms（在频率为 60Hz 的显示器上）。你想让刺激的呈现持续多少帧间隔，你就需要思考每一帧的持续时间及其总帧数。

第二，帧数计时让 PsychoPy 了解其应该如何计时。在目标的持续时间以秒为单位时，PsychoPy 有时会发现一帧可能是一个小数。如果软件发现当前刺激的持续时间是 89ms，而实验者要求刺激的持续时间是 100ms，那么软件该怎么做？每帧的持续时间预期为 16.67ms，我们应该试图再加入一帧吗？如果告诉 PsychoPy 正好使用 6 帧，并且刺激呈现过程中没有出现丢帧的情况，刺激的呈现时间恰好为 100ms[①]。

对于持续时间很长的刺激来说，多运行一帧与否对实验的影响可能并不大。最糟的时候可能会出现"少一帧太少，而多一帧又太多"的情况，但这也不会对刺激产生太大的影响。另外，若刺激持续的时间非常长，那么其发生丢帧的可能性也会增加。因此，对于持续时间较长的刺激，最精确的计时方式是使用"时间"，即在 stim Properties 对话框中勾选

① 每一帧的持续时间理论上是 16.666…ms，这本质上是一个无限循环小数，因此上述时间均为近似值，无法做到绝对意义上的精确，但这些近似值基本上能满足绝大多数的计时要求。——译者注

time(s)[①]，否则除非你能确保计算机在刺激呈现期间绝不出现丢帧的情况。

12.4　图像和计时

在格拉斯哥人脸匹配测试（GFMT）中，刺激（参阅第 3 章）的呈现时间没有上限，因此计时并不重要，但在很多任务中，图像刺激必须在某个精确的时间点上呈现并持续某一精确的时长。计时的精确度取决于设备，当在一台拥有优质显卡的高性能计算机上运行实验时，呈现视觉刺激的瞬时精度应该非常高。但对于图像刺激，你仍有两件事情需要注意，请尽量按照以下步骤进行优化。

最小化图像中的像素数量。现在大多数照相机拍出的照片超过了 1000 万像素。图像的分辨率越高则打印或洗出来的效果会越好，但 1000 万像素的分辨率对于实验中的刺激来说可能会过度清晰。在传统的计算机上，整块屏幕的分辨率为 1280 像素 ×800 像素（大约 100 万像素）。即使是标准的高清屏幕，其分辨率也仅仅是 1920 像素 ×1080 像素（大约 200 万像素）。因此，如果将数码相机里的高分辨率图像设置为实验刺激，则意味着 PsychoPy 要处理 10 倍（相对于它要处理的像素）的像素，这可能会花费很多的时间。

可能的话，请提前加载图像。当你命令 PsychoPy 去改变正在使用的图像刺激时，PsychoPy 其实需要时间去处理。首先，图像需要从硬盘中加载，这可能需要花费几十毫秒，具体的时间取决于图像的实际大小。其次，图像的颜色值需要调整到正确的格式，并加载到显卡上，而之后的进程速度就很快了。如果刺激需要旋转、翻转或改变尺寸，只要不重新计算像素，这些都可以由显卡处理（这里使用了图形硬件加速——PsychoPy 各种功能背后的关键），而这些改变可以在一个屏幕刷新周期内完成，这意味着我们可以任意改变图像且不会影响计时（尽管这可能会导致图像在上传时速度变慢）。

在大多数情况下，刺激会在试次开始时的某一固定时间内完成加载（例如，格拉斯哥人脸匹配测试中，试次开始到刺激出现之间有 0.5s 的间隔）；如果那段时间内没有需要计时的关键事件，一切都会顺利进行。另外，持续呈现的图像需要在试次开始时就加载，它必须在关键的计时事件开始之前就加载完成。

图像需要在每个试次（甚至不到一个试次）内更新。PsychoPy 可以让我们指定静态时期（static period），在这段时期内，PsychoPy 不需要关注其他发生的任何事情（例如，在试次间无须刷新屏幕或检查键盘），而这就有益于提前加载下一个刺激并将其加载到显卡中。为此，从 PsychoPy 的 Components 面板的 Custom 中添加静态（static）组件，并需要按照正常方式设置时间段的起始和结束。我们需要确保在静态时期内没有刺激要刷新，也没有反应要收集（见图 12-5）。之后从图像刺激设置的下拉菜单中选择 set during trial.ISI[②]（每个试次内设置），而不是选择 set each repeat。

---

① 虽然你选择了不同的计时方式，但请你务必牢记，屏幕是按帧进行刷新的。但某一时间（秒为单位）本质上是多个帧间隔的集合，因此丢帧对于计时方式不会产生太大影响。——译者注

② 如果你没有添加静态组件，你将无法找到 set during trial.ISI 选项。——译者注

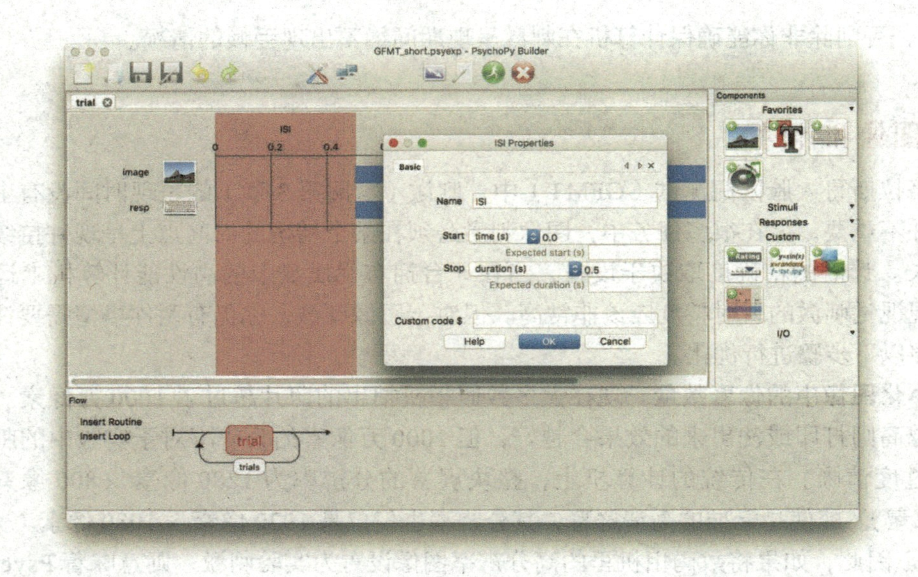

图 12-5 在 `trial` 程序中添加静态组件，我们可以在这段时期内安全地更新图像

在静态组件规定的时间段内，计算机偶尔可能无法完成所有必要的处理。在这种情况下，你应该会收到警告消息。此时，你需要修改设置：要么延长静态时期，要么减少此时期内需要加载或处理的图像或像素的数量。

12.5 反应时的精确度

对于科学家来说，视觉刺激的呈现仅仅是瞬时精度（temporal precision）的一个方面，另一个方面则是反应时的精确测量。实际上，获得精确反应时的第一步与刺激呈现有关。如果刺激呈现没有与屏幕同步刷新，那么 PsychoPy（或其他软件）将无法得知刺激实际上在何时呈现于屏幕上。如果不知道刺激实际于何时呈现在屏幕上，那么我们也无法得知到底在刺激呈现多久之后，反应才出现。为了解决上述问题，PsychoPy 的键盘组件设置中有一个叫作 sync RT with screen[①]（反应时与屏幕同步）的复选框，这用于命令 PsychoPy 考虑反应时（基于显示屏刷新）的起始点。若在 t=2.0 时开始呈现图像刺激，键盘反应也在同一时间启动，因为已开启同步，所以键盘组件会将刺激实际呈现在屏幕上的时间点识别为 t=0[②]，即使图像刺激在呈现前后可能会存在一些计时延迟（如丢帧）。

关于反应时精度的第二个问题即键盘硬件的延迟问题。对于这个问题，PsychoPy 能采取的措施就比较少了。键盘硬件在设计时并没有考虑要提供亚毫秒级的计时。Microsoft Word 的用户不需要每毫秒检查一次键盘；即使是很注重反应时的游戏玩家也不需要每毫秒检查一次键盘，因为一般屏幕每秒只刷新 60 次，而游戏角色也不需要每毫秒都改变位置

① 在 PsychoPy 3.2.4 版和一些较新的版本中，该复选框的名称才变为“sync RT with screen”——译者注

② 你可以理解为，因为设置了反应时与屏幕同步，所以无论图像刺激在实验开始后的何时呈现（如 t=200），键盘计时都将根据刺激呈现的那个时间点开始从 0 计时。——译者注

（每秒改变 1000 次位置）。可以几乎只有行为科学家才需要这种水平的精确度。

如果你需要亚毫秒级的反应计时怎么办（像某些软件制造商宣传的那样）？事实上，你需要另一个设备来记录反应，即采用专用的反应盒（response box，例如，Black Box Toolkit、Cedrus 以及其他公司为精确记录反应时而设计的反应盒）。

不过，你需要思考，你是否真的需要亚毫秒级的精度？首先，先考虑实验中的其他因素。最大的错误源可能是参与者，即使要求他们不要思考，只要“尽可能快速地做出反应”，他们的反应时也可能大不相同。如果从感觉（看见刺激出现）到行动（反应）在神经加工过程中有至少近似 50ms 的时间差，那么完全没有必要用 1ms 的精度去测量——就好像用微米的精度去测量身高一样。

这是否意味着我们就没法测量大约 5ms 的实验效果呢？其实并不是。庆幸的是，通过运行大量试次并取平均反应时，我们实际上能测量极小的差异（Ulrich & Giray, 1989）。

除非你正在研究时间知觉（例如，保持完美节奏的能力）或 EEG 的瞬时精度（例如，神经反应通过按键进行锁时），否则你的键盘可能不需要拥有亚毫秒级的精度。

第 13 章

显示器和显示器控制中心

学习目标：理解显示器不是只和刷新频率有关。本章会介绍有关显示器和屏幕校准的相关内容。

13.1 计算机显示技术

第 12 章讨论了与显示器相关的一些问题，即它的固定刷新频率，但还有一些与显示器相关的问题也值得我们深入了解和探讨，例如，哪种显示器更适合用于实验。目前有多种不同形式的显示技术，每种显示技术都有优缺点。

延伸阅读：显卡和硬件加速

PsychoPy 之所以能快速呈现图形并且在每一帧都进行更新，是因为在一定程度上它使用了“图形硬件加速”来完成很多操作。例如，当旋转或拉伸照片时，计算机屏幕上像素的计算与呈现都由显卡完成。这种操作的优点在于：

- 显卡图形处理单元（Graphical Processing Unit，GPU）为大量矩阵乘法的计算做了专有的优化；
- 当显卡进行运算时，不占用 CPU 资源，使得 CPU 能进行其他操作，如检查键盘或处理数据的操作。

你可能听说过一块高性能显卡对于 PsychoPy 来说非常重要。以往，PsychoPy 团队通常反对使用任何包含英特尔集成显卡的计算机，因为该显卡的运行速度缓慢，并经常出现故障。然而，渐渐地，只有那些需要很多刺激的实验或者刺激需要大量运算（例如，不断操作由多个顶点组成的形状）的实验才需要高性能显卡。现在，即便是英特尔集成显卡，速度也足够满足大多数实验的要求，而且比之前少了很多故障。

尽管如此，更新显卡驱动也是一个非常好的办法（特别是在你收到了一些和内存错误相关的消息时——事实证明这通常是显卡的问题），把显卡升级为英伟达（NVIDIA）或冶天（ATI）的产品通常能带来更快的运行速度。

13.1.1 阴极射线管显示器

阴极射线管（Cathode Ray Tube，CRT）现在虽然是一个“老古董”，但它曾是视觉呈现的主力军。事实上，视觉科学家们一开始非常担心液晶显示屏（Liquid Crystal Display，LCD）技术的性能较差，以至于很多实验室为将来的实验储备了 CRT 显示器。

对不了解情况的人而言，CRT 显示器是老式的非平面显示器，是一个乳白色的、厚重的“大头”显示器。CRT 包含了一种将电子从显示器的后部发射到屏幕表面的电子枪。在屏幕表面，电子与荧光粉碰撞，随后荧光粉会发出特定颜色（红色、绿色或蓝色）。发光的亮度由电子数量决定，而电子数量由施加到电子枪上的电压决定。值得注意的是，CRT 里一般有 3 支电子枪，每支电子枪对应一种颜色的荧光粉，电子枪必须有序地击中屏幕上每个像素的位置。

每个像素只会亮很短一段时间，荧光粉闪光后迅速变暗（大约几毫秒，具体取决于所使用的荧光粉）。所以，整个屏幕实际上每秒钟都会有多次闪光、变暗。因此，如果不设置一个足够高的刷新率（大多数人看不见 70Hz 以上的闪烁），那么周边视觉（用视杆细胞而非视锥细胞）观察到的 CRT 屏幕会出现闪烁。

电子束一般从屏幕左上角开始，沿横线水平扫描，之后移动到下一行。这一过程非常快，电子束仅在每个像素上停留几微秒，然后就移动到下一行。然而，要扫描完屏幕上所有的像素还需要一段时间，这同样也导致屏幕图像需要从顶端开始往下一行一行地渲染。屏幕刷新的大部分时间花在了电子束在每行像素的更新上，并且在每帧结束时，电子束要再花额外的几毫秒返回屏幕的左上角以便再次开始扫描。

这对于刺激呈现来说意味着什么呢？由这项技术我们可得到几点启示。

- 像素值的变化频率受到明确的限制。
- 大部分时间屏幕是暗的，每个像素只短暂发光。
- 由于屏幕的像素按行有序更新，在屏幕顶端的像素行更新大约 10ms 之后屏幕底端的像素行才更新。
- 作为模拟装置（analog device），阴极射线管可以根据电压控制器的输入分辨率去任意设置红色 / 绿色 / 蓝色电子枪对应的亮度。
- 改变屏幕的分辨率确实会改变画面的分辨率，因为电子束照射点的位置发生了改变。

13.1.2 LCD 设备（平板显示器和投影仪）

你见过的大多数“平板”屏幕是 LCD 面板（也有一些等离子屏幕，但那些屏幕很少用作计算机显示器，在这里我们不做讨论）。很多投影仪也使用 LCD 面板，并且均具有以下属性和问题。LCD 与 CRT 显示器的工作原理不同。不同于 CRT 显示器中的发光像素，LCD 的像素更像是一种颜色过滤器，且需要光源在其背后（“背光”）。CRT 显示器上的像素阵列只有在电子束照射时才会短暂发光，而 LCD 的背光却一直存在（在标准用户系统中）。此外，在每次屏幕刷新之前，LCD 的像素不会变暗——像素只是转换为下一帧所需要的颜色。

过去，LCD 的像素颜色转换速率比 CRT 显示器的要迟缓许多，因为液晶改变颜色要比

CRT 显示器的荧光粉发光花费更长时间。多年来，这一直是科学家（尤其是视觉科学家）需要面对的问题，因为把刺激从 LCD 上清除后刺激还会留下残余影像，并且运动物体会留下尾迹。幸运的是这些问题都已得到解决，现代 LCD 面板拥有非常快的转换速度，它已是高速显示器，适用于很多科学实验。

但 LCD 还是存在这样一个问题，即几乎所有 LCD 都有一个固定的刷新频率（大多数可能是 60Hz，但现在也有可能是 120Hz 和 240Hz），并且从屏幕顶端向下更新，而不是全屏同时更新。

尽管如此，对于 LCD 而言，我们还需要关注另一个重要的问题。有些屏幕不能准确呈现显卡所传递的屏幕像素，它们只是对像素做了一些后处理（post-processing），使颜色更鲜艳或者使黑色更深，这对于精确计时研究而言可能是一个严重的问题。由此带来的第一个麻烦是，你在花费很长时间完美地校准好刺激之后却发现这些刺激已被显示器改变。更糟糕的是显示器可能无法在刷新周期内可靠地完成对刺激的处理，这意味着，尽管 PsychoPy 及时传递出屏幕更新像素的信息，并且正确报告了计算机输出更新的时间，但屏幕自身延迟了刺激的呈现。出于这个原因，如果刺激出现的精确时间对你很重要，你可能需要使用类似于光探测器（light detector）的仪器来探测刺激何时出现，从而得知刺激的计时信息。例如，你可以使用黑盒工具包（Black Box Toolkit）提前进行检测，或者使用 Cedrus StimTracker 持续监测刺激的出现。此外，请确认显示器本身没有计时故障并确保它一直保持这种状态。例如，显示器不应仅在特定刺激呈现时才会出现不稳定计时。如果你发现计时存在问题，那么你可以使用显示器菜单系统（在显示器上，不在计算机上）中的某些设置来关闭图像“优化”。如果系统中没有这些设置，你可能需要换用另一台显示器。由于 PsychoPy 呈现视觉刺激需要非常精确，所以如果视觉刺激的计时精度很差，那就应该换用另一台显示器。

关于 LCD 的另一件重要的事情是，它有一个“原始”分辨率，尽管它可以作为输入接受其他分辨率，但它最终是以原始分辨率来呈现屏幕图像的。如果计算机的显示器设置与 LCD 的原始分辨率不匹配，LCD 会修改像素值以完成匹配。在屏幕高宽比不匹配的极端情况下，像素值的修改将导致显示器上的图像被拉长，不过几乎在所有情况下，像素值的修改都会造成图像模糊。这种模糊现象在清晰、狭窄的边缘（如一段文字）上最明显，但其实整个屏幕都会存在模糊。要想保证屏幕图像尽可能清晰，请时常检查显示器的原始分辨率，使控制面板的设置与其匹配。如果你使用投影仪或另外的屏幕来呈现刺激，请确保屏幕的分辨率已设置为显示器显示图像（该显示设备并非用于显示刺激镜像的显示器）的原始分辨率。如果实验参与者看的是修改后的图像，则无论显示效果如何清晰也将毫无意义，因为现在看的图像较之前是模糊的。

CRT 和 LCD 技术之间最后一个值得注意的区别可能只对视觉科学家来说较重要。与 CRT 显示器不同，LCD 并不是一个拥有连续范围亮度值的模拟装置。LCD 有一组固定的颜色值，通常每种颜色通道对应 256 个可能的灰度（即下述所讲的每通道 8 位的系统）。有一些 LCD（尤其是用于笔记本计算机的 LCD）实际上只提供 6 位的通道（每个颜色通道只对应 64 个灰度），但之后它们会运用特别的技术（颜色抖动技术）尝试获取中间颜色（intermediate color）。极少数的 LCD 提供 10 位的通道（对应 1024 个灰度）。

延伸阅读：什么是 32 位颜色

显示器和显卡无法在其亮度范围中产生任意水平的亮度，它们只能产生特定数量的固定亮度值。固定亮度值的数量取决于显示器和显卡能够提供多少“位”的信息。一位的信息指一个为 0 或 1 的二进制值。两位对应两个二进制值，因此就有对应 4 种可能的数值组合（00，01，10，11）。3 位就有 8 种可能的组合，由此推导出一般情况，即有 N 位就有 2^N 种可能的数值。大多数计算机被设置为每个“通道”（红色、绿色、蓝色）对应 8 位（256 个灰度）的颜色，这意味着一共有 1600 万种颜色。在大多数情况下，这些颜色绰绰有余，但对少数任务来说仍然不足。例如，我们希望找到“刚好”能被参与者看到的亮度，但我们发现在黑色的基础上，即使增加最小的亮度，它所对应的颜色与黑色之间也会存在明显差异。因此，在某些情况下，我们可能想让每个通道使用超过 8 位的颜色。计算机描述其自身颜色系统为“32 位颜色”，但如前所述，8 位的通道只有 3 个（注意，3×8 显然不等于 32）。剩下的 8 位存储在另一个通道（即 alpha 通道）中，它存储了像素的“透明度”，但这并不会改变最终呈现的颜色数量，只会影响现有颜色如何与其他颜色混合而已。

CRT 显示器必须与一个特定的计时程序绑定，因为如果 CRT 显示器想正常工作，电子束必须在非常精确的时间点轮流照射每个像素。而对 LCD 来说，这不是一项必须遵守的要求。虽然 LCD 需要一个最小周期来完成像素颜色转换，但它可以在绘制下一帧之前等待任意时长，所以从技术上来看，帧率是可以变化的。目前，由于 LCD 是为与计算机同步工作而设计的，因此它们拥有现在几乎所有平板显示器都拥有的固定刷新频率。不过，像英伟达公司的 G-Sync 技术和超微半导体公司（AMD）的 FreeSync 技术则允许显示器在任意时刻而非固定间隔刷新。在撰写本书之时，这些技术尚不成熟，也未得到广泛应用，但在将来它们可能会很有影响力。

LCD 技术对刺激呈现意味着什么？现总结如下。

- 屏幕不再以黑色与目标颜色交替闪烁。屏幕始终保持被点亮的状态，转换到下一帧只不过是从一种颜色直接转变为另一种适当的颜色而已。
- 像素更新依然从屏幕顶端开始并逐步拓展到底端，逐行更新像素依然占用了大部分的屏幕刷新时长。
- 平板显示器不是模拟装置，它们有固定数目的亮度级，最常见的为 256 个。
- 平板显示器拥有一个“原始”分辨率。无论计算机以何种分辨率输出给显示器，显示器都会将图像分辨率还原为显示器的原始分辨率。
- 对于平板显示器来说，帧的实际计时要求并不严格，但目前大部分显示器依然有固定的全屏刷新周期，这部分内容与它们所代替的 CRT 技术的内容相同。

13.1.3 数字光处理投影仪

目前使用的另一种较常见的投影仪技术是数字光处理（Digital Light Processing，DLP）

投影仪。这项技术令人兴奋，但请耐心等待我们的解读。DLP 投影仪包括一盏投影灯，投影灯把光照射到一块有数百万微镜片（microscopic mirror）的芯片上，而这些微镜片可以旋转从而将光线反射（或者不反射）至投影屏。这些微镜片会成为所产生图像的像素。当然，仅能“开启”或“关闭”像素对于一块屏幕来说远远不够，但是这些微镜片能以大约 30000 次 / 秒的速率开启和关闭像素，并且通过控制像素开启和关闭的时长来产生大范围的中间亮度值（intermediate luminance value）。

延伸阅读：德州仪器公司的 DLP 芯片

DLP 处理器于 1987 年由德州仪器（Texas Instruments）公司的工程师 Larry Hornbeck 发明，德州仪器公司成为 DLP 芯片的唯一开发者和制造商。该公司 2016 年发布的 TI4KUHD 包含超过 400 万块微镜片，能够显示超过 800 万的像素。

1999 年，这项技术首次亮相（用于放映电影《星球大战 I：魅影危机》），并且据德州仪器公司提供的信息，这项技术现已用于全球 80% 的数字电影院。2015 年，由于对电影领域的特殊贡献，Larry Hornbeck 荣获奥斯卡颁发的奖项。

实现彩色像素有两种方式。首先介绍第一种方式。一些投影灯使用 3 块微镜芯片，每块芯片对应一种原色，它们把这些芯片反射的光混合投射到同一屏幕。更常见的方式是，利用微镜片能够快速开启和关闭这一特性（意味着帧率可能很高），将色轮（color wheel）转过投影仪，进而转换像素并按顺序呈现红色值、绿色值和蓝色值。在早期版本中，当人们转动眼球时，该技术会导致人们看到一些非常难看的色彩伪像（color artifact）——你会看到“彩虹效应”，但这个问题已经通过更快地转换颜色而被解决了。

DLP 投影仪有一些优势。它能产生很高的对比度，因为在需要将像素变黑时，微镜系统可以做到不漏光（LCD 面板必须堵住光，但它并非完全不透明，以至于 LCD 面板不可能完全堵住光）。DLP 投影仪本身其实也能拥有非常高的帧率（尤其是在某些模式和情况下就算色轮被去除，影响也不大）。

该显示技术与其他技术的另一个区别是它拥有线性的亮度分布。CRT 显示器和 LCD 需要进行伽马校正（参见 13.5 节的解释），但 DLP 投影仪不需要。

总之，DLP 投影仪的特点如下。

- 使用了上百万块能以惊人速度开关像素的微镜片。
- 有极高的对比度。它们使用的光源非常明亮，但依然能通过不漏光来获得很暗的像素。
- 有自然的线性亮度分布。

13.1.4 关于电视

大多数现代电视使用的基本上是 LCD（或等离子）面板，它们的尺寸通常很大并且能连接到计算机上。但这并不意味着它们适合用作实验室显示器。在实验有大量的后处理操作时，电视的性能其实最糟糕：它们通过搭配颜色来使图像更加美观，而且在屏幕上快速呈现图像并不是它们的主要目标。如果颜色和计时的精确度不是很重要（例如，你只在意某人对一些图像的观点，而不关心图像的实际效果），电视就是一个很合理的选择；否则，采用计算机显示器会是更好的选择。

13.2　显示器中心

显示器中心（Monitor Center）的作用是让人们尽可能容易地校准显示器。显示器校准通常较难，但是我们可以通过显示器中心尝试一下。即使不使用显示器中心进行校准，用它存储校准信息也是很好的选择。

在 PsychoPy 主界面的 Tools 菜单里可以找到 Monitor Center。选中 Monitor Center 之后会弹出一个 PsychoPy2 Monitor Center 对话框[①]，如图 13-1 所示。

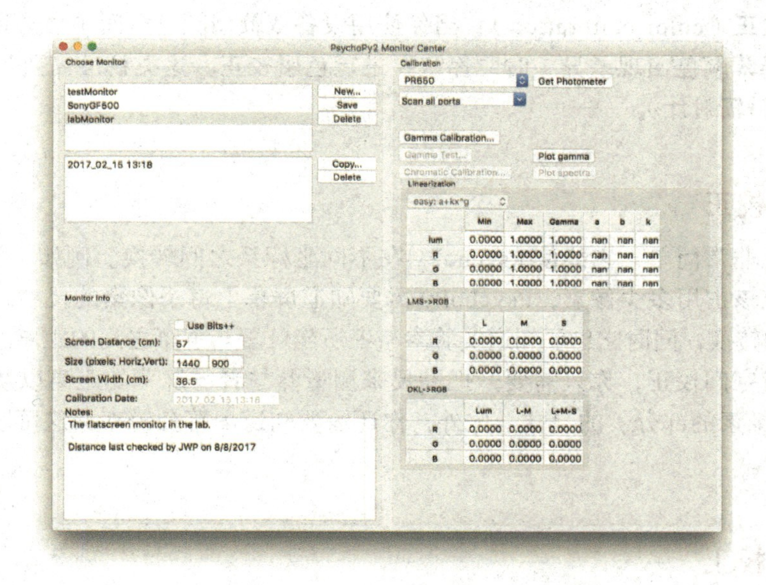

图 13-1　PsychoPy 2 Monitor Center 对话框

注：它能帮助你存储大量不同显示器的校准信息。如果你想让 PsychoPy 以类似于视角度的单位算出刺激尺寸 / 位置，这些内容就非常重要。

不过需要记住的是，你还需要分清和牢记你的实验到底使用的是哪个显示器的校准信息。

13.3　显示器校准

根据你想要运行的实验，PsychoPy 需要知道一些有关显示器的信息，以便提供帮助。

① 如果你使用的是 PsychoPy 3.2.4 版，那么选中 Monitor Center 之后会弹出一个 PsychoPy3 Monitor Center 对话框。——译者注

例如，你可能以像素为单位准备好了所有的刺激，而且为对应的视角度完成了必要的运算。另外，你可以告诉 PsychoPy 显示器的尺寸及其与被试之间的距离，这样 PsychoPy 就能自动帮你完成计算，这种方法非常便捷。

显示器校准可能有以下 3 种方法，而具体采用哪种则取决于你想做什么类型的研究。

- **空间校正**（spatial calibration）：如果你想以实际的单位（如视角度）来设置刺激尺寸，就需要进行空间校正。这种校准是非常容易的手动校准，你只需要一把卷尺即可。
- **伽马校正**（gamma correction）：如果你关心中间灰度（mid-gray level）是否恰好为白色亮度的一半，那么你需要进行这项校正。令人惊讶的是，在大部分屏幕上，中间灰度不是白色亮度的一半，所以你可能都需要进行校正。你可以通过光度计或心理物理学方法进行伽马校正。
- **色彩校正**（color calibration）：当你使用设备依赖型颜色空间（会导致不同显示器之间的屏幕颜色出现差异）时，你需要进行色彩校正。这类校准需要昂贵的硬件设备（如光谱辐射计）。

13.4　空间校正

空间校正非常简单，它能使 PsychoPy 在不同坐标系之间转换。例如，为了计算“3 厘米”的刺激应该占用多少像素，PsychoPy 需要知道屏幕上每个像素的尺寸，从而进行视角度到像素间的转换，同时它也要知道实验参与者所坐位置与屏幕之间的距离。

若要进行空间校正，你只需要一把卷尺来测量参与者与屏幕的距离以及屏幕可视部分（即呈现实际像素的部分）的尺寸。此外，你还需要知道屏幕分辨率，这可以在计算机的系统设置里确定。

13.5　伽马校正

除非你用的是 DLP 投影仪，否则几乎可以肯定，显示器的中间灰度一定不是屏幕最大亮度的一半。这意味着你无法确定刺激的总体亮度，而总体亮度恰恰是感觉和认知科学家通常需要的。如果你不关心类似于刺激亮度的事情，可以跳过本节。

一般来说，亮度输出遵循一个伽马函数：

$$L=v^{\gamma}$$

在这里，L 指亮度，v 指预设值（归一化的范围为 0~1），γ 指显示器的伽马值，通常是 2 左右的数值。这个公式的结果是，当绘制 v 和 L 的关系曲线时，我们会得到一条随着 v 的增长而越来越陡峭的曲线。我们需要使显示器“线性化”或对它进行“伽马校正”，以便在绘制 v 和 L 的关系曲线时，我们能得到一条直线。

进行伽马校正有几种方式，例如，可以使用光度计，或者单靠我们的眼睛也行。

实操方法：设置实验程序以使用伽马校正过的显示器

注意，校准显示器也是全部实验设计过程的一部分。你还需要设置实验程序，让程序明白你想进行显示器校准（以及到底想要使用哪种校准方式。因为可能我们有不同规格的显示器和相对应的多种校准方式）。无论你使用哪种校准方式，你都需要打开 Experiment Settings 对话框，在 Screen 选项卡里输入显示器校准的名称。如果实验结束时显示的信息中包含“WARNING Monitor specification not found. Creating a temporary one…”，这说明未找到你的显示器校准文件，无法应用伽马校正。请在 Monitor Center 对话框中检查显示器的名称是否正确。

13.5.1　使用光度计的自动校准

若要进行完全自动的校准，你需要一个能以串行端口或 USB 端口和 PsychoPy 相连接的设备。在撰写本书时，PsychoPy 支持以下设备：

- SpectraScan PR650，PR655，PR670；
- Minolta LS100，LS110；
- Cambridge Research Systems，ColorCal MkII。

你可以使用这些设备开始你的校准过程。首先，把设备指向屏幕中一块恰当的色块区域①，然后去喝一杯咖啡（或者不含咖啡因的饮料，如果你喜欢）。PsychoPy 将会更新屏幕、检查设备已经测量的值，并在此之后继续测量下一个灰度值。根据你选择检测的亮度水平，这项校准可能会花费几分钟乃至半小时，但如果你在咖啡厅休息或在干其他事而校准在自动进行，那么你就不会在意等待的时间了。

13.5.2　使用光度计的自动校准步骤

打开 Monitor Center 对话框，选择一个显示器（或者新建一个）以保存校准信息。

在 Calibration 面板上，你会发现很多控件，其中包括一个用于连接光度计的控件。首先选择已连接的光度计类型并打开光度计，单击 Get Photometer 按钮（寻找光度计）。如果一切顺利，你会收到一条信息，显示光度计已找到，以及光度计连接的端口信息。如果没有收到这条信息，你可能需要为设备安装驱动。如果你使用的是 Windows 系统，请在系统设置的设备管理器中检查当前驱动。大部分设备使用自带软件进行连接，如果出现问题，请检查该软件是否正常工作（如果没有正常工作，那么就很遗憾了，因为 PsychoPy 肯定无法为你提供帮助）。

一旦光度计连接成功（打开 Monitor Center 对话框之后只需要连接一次即可），单击

① 原文为“patch”，实际上是一个“灰色色块区域”。——译者注

Gamma Calibration 按钮，之后会弹出一个对话框，请选择你需要的设置（如图 13-2 所示）。这些设置并不起决定性作用；测量得越多，伽马校正的可视化效果越好，但事实上校准质量不会产生很大的差异。在色块大小的问题上你应当选择适当小的区域，同时确保光度计可指向需要校准的屏幕中央的条纹。当单击 OK 按钮后，屏幕的校准就自动开始了（如图 13-3 所示）。你需要确保光度计指向屏幕的中心条纹，并确保测量区域没有与两侧条纹重叠。一旦校准开始，就不应再改变室内照明了（理想情况下，在校准期间室内的照明设备应关闭），因为亮度测量会受到来从周围反射到显示器上的光线的影响。因此，校准程序会预留 30s 倒计时，以便实验操作者将光度计指向屏幕并在测量开始前迅速离开房间。

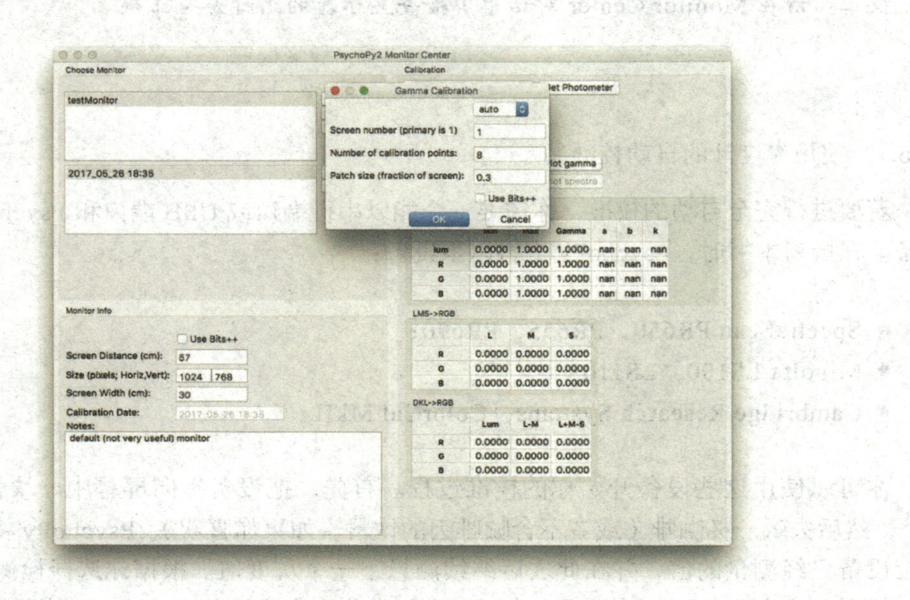

图 13-2 在 Gamma Calibration 对话框的设置

注：选择 auto 校准方式，下面有多个选项，例如，测量的灰度（对于每个颜色通道而言）、色块大小，以及是否使用 Bits++（如果你不知道这是什么，那就不需要它）。

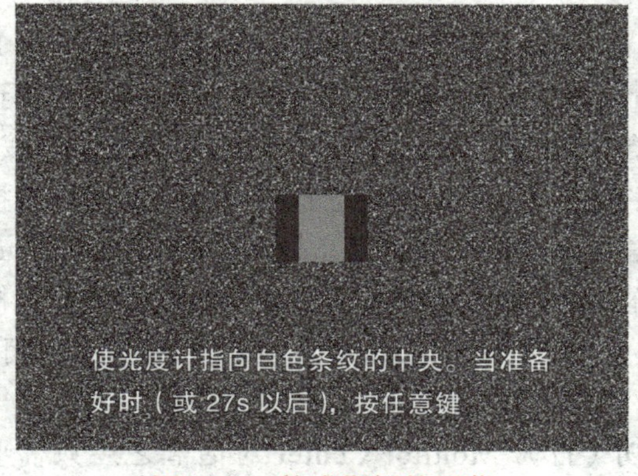

图 13-3 校准期间的屏幕

注：临界区（critical zone）是位于屏幕中央的矩形（在这张图片中是浅灰色，但是在测量期间它会改变颜色）。

延伸阅读：为什么校准时的屏幕处于如此奇怪的模式

对于一些显示器技术来说，伽马校正可以依赖于屏幕的总体亮度。之所以在校准时将屏幕设计成这样，是为了使它的总体亮度尽可能地接近屏幕的平均灰度。因此，可以使屏幕大部分区域变成黑色和白色像素，同时使条纹位于测量区域两侧并与其颜色和亮度相反。当测量黑色条纹时，测量区域两边的条纹是白色的；当测量蓝色条纹时，两边的条纹是黄色的，以此类推。如果我们直接使用灰色屏幕，测量结果可能不会有很大差异，但是这种方式是最容易进行测量的并且能保证我们实现了平均灰度。

我们建议在校准结束之后，通过单击 Gamma Test 按钮来检查校准是否已经起作用，并重复上述过程。我们曾偶然发现显卡有可能无法将伽马校正应用到其输出端口（如果遇到这种情况，请尝试把显示器导线插到计算机另外的输出端口；所有显卡输出都无法进行伽马校正的情况目前尚未遇到过）。

13.5.3　使用光度计的半自动校准

如果你有一个光度计但它无法与 PsychoPy 进行连接（可能因为不支持该设备，或者它本身无法与计算机连接）。在这种情况下，你可以用 PsychoPy 来呈现大量不同亮度的色块区，并记录每种亮度下光度计所检测到的亮度。

要进行上述操作，需要使用点光度计（spot photometer），而不是摄影用的测光表（或者说是照度计）。通过贴在屏幕特定位置或者像照相机一样聚焦于特定点，点光度计可用于探测来自微小区域的光线。照度计的作用是探测周围来自较大区域的光，但对校准显示器则没有用处。

13.5.4　使用光度计半自动校准的步骤

打开 Monitor Center 对话框，选择 / 新建合适的显示器来保存校准信息。在 Calibration 面板中，单击 Gamma Calibration 按钮，会弹出 Gamma Calibration 对话框，但是现在你应该选择 semi 而不是 auto 作为校准方式。

对于半自动校准，我们不推荐你选择太多个灰度进行校准，因为每个校准都必须记录每次测量的信息，而每个灰度的校准需要进行 4 次测量，即对灰度模式测量一次，对 R、G 和 B 分别测量一次。所以你选择的灰度的数量乘以 4 才是你测量的总次数。如果你选择 8 个灰度进行校准，那么你就需要进行 32 次测量。因此，当你第一次尝试时，我们推荐你只选择 4 个灰度进行校准。

当单击 OK 按钮开始屏幕校准时，屏幕显示的结果如图 13-3 所示。每次测量都需要将点光度计指向屏幕中央的矩形（3 个条纹中间那个），并在纸上记录设备所报告的亮度。然后按下空格键继续进行下一次测量。当完成所有测量时，校准窗口会消失，一个新窗口会显示在屏幕上以供你输入刚刚记录下的亮度值。根据这些亮度值，PsychoPy 将进行必要的计算，进而确定伽马值。对于从黑色到白色范围的测量结果，将它们输入“lum”行中。对于其他测量结果，将它们输入对应中间条纹颜色的行中。最后你可以给校准信息命名，但是它的名字默认由进行校准的日期和时间组成，事实上你也无须修改。请务必保存显示器设置以确保校准信息被存储。

与自动校准相同，我们建议你在校准结束之后单击 Gamma Test 按钮以检查校准是否应用成功，并重复该过程。

13.5.5　使用自身视觉系统进行校准

校准显示器的第三种方式是，使用你自己的视觉系统（这是一种称为“心理物理学”的伽马校正方式）去探测平均灰度亮于还是暗于黑色和白色的平均亮度。你可能会想到一种校正方法，即判断特定色块区的颜色与一组黑色和白色条纹相比是亮还是暗。这种判断似乎有点强人所难，而且结果可能也不太准确。

PsychoPy 提供了能非常准确地代替心理物理学方法的代码（在撰写本书之时，代码还尚未整合进 PsychoPy2 Monitor Center 对话框中，但当你阅读本书时这项工作已经完成了）。这种方法使用少量的亮度伪迹创造出强烈的运动感觉（Ledgeway & Smith，1994），它基于由 Anstis 和 Cavanagh 在 1983 年首先提出的逻辑，该逻辑用于研究彩色光栅中的亮度伪迹。本节的“延伸阅读”用于伽马校正的魔法光栅”描述了该逻辑。代码会呈现一个特别的光栅序列，并要求输入刺激朝向的方向值，这样一来每个试次都会将不同的伽马校正应用到屏幕上。如果应用的伽马校正太强，则在某个方向上会出现明显的运动感觉。如果伽马校正太弱，在相反方向上就会出现明显的运动感觉。我们使用阶梯法调整每个试次的伽马校正，直到无法探测到相关的运动为止。

与光度计提供的伽马值相比，这种方法有多精确呢？根据我们的经验，两种方法通常会得到相近的伽马值。光度计的优势在于它能让我们看到伽马曲线并找到校正效果不好的地方（例如，可能某一部分的亮度曲线比其他部分校正得好）。显然，光度计也能告诉你屏幕的最大和最小亮度（单位为 cd/m^2）是多少，这可能也正是你想报告的内容。在这里，心理物理学方法的使用让我们知道伽马是否会导致知觉效应（perceptual effet），这可能会视为更好的测量方法。如有可能，同时使用两种方法来测量伽马值也是可取的。当然，心理物理学方法是免费的，不需要你在光度计上花费成百上千美元！

延伸阅读：用于伽马校正的魔法光栅

Ledgeway 和 Smith 的方法通过交替呈现持续可见帧的亮度光栅（luminance grating，亮暗交替的光栅）和对比度调制光栅（contrast-modulated grating，均匀灰与黑白点交替的光栅）来发挥作用，而且在每次转换时，光栅的相位会调整 1/4 周期。亮度光栅自身不会产生明显的运动感觉（两个亮度光栅的帧相位恰好反，所以看起来只会突然变亮 / 暗），对比度调制光栅也不会产生明显的运动感觉（同样，它的各帧也互为反相）。不过，如果两种光栅之间相互交替，由于对比度调制会有亮度伪迹，那么运动感觉就会伴随出现。如果伽马处于低校准水平，均匀灰的光栅将会略微暗于黑白点，并会与亮度光栅相结合从而产生可见的运动。如果伽马处于高校准水平，均匀灰的光栅会亮于黑白点，而且你可以在相反的方向看到运动痕迹。这个系统的绝妙之处在于，要使运动变得清晰一致，我们仅仅需要使灰色和黑白点区域存在微小的亮度差异即可，所以它实际上成为一种非常有效的屏幕校准方式。

更多详情请阅读Anstis和Cavanagh（1983）的书及Ledgeway和Smith（1994）的论文。

13.5.6 使用自身视觉系统的校准步骤

要运行代码，需要打开PsychoPy的Coder界面，从菜单栏中选择Demos → exp control → gammaMotionNull。运行代码并按照指导语进行操作。实际上，这将呈现各包含50个试次的两个阶梯，所以总共是100个试次，因此运行过程要花费几分钟。不过，你可以编辑代码来减少试次数，这种操作不会大幅度降低精度。

在前几个试次中，运动方向应该很清晰——这些试次有意使用极大的伽马值来进行实验，但伽马校正应该随着试次的增加而越来越接近最优值，所以这意味着光栅看起来可能像在闪烁。或许你会感觉运动总是朝着某个特定的方向（例如，当无法分辨运动方向时，本书作者乔纳森总是看到光栅向上运动）。事实上，运动方向的不同表明了过校准或欠校准的伽马值被随机化了，所以如果你总是看到朝向特定方向的运动，那么这也就意味着该运动无法分辨（因为看起来一致的运动其实源于知觉偏差，而不是由刺激的物理因素导致的）。

当所有试次结束后，数据文件会自动保存，并且你可使用另一个样例对该数据进行分析（方法是选择Demos → exp control → gammaMotionAnalysis）。通过运行这段分析代码，你会将刚生成的数据可视化，且图表会告诉你最优的伽马值，而在此之前你的判断可能高于或低于此最优值。之后，这个值可以作为伽马值应用到显示器伽马校正表格中的每个彩色通道上。

13.6 色彩校正

最后一种校准是色彩（颜色）校正，如果你想指定或定义一种看起来与显示器无关的颜色，就需要进行色彩校正。即使那些显示器使用的是相同技术（例如，CRT显示器使用的是大量的荧光体，每个荧光体的色彩都略有不同），不同显示器中红色、绿色和蓝色通道上的颜色也不同。如果你要想使用独立于显示器的颜色空间，那么对于每种初始颜色，你都需要使其在显示器的输出中具备一定的特征。而这需要使用光谱辐射计[①]来完成，这种设备不仅能测量光的强度，还能测量它在可见光范围内全波长光谱上的强度。

如果要实现独立于显示器的不同颜色空间之间的变换，我们需要从指定刺激的颜色空

① 从实践上来说，将显示器发出的待测光导入光谱辐射计中是非常困难的。——译者注

间中计算得到变换矩阵，例如，Derrington、Krauskopf 和 Lennie（1984）提出的颜色空间，进而转换到显示器自身的颜色空间（RGB）。

延伸阅读：我能用色度计代替光谱辐射计吗？

光谱辐射计用于测量整个光谱上的光强度，任何刺激的颜色在任何颜色空间中都能计算出来。相反，色度计只能测出某种颜色在特定颜色空间的值（典型的是 CIE 颜色空间），而且无法为计算颜色空间之间的变换矩阵提供充分的信息。因此，色度计只适合用于明确指出刺激颜色，而不适用于校准显示器从而在其他颜色空间生成任意颜色。

色彩校正的步骤

与伽马校正相同的是，你需要打开 Monitor Center 对话框，选择你想要进行色彩校正的显示器。打开光谱辐射计并将其与设备进行连接，单击 Get Photometer 按钮，然后再单击 Chromatic Calibration 按钮[①]，会弹出 Chromatic Calibration 对话框，它类似于伽马校正中的 Gamma Calibration 对话框。此外，没有进行伽马校正的色彩校正意义不大，两种校准都应该进行，不过顺序并不重要。然而，与伽马校正不同的是，色彩校正过程仅需要测量 3 次，分别测量红色、绿色和蓝色通道的光谱（每个通道都处于最大强度即可）。

① 如果没能连接光度计设备，Chromatic Calibration 按钮将呈现为灰色且无法单击。——译者注

第 14 章

调试实验程序

学习目标：当实验正常运行时，使用 PsychoPy 会让你感到非常欢愉。但当实验无法运行或者数据没有按照预期方式保存时则会令人感到非常沮丧。本章将帮助你了解如何调试实验程序。

我们可以帮你避免和解决一些常见错误，但“了解如何解决问题”也是一种需要学习的常规技能，尤其是在问题出现时。实际上，调试实验程序的诀窍在于添加和去除实验的各个部分，从而寻找导致错误发生的关键部分。一旦把问题的范围缩小到一个特定组件或者变量上，问题就很容易得到解决。

利用谷歌去搜索你所遇到的特定错误消息也是一种调试实验程序的方法。由于 PsychoPy 有众多用户，因此用户遇到过各式各样的问题，其中就可能包括你当前遇到的问题。谷歌通常能帮你解决这种问题[①]。

另外，你或许需要登录论坛以获得相应帮助（PsychoPy 网站是讨论问题的最佳场所）。不过即便如此，仍然有一些问题从未得到过解答（主要因为用户提问方式不当）。所以，本章最后一节会讨论如何提出一些能得到有效回复的问题。

14.1　常见错误

有一些错误出现时 PsychoPy 并不会向你提示错误消息，但该错误会使实验无法按预期运行。

14.1.1　刺激没有出现

我们经常需要解决的一个棘手问题是“刺激没有出现”。刺激无法在屏幕上呈现有多种原因。然而，事实最终证明，这个问题通常不是 PsychoPy 本身的问题，通常是刺激的设置中某个参数出现了问题。

最常见的问题是刺激的位置或尺寸没有和已设置的刺激单位相匹配。例如，当 Units 设置为 pix 时，利用位置 (0，100) 进行设置是合理的，但如果将 Units 设置为 norm，该位置

---

① 如果你在使用谷歌时遇到一定的技术障碍，我们则推荐你使用必应（bing）、雅虎（Yahoo）、百度或搜狗搜索等。若遇事不决，请先在搜索引擎、论坛或贴吧上搜索一下，你可能会找到许多有用的信息。尽量不要在一些小问题上打扰科研工作者们宝贵的时间，学会自我探索将会极大地提高你的能力。——译者注

就会位于屏幕右侧离中心很远的地方，刺激也会随之在屏幕上消失。相反，如果把 Units 设置为 height，将刺激大小设置为 (0.2，0.2) 会出现合理的结果，但如果将把 Units 设置为 pix，该刺激将小于单个像素而不可见。

其他一些参数也可能导致刺激消失，例如，将 opacity 设置为 0，指定颜色与背景色相同，或者一个刺激被另一刺激掩盖（注意程序中刺激的顺序）。这些是作者所能想到的一些可能原因。不过，这些问题不如前面所提到的单位不匹配问题常见。所以，当刺激没有出现时，首先要检查单位是否匹配。

14.1.2 反馈错误

很多人的实验有一个反馈程序，可以根据反应是否正确来修改反馈信息。读者可在第 6 章学习如何创建反馈程序。

可能出现的一种错误是，反馈消息的创建和呈现该消息的文本组件之间的顺序颠倒了，从而导致“PsychoPy 的反馈错误”。请记住代码的执行顺序和它在程序中出现的顺序相同。在程序中，代码组件会更新消息，而且在程序一开始，文本组件便会自行更新并使用该消息。如果代码组件在文本组件完成更新之后才开始更新消息，那么到下一试次之前代码组件不仅不会有任何效果，还会导致反馈总是比反应落后一个试次。

在这种情况下，请确保代码组件在文本组件之前执行（即保证代码组件在程序中处于更靠前的位置）。

14.2 错误消息和警告消息及其含义

通常情况下，当出现程序错误时，PsychoPy 会提示一条错误消息。尽管完全理解消息内容可能对部分人会有困难，但请你务必仔细阅读错误消息，因为你可以获得一些关于错误原因的线索。如果它提到你曾经创建的变量，或者实验中的特定组件，那么你显然应该仔细查看这些变量和组件，或者检查组件中是否存在不合理的设置以及代码中的可能出现哪些错误。

事实上，错误消息之所以有很多行，是因为在执行程序的过程中，一个函数会调用其他函数，而这些函数也会再调用其他更多的函数。有时很难知道到底哪层错误才是导致错误的真正原因，所以 Python 呈现了所有错误。需要重申的是，你的最佳选择是浏览并寻找你能看懂的错误行（例如，该行提到了你认识的名称）。真正的错误位置可能不在错误消息的最底部而在中间，这意味当首次定义或使用变量时，Python 并不能确定这里是否存在一个错误。

下面列出了一些更常见的错误。使用谷歌搜索这些错误消息，你会得到关于错误的更多解释。

14.2.1 ×××× 未定义（×××× is not defined）

×××× 未定义是最常见的错误消息之一，主要原因有 3 个。

- 你可能已经把某刺激参数设置为变量（使用 $ 加上变量名称），却告诉 PsychoPy 该参数是常量（constant）且不是每次重复时设置（set every repeat）。请检查你想设置为变量的参数确实设置成了 set every repeat（每次重复时更新）或 set every frame（每一帧更新）。
- 你可能没有在参数或条件文件（或者任何定义变量的地方）中正确地输入变量名。Python 区分大小写（所以 myFilename 和 myFileName 是不同的变量）。
- 如果你在代码组件中使用了“未定义”的变量，那么你可能需要提前创建这个变量。例如，如果你在创建刺激时使用了一个变量，但该变量仅仅在程序启动时才定义是不行的，你需要提前定义该变量。你还需要确保代码组件中代码的执行早于使用该变量的组件的执行。

延伸阅读：为什么不将变量设置为“set every repeat”就会导致“未定义”错误

这个问题的原因也和实验中代码执行的顺序有关。如果把刺激的某个参数设置为常量，那么 PsychoPy 只会在实验开始时对其设置一次，之后便不会再对其进行设置。对于 PsychoPy 来说，这是最高效的做法。相反，当在条件文件中定义变量时，PsychoPy 仅在需要的情况下（通常是在循环开始时）创建该变量。这也很方便，因为在实验结束之前你可以随时改变变量的值。

因此，当“常量”和“变量”同时出现时，问题也随之而来。如果你将某变量设置为常量，却又在条件文件里将其定义为变量，那么 PsychoPy 会尝试提早使用它来创建刺激。尽管 PsychoPy 尝试尽早使用变量，但最终的结果是只能在读取文件后才能定义该变量，所以在创建刺激时，该变量是“未定义”的。

14.2.2　未找到图像文件

如果 PsychoPy 提示无法找到图像文件，那这通常表明你没有将该文件放置在正确位置。一般来说，你应该将图像和实验代码文件放在相同的目录里（只用指定为“myImage.png”）或者将图像放在与实验文件相邻的文件夹里。在后一种情况下，文件夹名称（如 stims）需要包含在路径里（例如，“stims/myImage.png”）。

有时会突然出现这样一个问题，实验代码文件不只保存到一个位置（例如，在测试时，你把实验文件复制到另一个文件夹中，之后你却忘记你打开的是哪一个文件夹了），而图像却只在其中一个文件夹里。

为了避免在复制实验代码时出现这种错误，你不需要输入图像的完整路径。从长远来看，完整路径的确不必要。较短的相对路径更适合于用作实验文件的位置，从而能避免完整路径导致的难以复制代码位置的问题，因此在出现“未找到图像文件”这个问题时，你只需要检查相对路径即可。

14.2.3 值错误：测试显示器没有已知的以像素为单位的尺寸

`ValueError: Monitor testMonitors has no known size in pixels` 错误说明你试图使用类似于厘米（cm）或度（deg）的单位，但并未向 PsychoPy 传递显示器的相关信息，所以 PsychoPy 无法算出正确的尺寸。

要解决此问题，你需要检查显示器中心（单击工具栏的按钮），确保显示器拥有正确的尺寸设置（距离和宽度以厘米为单位，尺寸以像素为单位），以及在 Experiment Settings 对话框（单击工具栏的按钮）中确保你正确指定了显示器的名称。

14.2.4 警告（Warnings）

人们通常担心警告会中断他们的实验，或者担心它们是某些错误的真正原因，但通常并非如此。

实际上，警告指明了某些对一部分人重要而对其他人不重要的内容。准确地说，警告并不会导致实验崩溃。例如，在一些实验中，计算机无法及时完成所有渲染而导致“丢了一帧”（刷新屏幕的时间超过指定的 16.67ms），而丢帧可能带来严重后果。如果你正在研究所谓的“阈下”（subliminal）处理，但刺激意外地呈现了两帧而非一帧，那么你得到的结果将毫无意义。对于这类研究，PsychoPy 或许应该以“计时未实现”（Timing was not achieved）为错误原因而中止实验。另一方面，对于很多人来说，呈现未经精确计时的刺激其实无关紧要，就算发生上述现象，他们也并不想中止实验。因此，PsychoPy 报告了一条警告消息，告诉你发生了丢帧但是并未中止实验。你可以接受警告消息并修改实验，也可以忽略它，这取决于该警告消息对你的实验是否重要。

14.3 如何调试实验程序

在任何编程语言或者软件中，当出现问题时，调试的基本步骤或者是找到正常运行的部分并向其中逐渐加入部件（piece）直至其无法正常工作，或者是针对无法正常工作的实验程序，不断去除部件直至其正常工作。有时候需要混合使用两种方法。但无论采用哪种方式，目标都是不断缩小范围以找到代码出现问题的关键部分。

如果 PsychoPy 未按照你的预期进行工作，那么你需要找出问题的原因。本节列出的步骤是解决问题的一项通用技能。请千万不要有“我不擅长计算机，所以我应该问别人”的想法。即使你最终没有独立解决问题，你也可能缩小了问题的范围，这有助于更有经验的同事为你解决问题。

此外，也不要认为“我的实验程序无法正常运行，所以是 PsychoPy 的问题”。你也许是正确的，任何软件都会出现故障，但是 PsychoPy 仍有大量用户，所以你需要思考为什么其他人没有遇到你的问题。例如，你是否下载了最新的软件版本（其中可能有一些是人们还没注意到的新故障）？你在实验中按步骤操作了吗？例如，是否使用了大部分用户没有的硬件或自己编写了自定义代码？如果是这样，你在执行后面的步骤时也需要格外关注上述这些问题。

14.3.1　开始一个简单的实验

运行一个示例程序。如果 PsychoPy 连示例程序都无法正常运行，说明有些地方确实出现了问题。在这种情况下，如果要找到出错位置，你需要再尝试几个示例程序，并记录哪些示例程序成功运行，哪些则没有成功。之后你需要联系用户论坛，询问原因（说明哪些示例程序正常运行，哪些没有，并粘贴错误消息）。

如果示例程序正常，但实验非正常运行，你需要找出二者之间的关键差异。你可以先运行示例程序，并添加部件直到程序无法正常运行。如果你可以推断问题所在位置，那你应该首先添加相应的部件去进行尝试。每添加一个部件，请立即检验，查看实验是否依然成功运行，且没有出现之前的问题。如果你发现程序中断，那就说明问题可能就位于此处。

如果在找到导致实验中断的部件之前你不得不添加很多项和部件，那你应该返回起始状态，把你找到的“中断部件”添加到处于初始状态的正常示例程序中，不过你需要将此部件放到第一步而不是最后一步。这项操作会告诉你问题是否只存在于这一个部件，或者该问题是否由多个因素导致。

14.3.2　开始简化被中断的实验

另一种方式是尝试去除实验部件（显然，在去除部件前要以新名称保存一份副本）。此处的逻辑和上面相同，你需要弄清楚去除哪一部分之后实验程序可以正常运行，而如果保留该部分实验就会出现问题。可以尝试在 Flow 面板中直接去除部分程序和循环。比如，减少指导语。去掉指导语并不会导致什么问题，但是去掉它们会加快你调试程序的速度（在调试程序时，你将多次终止程序，所以你想让每次运行尽快结束）。

解决方案：在调试时使用窗口模式

当你调试程序时，尤其是如果你发现程序卡壳，你应该在 Experiment Settings 对话框中关闭全屏（full-screen）模式。在该模式下，如果实验卡住，你可以单击窗口右上角（Mac 电脑中是左上角）的红色停止（Stop）按钮来终止程序。

14.4　在论坛上提出更好的问题

PsychoPy 有一个备受欢迎的用户论坛。论坛中的用户擅长帮助别人，且自愿花费时间来回答问题（尽管有些问题从未得到解答）。有的是因为没有人知道答案，但通常情况是提问者提供的信息中缺少有关这些问题的细节。

要在论坛上提出更好的问题，请注意以下方面。

- **信息不足**。例如，如果你在 PsychoPy 的用户论坛上只告诉其他人你的实验程序“无法正常运行”并寻求帮助，那么没人能帮助你。这等同于告诉其他人你的手机“无法正常工作”并希望别人能告诉你原因。所以，你需要提供一些详细信息，以便他人判断问题所在。(比如，手机是否开机？是否有信号？能否打电话？扬声器和麦克风都无法使用吗？等等。)

- **信息过多**。相反，也不要提供大量无关信息(以手机为例，“手机停止工作时我正在和我祖父通话。他以前是提供餐饮服务的服务商。在承办酒席时，我想知道他是如何给那么多人做饭的……”)，因为这些信息对解决你的问题毫无帮助。另外，论坛上的用户只愿意在解决问题上面花费较短的时间，他们可能根本不会阅读篇幅很长的帖子。一般来说，要解决技术问题，你需要向论坛提供技术层面的细节，比如，使用了哪些组件，而不是告诉他人你实验的主题是什么。
- **你能帮我写程序吗**？事实上，这种类型的问题一般不会得到解答，比如，有人问道：“我技术不好，但我想编写一个复杂的实验，有人能告诉我怎么做吗？”试图让别人花费大量时间为你创建实验是不可能得到回答的。要尽量自己编写实验，当遇到具体的技术困难时再到论坛上询问。
- **我迫切需要解答！**如果你的问题没有得到解答，你需要提供更多具体信息。在论坛上提出“截止日期要到了，我需要立即运行实验程序，请问有人能帮忙吗”这种问题毫无用处。如果你提出的问题本身就无法解答，那么发出请求之后是没人会为你解答的。你需要提出一个更好的问题。
- **懂得尊重别人**。尽量不要利用你的帖子发泄不良情绪。论坛是一个寻找问题解决方法(而不是发泄怒火)的地方。回想一下，PsychoPy 已经成为一个开源的社区引导型项目，你并没有为它支付任何费用，而且开发它的人都是志愿者，所以请学会尊重。这些人贡献了大量时间来帮助你运行实验程序。

14.4.1 什么样的信息有价值

因此，要想让你的问题得到解答，你只需要提供充足的正确信息，或者提供解决问题所需的信息。倘若你没有正确地提供信息，也不要担心，因为如果有必要，别人会向你询问更多细节，不过，你提供的信息越充足，你的问题得到解答的可能性就越大。

首先，请说明你正在使用的 PsychoPy 版本(实际版本序号，而不是“最新版”)，因为有些问题仅出现在特定版本中或者它们在新版中已经修复了。其次，请说明你使用的操作系统。很多问题以及很多解答专门针对某一种类型的计算机，所以请说明你使用的是何种操作系统。问题的“症状”是你需要说明的另一件事情。人们通常的描述是“它不工作了”或者“我尝试了很多建议但它依然无法正常工作”。“它不工作了”这句话毫无帮助。它是以何种方式“不工作”的？刺激出现了吗？实验“卡壳”了吗？实验崩溃(例如，消失)了吗？计算机的其他部分也卡壳了吗？如果你尝试运行其他程序，它们也都会出现相同的错误吗？如果都不是，我们需要采用最佳解决方法，并尽量修复实验程序。最后，仍需提醒你的是，你需要提供更多关于如何出错的具体信息。

错误消息也非常重要。请列出完整的错误消息或者明确说明没有错误消息出现。你之所以需要粘贴完整的信息而不仅仅是最后一行是因为：最后一行的错误消息并不能告诉我们到底什么问题导致了该行所描述的错误。例如，`TypeError: unsupported operand type(s) for+: 'int' and 'str'`。最后一行描述的错误可能由很多原因造成，我们可以从其余信息中获知你之前做了何种操作。

理想情况下，我们需要知道的是问题的“最小运行示例”（minimal working example），具体内容如下所述。

14.4.2　提供一个最小运行示例

考虑到你在“信息太少”和“信息太多”之间难以达到平衡，而且可能无论信息太多还是太少都会使你的帖子被忽略，因此最好的解决方法是提供该问题的最小运行示例。

顾名思义，“最小”意味着除了该示例对问题的描述是必要的之外，其他的程序都不需要。如果你的实验有 3 个嵌套循环和 16 个程序，那么即使主动提供帮助的好心人也会在打开实验程序后立即关闭而不愿继续下去，因为这些循环和程序需要花费大量精力去调试。如果你有一些额外的程序，而这些程序对寻找问题毫无帮助，那么请清除它们。如果你能清除问题程序中的其他无关组件，也请将它们清除。理想情况下我们只需要提供包含 2 个或 3 个组件的单个程序，因为这有助于快速找到问题的根源。

“运行”意味着你提供了程序运行所需的全部信息，例如，代码或实验程序可以实际运行并进行测试。如果你只提供样例却没上传图像文件（假如实验包含图像刺激），那么我们将无法找到问题所在。不过，如果帮助者能运行这个无法正常工作的程序，那么他们也可能会提供一定帮助。

几乎所有包含这种示例的帖子都得到了答复。如果没有，那么该示例就没有达到“最小”这一标准或者无法“运行”。

实际上，创建“最小运行示例”和 14.3 节的步骤相同。你需要尽可能地清除各个部件，直到中断的实验可以开始正常运行为止。这项操作一举两得，它通常能指导你找到问题所在，如果没找到，它至少可以让更有经验的人为你提供帮助。

第 15 章

专业提示、技巧和鲜为人知的功能

学习目标：PsychoPy 中有几个很实用却鲜有人提及的功能。本章将介绍多种技巧，让 PsychoPy 更好地为你工作。

在过去，你可能没有意识到 PsychoPy 其实可以帮你完成你想做的许多事情，例如，将 Flow 面板的图标放大和缩小，以及将程序从一个实验复制到另一个实验中。PsychoPy 甚至还可以帮你完成你自己都不曾想到过的事情，比如，提供一个 README 文件。本章给出了一些实用的技巧。

15.1 在实验中添加 README 文件

当你在 Builder 界面中打开 Demos 菜单中的一些示例时，你是否注意到 PsychoPy 中出现了一个文本文档？这是一个非常便捷的功能，它可以为你提供与实验有关的提示和注释。你需要做的只是将这样一个名为 readme.txt 或 README 的简单文本文档拖到实验文件夹的实验代码文件旁即可。这样一来，在每次加载该实验时该文件都会自动弹出（可以使用 Ctrl-I 快捷键或 Mac 计算机上的 Cmd-I 快捷键轻松地将该文件切换为显示或者不显示，同时也可以在 PsychoPy 的偏好设置中彻底关闭这一功能）。

为什么添加 README 文件是一个实用的技巧

使用 README 文件的原因有很多。在设置实验时，可以使用它来提醒自己需要注意哪些事项。

- 你是否有过这样的研究经历：你因为很容易忘记一些操作而导致整个研究被破坏？比如，你在一个会议结束时，听到与会者说："我应该能从开会的耳机中听到一些什么内容吧？"这时你才意识到你之前压根儿没有打开耳机。现在，你可以通过 README 文件给自己留一条信息，以提醒自己在研究开始时需要执行哪些操作。
- 你是否曾将你的实验发送给朋友或者同事，并希望他们记住在你这里第一次接触了该项研究，以防他们之后计算工作成果的时候会忘了你？
- 你是否在某个预实验阶段过后更改了一些内容，然后忘记了哪些是更改之前的参与者，哪些是之后的参与者？不用担心，README 文件可以帮你记录，例如，记录实验进展、更改日期、招募参与者的日期。此外，在每次加载实验时该文件都会弹出，这是在"善意"提醒你应随时更新信息。

为你近期的实验创建一个 README 文件吧。

15.2　放大或缩小流程和程序

你可能没有意识到你还可以在 PsychoPy 中放大或缩小 Flow 和 Routine 面板中的图标（图 15-1）。如果你计划创建复杂的实验并且需要在屏幕上呈现更多图标，那么这种操作显然很便捷。相反，如果你设置了一个规模较小的实验并想查看更多信息，例如，循环中的重复次数和条件，那么你可以放大它们以便更好地查看相关内容。这些操作可以通过 View 菜单或快捷键完成，使用 Ctrl-+/- 可放大、缩小 Flow 面板中的图标，使用 Ctrl-Shift-+/- 可放大、缩小 Routine 面板中的图标。

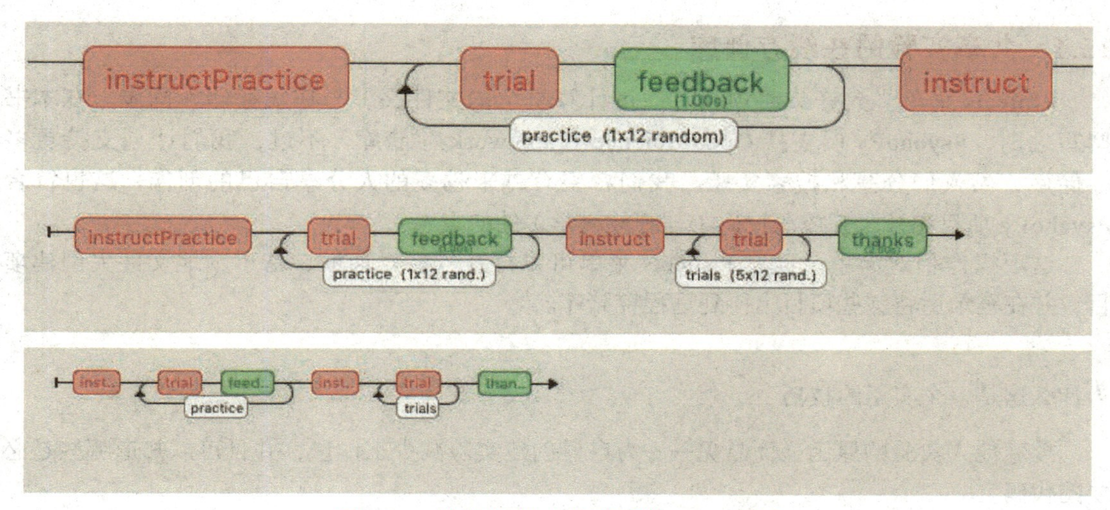

图 15-1　放大与缩小状态下的 Flow 面板

15.3　复制和粘贴程序与组件

很多人没有意识到他们可以将程序从一个实验复制并粘贴到另一个实验中，或者可以在程序中复制组件。

要将一个完整的程序复制到另一个实验中，只需要打开一个新窗口，然后在新窗口中打开第二个实验（不要到计算机系统的文件夹里双击该文件，因为这会创建一个新的应用程序而不是在同一个应用程序中打开一个新窗口）。在 Routine 面板中选中该程序的选项卡，跳转到这个你要复制的程序中，然后在顶端的 Experiment 菜单中选择 Copy Routine 进行复制。现在，你可以跳转到想要粘贴该内容的实验中，然后再次回到 Experiment 菜单中选择 Paste Routine 进行粘贴。此时屏幕上可能会显示一个小对话框，询问所粘贴的程序在此实验中的命名。

你可能会发现，将一个包含常用程序的实验文件创建为模板是一项非常实用的操作，因为尽管该文件从未作为一项单独的实验被运行过，但它可以被复制、粘贴到很多实验中，以节省你创建实验的时间。

实操方法：谨慎复制和粘贴变量名

如果你按上述操作在实验之间复制程序，请根据需要调整变量名。例如，在第6章中创建的反馈程序引用了名为 resp 的键盘组件，你需要确保它在复制后的实验中拥有相同的名称，或者在此实验中定义新的键盘组件并更新其参数。草率的复制、粘贴行为可能导致后面出现尴尬的错误。

如果要复制组件，你需要右击要复制的组件，选择 Copy，然后切换到任何程序，并在 Experiment 菜单中选择 Paste Component。

15.4　共享实验的在线存储库

Projects 菜单[①] 允许你将项目（通过计算机上的文件夹）与在线存储库同步。在本书撰写之时，PsychoPy 仅支持 Open Science Framework 存储库，不过，我们计划支持更多存储库，供人们分享和搜索实验。我们希望有越来越多的人分享自己的创作，这也符合 PsychoPy 项目和社区开放源代码（与开放科学）的初衷。

这项操作相对简单。通过 Projects 菜单可以打开一些对话框，基于本地文件夹创建项目，并在登录后将这些项目上传到远程存储库。

为什么这是一个实用的技巧

搜索他人实验的原因显而易见——为自己创建实验减少工作量，并且可以知道哪些是必要的代码。

或许有人会疑惑，为什么与他人分享自己的实验很有意义。在竞争激烈的现代科学世界中，许多科学家不希望在竞争对手进行实验时给予任何帮助，他们认为自己在开发工作上花费了很多精力，不想将成果“拱手让人”。其实，你有充分的理由分享你的工作成果。

分享对科学的益处显而易见：重复的劳动会导致效率很低，如果别人可以完全运行你分享的实验程序，而不是仅仅获得你在方法部分对其的描述，则可以降低研究的重复性。此外，目前一些期刊（如 *Psychological Science*）向一部分论文授予了“开放科学徽章”（Open Science Badge），以表彰这些遵循“有益于科学原则”的论文。

另外，与他人分享实验也有一些很好的“私人”理由。从理论上说，它增加了其他人根

① 在 PsychoPy 3.2.4 版中，你可能无法找到 Projects 菜单，其功能由 Pavlovia.org 菜单替代。Pavlovia.org 菜单中有很多新的功能（Pavlovia 网站是一个在线平台，你需要提前注册一个账号），可以上传或分享你的项目（如果你担心你保存在本地的重要实验或项目会不小心被删除，那么建议你在保存实验的同时也上传到平台上，并设置为私密），在线运行你的实验，以及查看别人分享的项目等。其功能十分强大，下面仅做简要介绍，具体内容可以自行探索。该菜单包括 4 个选项，分别是 User（用于登录和连接 Pavlovia 网站），Search Pavlovia（在线搜索已在平台上共享的项目或实验），New（在平台上新建一个项目，可上传你的本地实验等），Sync（将当前本地编辑的实验或者项目同步更新到平台上）。——译者注

据你的研究成果发现新成果的可能性，而这意味着他们会引用你的论文。对于你而言，如果基于你的研究成果其他研究者能开发出其他实验，则证明你的实验是对的；而如果人们难以重建你的材料和复用你的方法，那么你的实验就是失败的。共享实验内容既可以减轻其他人的实验压力，也可以进一步传播你的研究成果。

15.5　在实验中使用对话框中的变量

大多数人在实验开始时可以看到一个对话框，它会记录参与者的身份信息和其他可能的信息（至于具体如何进行更改，请参阅第 2 章）。通常，对话框仅用于记录信息并将其保存，以供今后在数据文件中使用。这些信息有时有助于对实验的实际控制，因此我们需要查阅一些有关变量的信息。这部分信息存储在名为 `expInfo` 的 Python 字典（dictionary）中，可以通过调用（calling）进行访问，例如，`expInfo['participant']` 为一个变量。

如果你存储的是参与者姓名而不是编号，那么你可以在研究结束时使用下面的代码组件创建一条感谢消息。如果你使用 `$msg` 作为文本组件中的文本，它将包含参与者姓名，这样看上去显得更加友好。

```
msg = "Thanks" + expInfo['participant'] + "for your time. Have an
awesome day!"
```

实操方法：不要将参与者的姓名另存为他们的 ID

虽然在反馈信息中可以使用参与者的姓名，但这实际上违反了大多数组织制定的道德规范。通过在 participant 字段中使用可识别的名称，可以有效保存参与者的姓名和有关他们的数据。但如此一来，这些数据就不再处于匿名状态。根据大多数地方道德委员会的政策，你应当为每位参与者提供一个 ID，并将 ID 和个人验证信息之间的链接保存在与数据文件不同的位置（例如，存储在上锁的文件柜里）。这样，有人如果想窥探与参与者相关的个人数据，就将不得不花费更多时间和精力。

经过设置，这项信息还可用于以某种方式控制刺激。例如，你可以创建一个研究，既能让刺激在不同的运行中呈现不同的方向，又能手动控制每次运行的方向。为此，在 Experiment Settings 对话框中，可以在 Experiment info 选项区域中添加参数 `ori`（即 orientation，方向），然后将刺激方向设置为 `$float(expInfo['ori'])`。请注意，我们必须将变量强行转换为 float 形式（一个可包含小数位的数字，即浮点数），否则在从对话框中检索到值时，我们无法确定应该将其视为数字还是字符。为了解决这个问题，代码会强行将变量转化为一个数字。

对话框中的内容也可用于选择特定的条件文件。例如，可以将参与者分配到 A、B 或 C 组中，并创建 3 个不同的条件文件（`conditionsA.xlsx` `conditionsB.xlsx` 和 `conditionsC.xlsx`）。在此之后，可以通过下面的代码直接引用这些条件文件，而不是在循环中以常规方式加载这些条件文件。

```
$"conditions{}.xlsx".format(expInfo['group'])
```

15.6 控制数据文件和文件夹名称

Experiments Settings 对话框允许你控制文件名，包括存储文件的文件夹名称。所有数据都默认存储在一个名为 data 的文件夹中，文件名由存储在 expInfo 变量中的多个值指定，如实验名称、参与者姓名（或 ID）以及日期和时间等。这些内容都由 Experiment Settings 对话框中的 Data filename（数据文件名）控制，代码如下所示。

```
'data/{}_{}_{}'.format(expInfo['participant'], expName,
                       expInfo['date'])
```

如果你没有相关经验，那么这行代码看上去则可能会有些复杂。我们首先需要弄清楚每个部分表示什么。第一部分 'data/{}_{}_{}' 表示最终内容将以何种格式显示。data/ 表示我们将文件放入一个名为 data 的文件夹中，而该文件与实验代码文件位于同一级目录中。每一个 {} 都表示 Python 将在这些位置插入一个变量。下一部分与 .format(aThing, anotherThing,somethingElse) 很相似，表示 Python 应该在这 3 个位置插入哪些变量。在上面的代码中，我们插入了存储在 expInfo 中的 participant 和 date 这两个变量，并将其与名为 expName 的变量一起使用。除此之外，还可以在 Experiment Settings 对话框中对这些变量进行控制。

请注意，如果你还没有创建用于保存数据的文件夹，那么 PsychoPy 将尝试自动创建，而你只需要设置文件夹权限即可。

15.7 在窗口模式下运行

大多数实验以“全屏模式”运行，这意味着呈现刺激的窗口将占用整个计算机屏幕。在此模式下，其他窗口或对话框都不会显示。这种模式的优点是参与者无法移动窗口或调整窗口大小，而其他窗口也不会在屏幕上出现。一方面，这种模式有助于提升实验运行的性能，因为这可以使计算机在检查其他应用程序窗口或查看鼠标指针是否悬停在另一个应用程序上时花费更少的时间。因此，新建实验将默认使用此种模式。但另一方面，全屏模式可能也会带来一定困扰。特别是在调试实验时，你可能偶尔会遇到实验卡壳的情况（例如，如果你在每帧代码中都有 for 循环并且该循环永无止境，那么实验很容易卡壳）。在这些情况下，如果你用全屏模式运行实验，那么你想退出已经受损的实验可能会很困难（通常需要强制退出程序，在装有 Windows 系统的计算机上使用 Ctrl-Alt-Delete 或在 Mac 计算机上使用 Option-Cmd-Esc）。然而，如果你使用的是更加标准的窗口模式而不是全屏模式，那么单击

PsychoPy 窗口的红色停止按钮即可停止实验。将实验保持在窗口模式的另一个原因是，除了使用 Builder 界面中的组件收集参与者的反应之外，你还可能需要在实验期间调出某个对话框以收集参与者的其他反应。由于全屏模式的本质是阻止其他窗口和对话框在其窗口前打开，因此无法在全屏模式下显示这些对话框。

如果你想关闭实验的全屏模式，可以打开 Experiment Settings 对话框，然后在 Screen 选项卡中取消勾选 Full-screen window 复选框。同样，虽然在调试程序时最好将其关闭，但如果实验需要，你也务必在真正运行实验之前再次勾选该复选框。

15.8 重新创建数据文件

逗号分隔值（Comma-Separated Value，CSV）文件是最容易阅读的文件格式之一，该文件可以加载到大多数分析软件中，或者使用 Python 脚本对其进行分析。但如果你在分析期间因操作错误而意外损坏了该文件，那你该怎么办？例如，如果你不小心选择了某一列并按下排序键，导致此列中的行与另一列中对应的行不再匹配，你该怎么办？不用担心，PsychoPy 为你保存了一个额外的文件——psydat 文件。虽然这不是一个可读文件，而且（目前）你不能用任何程序双击来打开它，但你可以通过 Python 脚本进行访问，它最大的优点在于它可用于重新创建 csv 文件。

如果你打开 PsychoPy 的 Coder 界面并选择 Demos 菜单，你会看到一个名为 `csvFromPsydat.py` 的项目。打开该项目并运行，你就可以根据需要重新创建 csv 数据文件了。

15.9 跳过实验的一部分

你可能还不知道你可以设置一个零次重复的循环。如果你选择这种操作，就可以跳过循环及其所有内容。这是一个在调试时可以使用的技巧，你可以选中不需要的实验部分（比如，冗长的指导语或练习试次），并在处理实验的其他部分时将它们设置为零重复。不过，请尽量避免在正式实验的时候忘记恢复这些关键部分的设置。

你甚至也可以使用如下方法来处理程序里呈现的重复条件。你可以设置重复使用变量（如 `$showFace`）的次数，然后在条件文件中，使用代码组件将 `showFace` 设置为 1 或 0。当 `showFace` 为 0 时，该循环的内容不会执行。但需要注意的是，这种操作很有可能会创建混乱的实验文件，使它包含大量的程序和循环。通常情况下，建议你考虑使用第 8 章所描述的区组方法。

15.10 重新打开提示

PsychoPy 还有很多窍门，这些窍门可能起初看起来并没有那么有用，但在后面它们的作用会逐渐显现，这个过程类似于剥洋葱。

尽管在编写实验时提示对话框的出现会让你感到不快，但偶尔重新打开提示对话框也不失为一种有效操作。你可以在 PsychoPy 的偏好设置中进行相关操作与设置，它可以充当你的“备忘录”。

第三部分

写给专家

之后的章节侧重讲述某些专业方法，可能仅有少部分用户会用到。如果你不属于这些用户群体（或者你属于），你很可能会觉得后面的章节非常具有挑战性或十分乏味。

第 16 章

心理物理学、刺激和阶梯法

学习目标：学习一些特定的刺激类型（光栅、伽柏刺激和随机点动态运动图）以及一些特殊的试次处理法，如阶梯法和 QUEST 处理程序。

心理物理学出自 Gustav Fechner 的 *Elemente der Psychophysik*（1860）一书，指的是对物理刺激的心理处理。它主要通过对感官刺激数量化来进行科学研究，而这也正是最初编写 PsychoPy 的主要目的，你从该软件的构成也可以看出这一点。本章将介绍 PsychoPy 为该领域开发的一些特殊功能。

如果你能恰当使用本章所讨论的刺激和自适应程序，那么它们将会成为你强大的实验工具；如果你使用不当，它们可能会导致你的实验结果无效或无意义。例如，如果你没有充分理解随机点刺激的参数，你的设置可能会导致方向线索对运动知觉毫无作用（即，会产生一些与运动知觉无关的方向线索）。对于光栅来说，不恰当的空间频率或未校准的显示器可能会导致刺激的平均对比度和亮度产生伪迹（artifact）。对于阶梯法（包括 QUEST）来说，选择不当的参数可能会导致在测量心理测量函数（psychometric function）时，测量值永远处于不恰当的水平。

本章将介绍 PsychoPy 的一些常见设置，它支持的功能，以及使用这些刺激和方法的潜在缺陷。

16.1 光栅和伽柏

几十年来，光栅（grating）刺激特别是正弦光栅，一直是视觉科学家的主要研究方向。正是因为光栅刺激的存在，PsychoPy 的标准颜色空间（standard color space）才是现在的样子（黑色用 –1 表示，白色用 +1 表示）。

光栅本质上只是一种重复的图案，就像是变色的条纹。条纹的变换通常遵循正弦曲线的图像，因此它们能从一种颜色平滑均匀地变换到另一种颜色，但因为梯度函数是比较灵活的，所以矩形光栅也相对比较常见。

光栅由许多参数控制，例如，纹理的空间频率和纹理的相位（控制条纹在刺激区域内的位置）。当然，色块（patch）的方向、位置、颜色和大小也有参数，这和 PsychoPy 中的其他刺激一样。

光栅的掩膜（mask，即蒙版）基本上决定了光栅的形状。如果没有掩膜，光栅就会根据已定义的尺寸、方向和位置填充到正方形（或矩形）中。如果我们将掩膜设置为圆（`circle`），则此圆将是可以填充进正方形中的最大圆形（或矩形中的最大椭圆形）。如果我们想要一个伽柏（Gabor）刺激（高斯掩膜中的正弦光栅），那么我们可以简单地将掩膜设置为高斯（gauss）。在这种情况下，高斯分布的轮廓可以和上述圆形一样，被填充进相同的矩形中。有关边缘平滑的掩膜轮廓（如高斯分布轮廓）的详细信息，尤其是这些掩膜轮廓看起来比相同尺寸的圆形小的问题，请参阅下一节。第三个预定义掩膜是升余弦（raisedCos，前两个分别是 circle 和 gauss），它定义了刺激边缘的平滑余弦轮廓。你也可以使用自定义功能去自定义掩膜。

光栅的空间频率（Spatial Frequency，SF）决定每单位空间里刺激的重复次数，因此空间频率较高意味着条形较窄。这项设置取决于刺激的单位。视觉实验通常以度（视角的度数）作为单位，因此 SF 参数的单位是周期 / 度（cycles/degree）。如果你将刺激的单位改为厘米，则空间频率的单位是周期 / 厘米（cycles/cm）。如果刺激的单位为像素，SF 的单位为周期 / 像素（cycles/pixel），同时，你需要将像素值的数值设置得非常小，否则 PsychoPy 将在像素宽度内呈现多个周期的纹理，即该纹理将重复呈现多次。

你还可以将 SF 设置为零，这将统一色块的颜色使其在刺激中没有变化。不过，在这种情况下，相位仍会影响刺激，因为它控制着其呈现的颜色。

PsychoPy 中，光栅相位（grating phase）有点不同寻常。它的单位不是度或弧度，而是周期（详见 11.3 节），而且波从刺激的中心开始。因此，当相位设置为 0.0 时，光栅的中心有一条白色条纹。当相位设置为 0.5 时，光栅中心的条纹为黑色（波谷和波峰之间的距离为半个周期）。当相位达到 1.0 时，中心的条纹将恢复为白色。这也许看起来会让人感到困惑，但当相位值的设置以时间为基础时，我们就可以非常容易地得到光栅漂移（grating drift）。设置为 `$t` 的相位将以每秒 1 个周期的速度漂移，而设置为 `$2*t` 的相位将以每两秒 1 个周期的速度漂移。

在 PsychoPy 中所指定的光栅颜色（grating color）定义了光栅峰值的颜色，该颜色值实际需要与每个点上波的值相乘。在光栅的波谷中，我们将自动获得与已设置的颜色相反的颜色。在经伽马校正的显示器上，当光栅颜色与指定颜色中和时，会产生平均灰度的显示屏颜色。当你指定了光栅的颜色后，你将无法自由选择与其相对的另一种颜色——因为另一种颜色总是与你已指定的颜色互为相反色。如果在光栅中你需要两种任意颜色，而不是一种颜色和与其相反的颜色，那么你只能使用代码组件创建自定义纹理，但这种情况下，所产生的刺激在屏幕中将无法具有中间灰度背景所具有的相同的平均亮度。

PsychoPy 是如何创建光栅或伽柏刺激的

PsychoPy 的一个关键特性是它能够使用 OpenGL 来渲染光栅。在 OpenGL 中，可以将纹理上传到显卡上，让它在显卡上对纹理进行操作和处理。例如，在屏幕上移动纹理，拉伸和缩放纹理，甚至将它们组合起来。这就是“硬件加速”图形的本质。在该技术出现之前，我们不得不在计算机的中央处理器（CPU）上先进行计算，然后再将结果逐个像素地上传到显卡中进行演示。这种代码很难编写，运行速度也慢得多。

那么，我们应该如何创建漂移的光栅或伽柏刺激呢？基本上，我们只需要提供载波光栅（如正弦波）的单个周期和掩膜的单个副本即可。之后就可以使用 OpenGL 来指定应该使用的光栅周期数，与光栅周期数组合的掩膜，以及 4 个用来确定方位的顶点位置。图形处理器

（GPU）会对从OpenGL中得到的实际像素值进行计算，而这比用CPU计算快得多，且可以让CPU去执行其他任务，例如，检查键盘的反应等。

使用不同的掩膜，或对周期和方向进行不同的设置，都可以重组纹理。同时，在屏幕刷新一次的时间内，或在屏幕刷新的时间间隔中，都可以用新的设置对其进行多次渲染。因此，纹理（或图像，该系统的功能在图像刺激中也相同，只是它未使用多个周期）只需要上传一次即可。

如果想要使用新的刺激颜色，我们也不需要改变纹理。我们只需要上传新的颜色值，由显卡来进行正弦曲线与颜色值相乘的计算即可，我们不需要在提供纹理之前亲自进行计算。所有的操作都在显卡中进行且耗时极少，而且一般在屏幕刷新一次的时间内，这些操作就可以被完成。而唯一相对较慢的步骤则是将纹理或图像数据加载到显卡上的过程。对于PsychoPy中的Builder界面来说，唯一耗时的操作（因此这应该在试次间完成）就是对纹理或掩膜的设置，而其他所有参数都可以立即更改。

延伸阅读：PsychoPy从使用OpenGL渲染伽柏色块开始

用OpenGL渲染伽柏色块实际上是创建PsychoPy的主要原因。乔纳森（本书作者）熟悉如何通过C语言来使用OpenGL的纹理技术。在2002年，他发现用Python也可以达到相同的效果（在MATLAB中需要安装C语言扩展）。这意味着他可以轻松地绘制具有漂移光栅的伽柏色块，并实时更新其位置（根据鼠标指针的坐标来更新）。由于没有C语言代码，当时的MATLAB无法做到这一点（当时Psychophysics Toolbox只有第2版，在Mario Kleiner重写的第3版中才添加这些功能）。因此，乔纳森发现在不预先计算刺激的情况下，刺激还可以被精确渲染，而这成了乔纳森创建PsychoPy Python库的动力，这也是现在所有成果的基础。

16.2 边缘光滑的掩膜（高斯和升余弦）

高斯和升余弦掩膜很受研究者们的欢迎，特别在视觉科学中。因为它们生成的图像非常平滑，没有突兀的、生硬的边缘。对于视觉系统来说，图像中出现生硬、突兀的边缘会使得视觉皮层产生大量的活动，而这些皮层活动并不是我们想研究的主要内容。

然而，如果使用这些掩膜则会引入另一个复杂情况，即如果图像开始呈现时十分缓慢，很难看出其从何处开始，那么我们该如何定义刺激的“尺寸”呢？尺寸对它们来说意味着什么？如果你无法理解本段的其余部分，请不要担心。注意，高斯掩膜的图像看起来比相同尺寸的圆形小（见图16-1）。对于高斯掩膜来说，“尺寸”指在高斯分布曲线的左右侧面上3σ的点（即$\pm 3\sigma$之间的大小）。换句话说，如果对于你的刺激，`size=3cm`，`mask=gauss`，那么可以说你的刺激有一个高斯包络（gaussian envelope），σ为0.5cm。（刺激的每一侧都有3σ，共计有6σ，占3cm，所以1σ=0.5cm。）

升余弦掩膜（掩膜参数中的`raisedCos`）同样可以使刺激的开始比较平滑，没有生硬的边缘，但开始的速度相对更快一些（实际上这也可以通过PsychoPy进行控制），而且它也能更好地定义尺寸。升余弦因形状与余弦函数相同而得名，但 $\cos\theta$ 的范围是 –1~1，在这里它被“提升”到 0 的上方，范围变为 0~1，其中 0 和 1 指的是不透明度值。请注意，升余弦只是具有余弦轮廓的边缘（侧面），且刺激的中心在透明度上的变化是平坦的而已。

如果指定了其中一个内置掩膜，则纹理分辨率（texture resolution）将控制该图像的分辨率，但请记住，图像的尺寸将以像素为单位呈现在屏幕上。

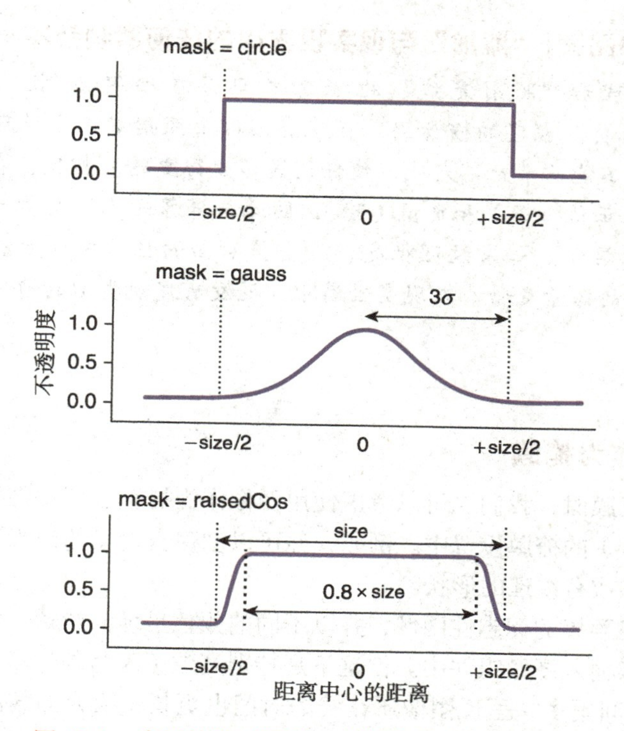

图 16-1　内置掩膜（圆形、高斯和升余弦）的轮廓

注：外部虚线表示刺激的“尺寸”。注意，高斯轮廓看起来比相同尺寸的其他轮廓小很多，这主要是为了应对刺激边缘的不透明度降至 0 的情况（否则我们会看到锋利的边缘）。对于升余弦掩膜来说，我们可以看到其边缘平滑，且过渡快速。

混合规则

如前所述（参阅第 3 章），图像和其他可视组件通常有 `opacity` 参数。显然，在现实生活中，我们很容易看到完全不透明的物体，但无法透过它看到背后的物体；同样，我们也无法看到完全透明的物体（不透明度为零），但其背后的物体是完全可见的。在计算机图形学中，这在技术上可以通过混合规则（blend rule）来实现，该规则采用当前正在绘制的物体的像素和当前背景的像素的加权平均值（即之前绘制的所有物体的组合）。更具体地说，最终的像素值应该是当前绘制物体像素值（权重设置为某不透明度数值）和背景像素值（权重设置为“1 减去该不透明度数值”）的平均值。如果物体的不透明度设置为 0.1，那么像素主要看起来更贴近背景（权重为 0.9），且仅有一点点贴近物体本身（权重为 0.1）。

对于不透明度和透明度，虽然混合规则是“现实世界”中最合理的规则，但它只是我们可以应用的规则之一。另一个有用的混合规则是使用加法，而不是求平均值。在这个规则中，不透明度仍然决定着我们应该对当前物体添加的内容，但它不会以任何方式遮挡已经存在的、经过渲染的像素。这与将新图像照射到已有图案上有些相似。现有图案不会被新图像的光线移除或遮挡，相反，新的光线会被添加到已有的光线中。

延伸阅读：“添加”与现实世界中的任何事物都不一样

“添加”纹理和“照射光线”的概念之间存在细微差别，这可以追溯到 PsychoPy 中“正负”颜色的概念里。在现有图像上照射第二个纹理光可以使图像区域更亮，但它不能“带走”光线以使任何区域变得更暗。相反，在 PsychoPy 中，由于颜色可以是正值（亮）和负值（暗），因此与屏幕的平均灰度有任何偏差的地方都可以突出地显示。如果纹理很亮，它会使后面的任意像素变亮；如果纹理很暗，则会使后面的像素变暗。在现实世界中，还没有发现类似的情况。

16.3　使用图像作为掩膜

当提到纹理和掩膜时，我们也可以考虑使用图像作为掩膜。任意图像文件都可以用在光栅组件（或图像组件）的掩膜设置中。例如，你可以创建自定义的边缘平滑的掩膜，也可以生成有趣的、彩色的或有纹理的形状。

假如你想要创建苹果的标志性图像，并以不同的颜色呈现。当然，你可以创建多幅关于苹果的图像，并将其输入图像组件中。但这不是特别高效（因为制作多幅图像花费的时间更长），占用的存储空间更多，呈现图像所花费的时间也更长（因为加载图像并发送到显卡上是目前刺激渲染过程中最慢的步骤）。为了提高效率，你可以将苹果的图像设置为掩膜。

另一个原因是，当你将苹果的图像作为图像使用而不是用作掩膜时，最终该图像在呈现时周围会形成一个彩色方框。这对你来说可能也无关紧要，因为你可以将方框的颜色设置为与背景相同，使其在视觉上处于不可见的状态。但你也可以将图像设置成掩膜，并为实验刺激创建透明的背景。

当使用图像文件作为掩膜时，只需要设置其路径和文件名，这和在图像组件中的设置一样。当绘制纹理时，掩膜图像中的亮像素变为可见的（不透明的），黑像素变为透明的。掩膜可以使用全范围的灰度，并且中间灰度将根据亮度变为半透明的。

理想情况下，你可以在喜欢的图像编辑软件中将图像转换为灰度模式。虽然 PsychoPy 可以将 RGB 图像转换为亮度值，但与“简单地转换掩膜图像并将其另存为灰度模式”相比，PsychoPy 在转换时需要进行更多的处理并占用更多的磁盘空间。请记住，在合理的情况下，掩膜图像需要尽可能小。与图像组件一样，如果只需要在屏幕上以 50 像素 ×50 像素的大小呈现图像，则完全没有必要将图像保持在 1000 像素 ×1000 像素。

如何才能获得彩色图像呢？将掩膜与光栅组件结合起来，你就可以使刺激具有空白纹理（只是单一、平滑的颜色），或将其设置为你喜欢的颜色。现在，已经指定了物体的“形状”（包括不透明度的渐变）且定义了纹理平滑的颜色。如果你愿意，你甚至还可以为物体添加纹理。虽然在水果形状的物体上添加正弦曲线可能看起来很奇怪，但如果你愿意，你也可以为其创建这种看起来像果皮的纹理。

16.4　元素数组[①]

在撰写本书时，元素数组（element array）不能直接在 PsychoPy 的 Builder 界面中使用，但你可以通过代码组件来添加并使用它们。元素数组在本质上与多个光栅物体类似，你可以指定要在所有元素间共享的掩膜和纹理，这意味着包括空间频率、方向和尺寸等内容在内的数组会分别应用于每个元素。原理即是，让显卡承担更多的任务以减少 Python 执行的命令数量，而这些数组正好可以通过更快地渲染大量的刺激来达到上述效果。如果需要渲染多个相似的元素，你应该考虑使用元素数组。

要将元素数组与代码组件一起使用其实很容易。这里我们通过创建视觉搜索任务（使用随机方向的伽柏数组，其中目标刺激具有不同的空间频率）来进行演示。演示任务需要使用如下代码（如果你用必应搜索 element array PsychoPy，那么在点击量最多的链接中，你可以获取包含所有信息的更详细的版本[②]）。

```
gabors = visual.ElementArrayStim(win, units=None,
                    elementTex='sin', elementMask='gauss',
                    fieldPos=(0.0, 0.0),
                    fieldSize=(1.0, 1.0), fieldShape='circle',
                    nElements=100, sizes=2.0, xys=None,
                    oris=0, sfs=1.0, contrs=1, phases=0,
                    colors=(1.0, 1.0, 1.0), colorSpace='rgb',
                    opacities=1.0,
                    texRes=48, interpolate=True)
```

与使用 Python 一样，在这里你也可以省略绝大多数的参数（argument）[③]，并使用默认设置。通常情况下，在代码组件（在 Builder 界面中，在 Components 面板的 Custom 选项下）的 `Begin Experiment` 中，可以通过代码来创建数组。因为我们通常只需要创建一次数组，然后就可以根据需求来操作它的内容。需要注意的是，创建数组之后我们将无法更改数组中元素的数量，因为这会对 `ElementArrayStim` 的大部分内容产生影响。如果你的实验需要改变每个试次中的元素数量，那么方法则是将该代码输入代码组件中的 `Begin Routine` 中，重新为每个试次创建对象，并确保你为它们预留了足够的时间，即能在任何时序关键（time-critical）的事情发生之前完成对象的创建（创建刺激需要一定的时间）。如果你需要在试次中改变元素的数量，那么你需要创建一个足以处理所有刺激的数组来进行模拟，然后可以将其中某些刺激的不透明度设置为 `0`，使它们不可见。

---

① 原文使用 element array，但一般常用 array element，即数组元素。——译者注

② 必应搜索中第一条信息的内容非常详细和完善，可以多参考该内容。——译者注

③ argument 是指调用函数时的实际参数。——译者注

ElementArrayStim 中的一些设置可以应用于所有元素。例如，所有元素必须共享相同的纹理（elementTex）、掩膜（elementMask）和单位。一些设置如 fieldPos、fieldSize 和 fieldShape 可以应用于整个刺激，因为它们控制着数组的位置、大小及形状（圆形或方形），只有在没有用 xys 来手动指定元素位置的情况下，后两者才会起作用。

但是，当参数用复数（plural）表示时，你既可以指定单个值并将其应用于所有元素，也可以指定列表或数组的值来单独应用于元素（列表或数组的长度必须与元素的数量相匹配）。例如，在下面的 5 个伽柏刺激中，它们大小不同但方向相同（均为 45°）。

```
gabors = visual.ElementArrayStim(win, units='cm',
                    elementTex='sin', elementMask='gauss',
                    nElements=5, sizes=[1, 2, 3, 4, 5],
                    oris=45)
```

为了看到刺激，还需要在 Each Frame[①] 中使用如下代码。

```
gabors.draw()
```

或者也可以使用 gabors.setAutoDraw(True) 和 gabors.setAutoDraw(False) 来设置开始或停止，而不是每次都使用 draw()。

通常情况下，你需要将某个参数设置为在数组中随机变化，或将数组的某个部分设置为一个值，而将另外某个部分设置为另一个值。这些都可以通过 Numpy 库中一些简单的函数来实现。接下来，创建一个有 100 个元素（方向随机）的数组，其中一半元素的尺寸为 1，另一半元素的尺寸为 2。

```
nEls = 100

elSizes = np.zeros(nEls)
elSizes[0:50] = 1 # 1st half of array to 2
elSizes[50:] = 2 # 2nd half of array to 4

elOris = random(100)*360

gabors = visual.ElementArrayStim(win, units='cm',
                    fieldSize=20,
                    nElements=nEls, sizes=elSizes,
                    oris=elOris)
```

① 原文为“On every frame”，此处指的是在“每一帧”。而在代码组件的选项卡中，没有 Every Frame 选项卡，只有 Each Frame 选项卡。——译者注

16.4.1　更新值

在任何时候（包括每一帧），都可以更新元素数组的值，这通常是一个快速的过程，它可以在屏幕刷新一次的时间内完成。但更重要的是，需要使用数组来高效地更新原有的值，而不是用 for 循环来更新每个单独的元素。例如，为了改变元素中总是一半 sf 为 2 而另一半 sf 为 4 的情况，可以在每个试次中使用名为 lower 或 higher 的变量，且该变量因条件的变化而变化。采用 for 循环进行更新的代码如下所示。

```
for n in range(100):
  if n<50:
    elSizes[n] = lower
  else:
    elSizes[n] = higher
# actually update the values in the stimulus
gabors.sizes = elSizes
```

该代码要执行一百多条 Python 命令（每个元素一条）。而如下代码则更高效。

```
elSizes[0:nEls/2] = lower # 1st half of array
elSizes[nEls/2:] = higher # 2nd half of array

# actually update the values in the stimulus
gabors.sizes = elSizes
```

在目前的示例中，数组的方向是随机的，也可以简单地在每个试次中将其设置为新的随机数组。

```
gabors.oris = random(100)*360
```

同时，也可以逐渐增加数组。例如，在试次开始时，为伽柏设置一组新的随机方向，可以在每一帧上添加一个值来逐渐旋转它们。例如，可以在每一帧上添加 2°，这样，在屏幕刷新频率为 60Hz 时，物体将在不同的随机位置开始以 120°/s 的速度旋转。

```
gabors.oris += 2 # add 2 deg rotation per frame
```

如果你想让伽柏漂移，也可以用同样的方式。在试次开始时，使用 gabors.phase=random(100) 对光栅的起始相位进行随机代入，然后使用 gabors.phase += rate/60，其中 rate 指的是在刷新频率为 60Hz 的屏幕上刺激的期望运动速率（单位为周期 / 秒）。

16.4.2 元素的位置

最后要注意的是如何设置元素的位置。可以通过属性 `xys` 来设置每个元素的位置，并形成 $2 \times n$ 的数组。但我们一般只需要让刺激处于圆形或方形区域内的随机位置即可，因此可以将 `xys` 设置为 `None` 并使用 `fieldSize` 和 `fieldShape`（可以是圆形或方形）。通过这些设置，PsychoPy 将相应地填充一组随机位置。

如果要重复该过程并使用相同的规则生成更多的随机位置（例如，在每个试次开始时），只需要调用 `gabors.setXYs()` 或 `gabors.xys=None` 即可，这两个都可以填充新位置。

要访问已设置和已使用的值（在任何参数中），都可以使用如下代码。

```
finalOris = gabors.oris
finalXYs = gabors.xys
```

16.4.3 ElementArrayStim 的其他用途

除了视觉搜索任务外，ElementArrayStim 刺激还可用于其他各种目的。举一个简单的例子，可以将 ElementArrayStim 设置成一组图块（即瓷砖墙），也就是分别为每个小图块设置透明度，并显示整个图像。如果打开 Coder 界面，在 Demos 菜单的 Stimuli 命令中，你可以看到一个叫作 maskReveal 的示例程序，这就是上述例子的代码。

16.5 随机点动态运动图

在视觉科学中，另一个著名的刺激是随机点动态运动图（Random Dot Kinematogram, RDK）。这种刺激的目的是迫使人们从一组点中整合运动信号，以检测图案的“全局”运动，而不是让人们仅仅根据单个项目就做出决定。该刺激在概念上听起来相当简单：有一组可移动的点，而且它们运动的一致性（即试次中，朝信号方向移动的点的百分比）是可以变化的。根据点在呈现和运动时的不同规则，我们可以采用多种方式对点进行构建。那么在每一帧上，朝信号方向移动的点是保持不变的，还是可以由我们随机选择的呢？当其他点（“干扰”，可视为噪声）移动时，这组点的移动速度是否相同？它们是朝着恒定的方向移动还是曲折蜿蜒地移动？当点离开区域的边界时，为使区域内点的密度在时间和空间上保持不变，我们应如何对它们进行替换？

实操方法：减少 RDK 中的伪迹

令人惊讶的是，实际上，RDK 中的刺激在生成的同时也会产生一些伪迹，而伪迹可能会导致参与者在实验中“作弊”。如果要最小化伪迹的影响，最重要的方法则是使用生命周期较短的点并且适当地增加点的数量。

你不相信我们？需要举例吗？例如，当点到达区域边界时，如果我们替换它，会发生什么？几乎在所有实验中，点都会被随机地放回区域中的某个位置。渐渐地，随着信号点朝特定方向移动，干扰点随机移动，且越界的点被随机地放回区域中，你会发现朝向区域某边缘移动的点的密度会越来越大，而这也表示了点移动的方向。

另一个例子是，如果使用同一规则去选择信号点，而使用"随机位置"规则去选择干扰点，那么我们可以发现：信号点的速度相同且可被追踪，而干扰点是"跳跃"的且迟早会跳跃一个较远的距离，因此也可被追踪；如果参与者发现他们可以追踪某个点，那么无须整合其他点，他们也可以知道该点的全局运动。

要解决这些问题，可以使用生命周期相对较短的点。在第一个示例中，对于运动方向上点的密度的问题，如果重新选择生命周期较短的点，参与者会因为密度差异太小而无法检测密度变化。虽然理论上参与者可追踪点，但因为所有的点都周期性地消失并重新出现，所以参与者将无法追踪。在实验调试阶段，用生命周期较长的点可能会更好（因为你可以看到点的具体情况），但在正式实验中，使用生命周期少于5帧的点。

第二种方法是适当增加点的数量（需要大量的点）。如果没有受其他情况影响，这会增加"一致性"设置的分辨率。如果你仅仅用10个点，那么即使点的数量在此基础上再增加了一小部分，一致性选项显然只有0、10%、20%等。你可能阅读过那些使用相对较少数量点（数十个）的论文，但现在情况不同了，因为高速计算机可以轻易地在一帧中更新许多的元素，所以适当增加点的数量指的是适当增加大量的点。

这些问题没有统一的标准答案。学术界有许多不同版本的RDK，它们的缺点也各有不同。Scase等人（1996）提出了一种对这些运动进行分类的方法，而PsychoPy便用了该系统，并允许用户使用Scase等人的分类方法生成各种不同的刺激。但是，他们的分类方法也给我们留下了一些思考。可以通过两种方式来定义信号点或干扰点。

- **相同**：在整个试次中，判断和定义保持不变，因此一旦是信号点，就一直是信号点。
- **不同**：每次刷新屏幕时，都需要重新对信号点或干扰点进行定义和判断，上一帧的信号点在下一帧可能成为干扰点。

另一个需要考虑的是，如何将下一个随机位置分配给干扰点，Scase等人称之为"干扰点类型"。对于干扰点类型，有如下3种选择。

- 随机位置（random position）：每一帧中，将在区域中的任何新位置指定为干扰点的位置。
- 随机游走（random walk）：在每一帧，指定的干扰点可以朝任何方向移动一段固定的距离。
- 恒定方向（constant direction）：在帧与帧之间，干扰点保持恒定方向（像信号点一样）。

定义信号点的两种方式和干扰点类型的 3 个选择可以进行组合，因此使用此分类法可以得到 6 个不同版本的 RDK。除此之外，在应用刺激时，还需要考虑两个关键参数，即点的生命周期（lifetime）和数组中的数字。点的生命周期指的是，一段时间之后，点将被随机移动到区域中的某个新位置，这对于消除不可避免的伪迹来说非常重要，该内容可参考本节的“实操方法”。同样，点的数量也相当重要，因为点的数量太少，参与者就不太可能需要根据点的全局运动来做出某种决定了。

Scase 等人得出这样一个结论，即上述大多数方法的效果挺好且没什么区别，但其中的一些方法更受欢迎，可能是因为它们可以在相对较慢的计算机上使用——这是首次应用该技术时需要考虑的因素。最常见的方法是使信号点在帧与帧之间保持相同，并根据随机位置规则移动干扰点（该方法由 Newsome 和 Movshon 等人在 20 世纪 80 年代推广）。

上述内容虽然仍存在一些争议，甚至有人有时在使用它们时并不是很顺利，但 PsychoPy 目前的 Dot-Stim 功能允许你使用所有这些不同形式的运动，而不是只给你提供大多数实验室使用的常见运动（虽然这些常见运动会使操作更加简单，降低选择错误的可能性）。选择 Builder 界面中的 Dots 组件就可以在 PsychoPy 中使用其所有的选项功能了，见图 16-2。

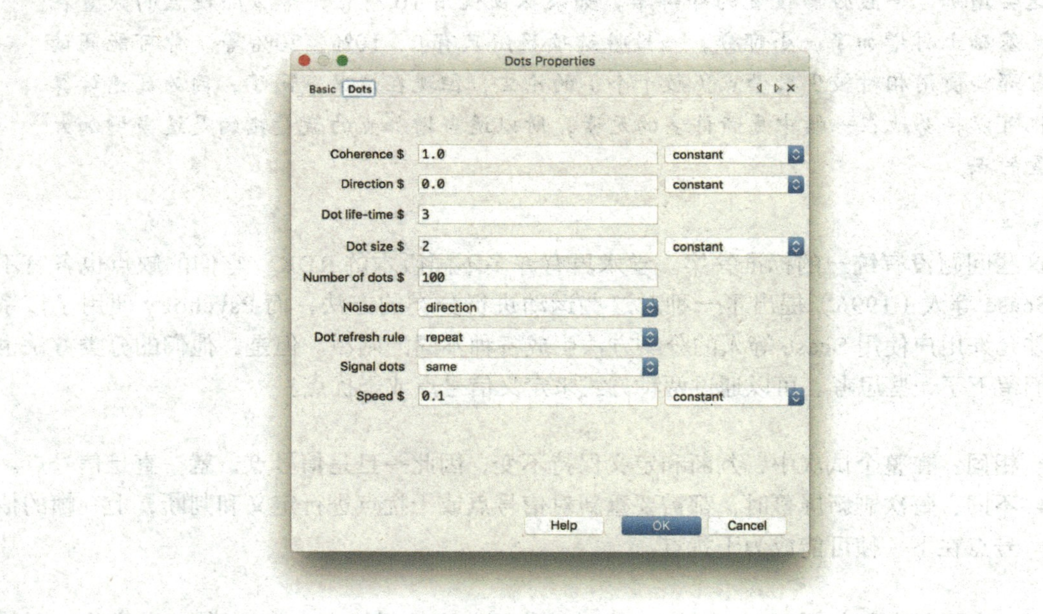

图 16-2　Dots 组件中的参数设置

注：请使用生命周期较短的点来减少伪迹的影响，并适当增加点的数量。还需要注意选择信号点（相同或不同）的设置及设置干扰点的方法（随机位置 / 方向 / 游走）。此外，还要注意 Dot refresh rule 参数，在程序中，它控制着每次重复时点是否更新（通常保留默认值即可）。

16.6　阶梯法和贝叶斯法

在许多实验设计中，刺激和条件是预先确定的且对所有参与者保持相同。在心理物理学领域，这称为恒定刺激法（Method of Constants[①]）。当我们知道值的相关范围时，这种方法非常适合使用，例如，你需要知道所需测试的对比度范围，才能检测出某人的探测阈值（detection threshold）。如果你事先不知道阈值，特别是，如果阈值因参与者而异，那最终你可能必须测试大量不同的值，才能找到参与者刚好能察觉刺激的那个点。而在运行大量试次的过程中，也许参与者可能很容易发现刺激，但他们也有可能根本没有机会发现刺激，且不管如何，如此大量的测试实际上效率十分低下，还会让参与者感到烦躁。因此我们希望将试次主要集中在接近参与者阈值的区域。

因此，自适应方法（adaptive method）应运而生。这种方法可以根据先前的反应自动调整刺激水平，并逐渐锁定数据范围（通常是探测阈值或辨别阈值）。例如，如果你计划找到探测阈值，那你可以从可探测和察觉到的刺激强度开始，并逐步降低强度，直到参与者无法可靠地探测出它，之后增加强度，直到参与者可以再次清楚地探测出它为止，等等。不过，你仍然需要收集在各种刺激强度值下参与者的一系列反应，但你所选择的值基本上针对参与者进行了优化，因此它们围绕在参与者的阈值附近。上述方法称为自适应阶梯法（adaptive staircase）。

但是，如果阶梯法（staircase）没有快速锁定感兴趣区（Region of Interest，ROI），也会令人感到很不爽。如果将阶梯值设置得很小来确保不会发生“跳过”（跳过了阈值）的情况，那么可能需要花费很长时间才能离开最初那个易于探测的值，因此寻找最佳的阶梯也会花费大量的时间和精力。

16.6.1　阶梯法不仅适用于探测阈值

尽管阶梯法是为测量探测阈值而设计的，但它们的用处不限于此。基于上述这种思考模式，其实许多实验可以重新编写。符合以下条件的任何实验都可使用这些方法。

- 刺激条件可以通过数字进行确定。
- 得到“错误”的试次或选择“否”会导致数字增大，得到“正确”的试次[②]或选择“是”会导致数字减小。

例如，假设你要创建一组不断变化的人脸照片，来测量参与者对面部形状变化的敏感度，那么你可以在这个连续的过程上测量两张人脸之间的距离，以可靠地检测它们之间的差异。本质上，你在测量人脸的辨别阈值，但这可能并非该项研究的初衷。

阶梯法也可用来衡量主观相等（subjective equality）。假设你正在研究大小错觉，而参与者需要回答哪个物体看起来更大。因此你可以操纵其中一个物体的大小，并使用阶梯法来锁定他们看起来相同的那个点。

---

① 常用的英文应为 Method of Constant Stimuli。——译者注

② 原文为“incorrect”，此处为作者笔误，应为“correct”。——译者注

16.6.2 PsychoPy 中标准的上下阶梯法

在每个试次中都可以从标准的、简单的阶梯法中得到某个值来对刺激进行设置，该操作在 PsychoPy 中也非常容易。首先，创建试次并插入循环。当 Loop Properties 对话框出现时，把 loopType 设置为 `staircase`。当设置完成后，你所控制的选项将会发生变化，见图 16-3。这里不会有插入条件文件的选项可供选择，因为条件由阶梯决定。你只需根据需要指定控制阶梯的特性即可，如 start value、step size、nReps 等。这些选择如下所述。

如何使用阶梯法产生的值呢？一旦阶梯法开始，它就会在每个试次中创建并更新一个叫作 `level` 的变量。可以使用 `$level` 的值来控制刺激。请注意，如果答案错误，将值增大；如果答案正确，则将值减小，请确保使用无误。如果使用 `level` 来控制激的持续时间或强度（持续时间更长、强度更高的刺激更容易被发现）是十分合理的，但如果你想通过正确答案来增强某物（例如，掩膜的强度），则可能会违反常理。在这种情况下，你需要将掩膜的设置调整为 `1-level`，而不是直接使用 `level`。

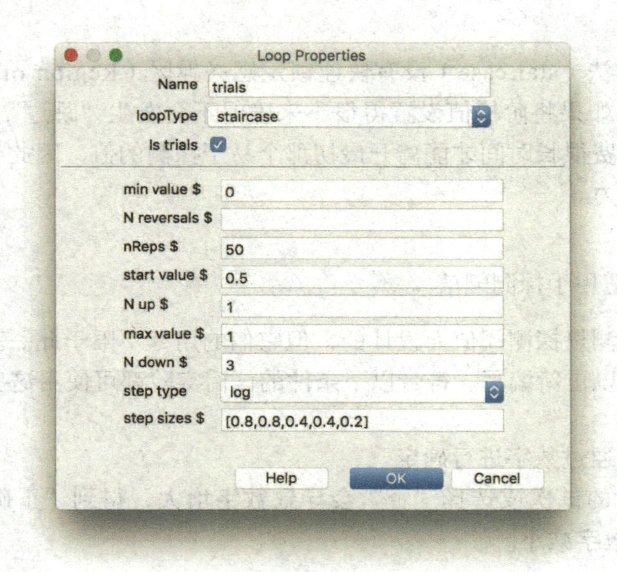

图 16-3 PsychoPy 中，控制标准上下阶梯法（standard up-down staircase）的可用选项

注：插入循环并将 loop Type 设置为 staircase，而不是 random。

标准自适应阶梯法有一个规则，即在阶梯法中的值增大之前，有一些答案必须是错误的（为否），在值减少之前有一些答案必须是正确的（为是）。前者几乎总是 1，而后者取决于你想要锁定的特殊值。最常见的选项是 1-up/3-down 阶梯法，其正确率保持在 79%（这对于二选一的任务来说很常见，预期正确率为 50%）和 1-up/1-down 阶梯法，其正确率保持在 50%（有助于衡量主观相等）。

选择步长（step size）和步骤类型（step type）。你同样需要选择阶梯法中每一步的大小。如上所述，如果步长设置得太小，则需要花费很长时间才能到达期望位置；如果设置得太大，则测量的分辨率又会很低，因为数据没能足够接近实际的感兴趣的阈值。常见的解决方案是，让阶梯法在开始时将步长设置较大，随后便逐渐减小。在 PsychoPy 中，可以在每次“逆转”时减小步长，即当阶梯法使试次更难时，则开始减小难度让其变得简单（因为试次中，参与者产生了错误）。步骤类型的问题在一定程度上取决于你认为每一步应该是加法还是乘法步骤。你直觉上可能会认为你想要加或减一个值（例如，每 5 步增加或减去 0.1），但更合适的规则是让它按一定比例增长（每 5 步将大小增加一倍）。前一个规则更容易，你只需要将 step type 设置为 line（线性，软件有时会缩写成 `lin`）即可。

如果要增大 / 减小比率，则将 step type 设置为 `log`（对数）或 `db`（分贝，即 dB）。但怎么判断对数单位或分贝的大小呢？在这里，我们将 10 作为对数的底数（$y=\log_{10} x$）。那么 $1=\log_{10} 10$，1 就表示以 10 为底的 10 的对数。因此，y 加减 1 个对数单位的变化则意味着 x 将相应地变化 10 倍，即 $y+1=\log_{10} 10x$ 或者 $y-1=\log_{10} (x/10)$。对于大多数事物来说，以 10 倍为变化幅度其实相当大。比如对比度从 0.5 到 0.05，实际上会在视觉上产生很大的变化。因此，我们可以采用更小的对数单位来缩小这种变化的幅度，例如，0.2 个对数单位（$0.2=\log_{10} 10^{0.2}$）。0.2 个对数单位意味着，5 个 0.2 个对数单位对 y 的加减才能使 x 发生 10 倍的变化，因此在这种设置下，0.5 需要进行 5 次变化才能转为 0.05，即 $0.5 \rightarrow 0.315 \rightarrow 0.199 \rightarrow 0.125 \rightarrow 0.079 \rightarrow 0.05$（每次 y 减去 0.2，对应着的 x 缩小到原来的 $1/10^{0.2}$ 倍）。而研究者在使用对数来描述量时，往往更倾向于使用较小的变化幅度，所以他们为了数字好记，就开始使用分贝：20 分贝与 1 个对数单位相当，也就是 ±1dB 意味着原来的量变化了 $10^{0.05}$ 倍。虽然 0.2 个对数单位和 4 分贝是相当的，但整数看起来也比小数好一些。许多视觉和听觉的研究者都喜欢使用分贝这样的单位。[①]

选择起始值（start value）。通常，我们选择的起始值应让刺激清晰可见，这有助于让参与者进入任务，使他确切地知道注意力应该集中在什么地方。在某些情况下（例如，测量主观相等时），我们总会担心从预期阈值的一侧开始会产生偏差。而常见的解决方案是，运行具有多个起始值的阶梯法。例如，一个故意远高于目标值，另一个远低于目标值。通常在交叉试次中使用这种阶梯法（详见下文），既保持了独立的历史记录，且在每个试次中，使用的阶梯也都随机化。

选择终止时间。你还需要确定试次的数量，确保可以估计阈值。你可以根据试次的次数（例如，每运行 50 个试次）来设置终止时间，但一般建议根据阶梯法的逆转数量来设置终止时间。这有利于确保参与者在阈值水平附近进行了合理数量的试次（例如，如果参与者进行了 10 个试次就到达阈值区域，就没有必要进行 40 个试次了）。本步骤的关键在于检查原始阶梯数据以确保数据按预期向阈值靠拢，且确实收集了足够多的数据。

这些系统还有许多的衍生内容，例如，有的阶梯法增大或减小的步长不同（García-Pérez，2001）。遗憾的是，在撰写本书时，PsychoPy 暂不支持这些选项。

16.6.3 交叉阶梯法

通常，我们希望阶梯法程序可以交叉。例如，如果我们试图检测被试对圆形和星形目标

① 本段翻译与原文有一定差异，旨在帮助数学不太好的读者更好地理解这两种单位。——译者注

的探测阈限，我们可以先测量一个阈限，再测量另一个。当然，这可能会引起顺序效应，或有的东西没有出现在第一个区组中却出现在第二个区组中，等等。因此在理想情况下，我们会为不同的条件交叉试次。

这里就需要使用交叉阶梯法（interleaved staircase）。交叉阶梯法就像是恒定刺激法（需要条件文件来指定试次变化）和阶梯法的交叉。每个阶梯法都由不同的参数（例如，不同的起始值、不同的步长）控制，这些值必须在条件文件适当的列中指定。每个阶梯法也可以包含在刺激中使用的附加变量，就像在标准条件文件中一样，这些变量均需要在附加列中指定。名称与阶梯法相关的列会被自动用来创建阶梯法，且循环内的程序也可以使用其他变量。

表 16-1 展示了 4 种交叉标准阶梯法可能的条件文件。该条件文件指定了这些交叉阶梯法用在一个测试高和低空间频率的实验中。每个空间频率都使用了两个阶梯法，从预期的对比度探测阈值（contrast detection threshold）以上或以下开始。

表 16-1　4 种交叉标准阶梯法可能的条件文件

startVal	**stepSizes**	**sf**	**label**
0.01	[2,2,1,1,0.5,0.5,0.25]	2	lowSF_lowStart
0.01	[2,2,1,1,0.5,0.5,0.25]	4	hiSF_lowStart
0.20	[2,2,1,1,0.5,0.5,0.25]	2	lowSF_hiStart
0.20	[2,2,1,1,0.5,0.5,0.25]	4	hiSF_hiStart

在这些条件中，所有阶梯法的起始值不同，且将进行 40 个试次（0.01 和 0.2 即预期的刺激对比度的值）。我们还指定了空间频率变量 **sf**，**sf** 不会在阶梯法中使用，但会在刺激中使用。将刺激简单地进行如下设置：

- 空间频率 =**$sf**；
- 对比度 =**$level**。

实验将正确使用阶梯法中的值。在每个试次中，4 个阶梯法之一将被随机选择，并从中提取下一个水平。来自已设置了 store correct 的键盘组件的数据会被记录并用于对适当的阶梯法进行更新，以便其在下一个水平使用。此外，将你需要控制的附加的阶梯法设置（例如，**stepSizes**、**minVal** 和 **maxVal** 等）添加到文件中。

在 label 列中，每个阶梯法都有一个标识符，以方便我们在分析中根据阶梯法对数据进行分类。

16.6.4　贝叶斯法

阶梯法的发展过程中，最重要的一步则是引入贝叶斯最佳选择法（Bayesian-optimal method），用于选择下一个试次的水平。Watson 和 Pelli（1983）推断，运行下一个试次的最佳水平是阈值的当前估计值。因此，在每个试次后，QUEST 程序将最大限度地搜索阈值的可能性，估计阈值并根据该估计值更新下一个试次的水平。

优势：设计 QUEST 程序的目的在于快速锁定阈值。在 QUEST 程序中，你不必指定步长，因此，你无须考虑一些令人讨厌的东西，如分贝。你只需要估计阈值及其可用范围，即拟合曲线的标准差。程序将根据参与者的反应自动完成剩余部分。

劣势：你可能想要描述心理测量函数的完整形状（将刺激强度与反应概率相联系的曲线），而不只是快速锁定，或只将注意力完全集中在阈值上。另外，在使用 QUEST 程序时，你倾向于在预期的阈值附近开始试次，而不是在舒适的可见水平上开始试次。因此，你可以设置一些练习试次，以便参与者熟悉刺激。

在 QUEST 程序中，你需要设置起始值（你可以在 PsychoPy 文档页面上找到其他选项，但下面这些是需要进行设置的关键选项）。

- startVal：这是你对阈值的初步猜测。
- startValSd：这是你对心理测量函数的延伸的初步猜测。
- pThreshold：这是你希望锁定的阈值，用小数表示（例如，对于 80% 的阈值目标，则表示为 0.8）。

如上所述，在 PsychoPy Builder 中，通过交叉阶梯法可以获取并使用 QUEST 程序，但在 Loop Properties 对话框中不会出现单个阶梯选项。因此，你需要选择交叉阶梯法，并在 stairType 中选择 quest。现在，你可以使用一个或多个独立的、交叉的 QUEST 程序来指定条件文件了。例如，你的条件文件可能类似于表 16-2。

表 16-2 交叉的 QUEST 阶梯算法可能的条件文件

startVal	startValSd	pThreshold	sf	label
0.5	2.0	0.8	2	lowSF
0.5	2.0	0.8	4	hiSF

16.6.5 阶梯法的数据分析

运行阶梯法程序的方法有很多，几乎每个心理物理学家都有自己喜欢的方法，因此分析数据的方法也有很多种。但是，与大多数测量一样，这些方法也需要查看原始数据，因为这可以检查该测量结果是否能够代表参与者的反应。人们通常依赖于某些计算或数据（例如，下面的某个方法），而没有先检查阶梯法采集的值是否已经聚拢在某一范围。因此也许数据从未达到目标阈值，或超越了阈值，也许数据被限制在不可能的值域，而参与者却没有报告这种奇怪现象。你需要提前限制阶梯法的最小值或最大值。

用阶梯法分析数据的一般方法如下。

- 取最后几次逆转的平均值（方法 1）。这只针对标准的上下阶梯法，因为 QUEST 程序没有“逆转”。在阶梯法的后半部分，阶梯应该在阈值附近振荡，并在该点上有较小幅度的跳跃，因此这些值应该可以用来估计阈值。务必确保只对逆转值取平均值，而不是对所有值取平均值，因为其中有些值（比例为3:1）超过阈值（在1-up/3-down阶梯法中）。这种方法的优点是很容易计算，且结果值总是很合理（假设阶梯法采集的值已聚拢）。

- 运行所有试次，并根据强度水平分组，每组的强度水平相同，然后计算每组试次正确的百分比（方法2）。之后，将心理测量函数与这个数据集拟合，这样一来，你就可以从函数的任意部分中提取估计值了。该方法的优势在于所有数据都向我们提供阈值的信息，而不仅仅是靠发生逆转的几个值来提供信息。另一方面，将这个数与数据（尤其是干扰数据）相拟合可能会很危险，请检查拟合是否正确，并且不会产生无用的阈值估计值。
- 对于QUEST程序来说，我们可以简单地查看拟合函数的最终值、标准差和阶梯值（方法3），因为在最大可能拟合时，这些数据会持续更新。这里的计算与方法2中的计算有点相似，只是这里没有可视化数据，因此我们强烈建议你检查原始数据。

具体如何计算数据文件中的这些值，将留给你去思考。你可以在Excel中完成（至少方法1相对简单），也可以在R、MATLAB或Python中使用自己的脚本进行分析。

如果你想了解如何在Python脚本中完成分析，可以在本书的配套网站上查找相关示例。将脚本加载到PsychoPy的Coder界面中，你就可以开始查找数据文件了。在配套网站中我们提供了几个示例文件供你使用。

第17章

fMRI 研究中的注意事项

学习目标：本章会讨论 fMRI 研究中的注意事项。其中，最大的问题是 PsychoPy 如何与扫描仪同步，并确保在扫描过程中能够正确计时。除此之外，我们还会讨论如何校准显示器。

功能性磁共振成像（functional Magnetic Resonance Imaging，fMRI）的实验设计及刺激呈现有很多需要特别注意的事项。例如，fMRI 研究通常不需要在一个试次内进行精确计时，因为血液动力的反应（sluggish hemodynamic response）迟缓，而这意味着我们就不需要亚毫秒级的精度了。相反，试次间计时的一致性则显得更加重要一些。例如，如果每个试次都比我们预期的超出 10ms，那么在 100 个试次后，刺激时间就会延迟 1s，而这会对结果产生很大影响。

17.1 检测触发脉冲

在 fMRI 的实验中，你通常需要通过扫描仪发出的某种触发脉冲（trigger pulse），来检测扫描仪是何时获取图像的。而这一脉冲的特征取决于用户和用户的硬件设备，同时你可能会需要专业扫描人员的技术帮助，以了解你所使用的系统究竟提供的是哪种信号[①]。

通常，扫描仪自身发出的触发信号是晶体管 - 晶体管逻辑（Transistor-Transistor Logic，TTL）脉冲，即在一根导线中，电压快速切换到 5V 或者从 5V 快速切换。如果你使用的就是这种系统，那么就可以使用并行端口或 USB 接口设备（例如，LabJack）来检测其变化。如果你要进行这样的检测，那么你或许需要在实验中插入简单的代码组件，用来搜索在必要的输入端口中产生的触发信号，搜索不到就不进行下一步操作。

然而，在多数情况下，实验室会使用一些额外的设备，来将该信号转换为更易使用的信号。例如，Current Designs 公司的光纤反应箱就提供了一种控制器，它能够将触发信号转换为模拟按键（simulated keypress）等其他形式。模拟按键的使用可以使触发看起来就像是一次常规的按键事件，这在 PsychoPy 中是非常容易实现的。你可以在实验程序中添加一个键盘组件，并把触发盒（trigger box）需要的按键设置为唯一的"允许键"（allowed key）。要实现这一操作，你需要新建一个叫作 `waitTrigger` 的程序，其中只包含一个键盘组件。将键盘组件的持续时间设置为永久，并将其设置为当按键按下时则强制终止程序（勾选 Force

① 同一款扫描仪（如西门子）也可以有不同的扫描系统，如单层扫描和现在升级的多层扫描系统，而不同的系统可能有不同的触发信号。——译者注

end of Routine 复选框），将 Allowed keys 设置为触发器将要发送的内容，这样一来程序就完成了。另外，你还可以在屏幕上显示一些内容，例如，通过文字或注视点提示参与者“我们正在等待触发脉冲”。

将信号转换为模拟按键的潜在缺点在于，如果不小心，你会发现你已经破坏了你的实验（或其他文件）：到处都是触发脉冲的按键记录，因为计算机没办法知道这些按键其实并不是真实按键，它可能会将模拟按键当作真实按键。

推荐在实验最开始添加类似于 `waitTrigger` 的程序，因为即使你告诉了扫描仪要立即启动了，但大多数扫描仪仍然需要一段时间来完成启动。运行了 `waitTrigger` 程序之后，你就可以启动你的程序了。而此时的程序将会在扫描仪开始收集真实的数据之后，才进入你的第一个真实的试次。如何确保实验接下来的部分能够准确计时，请参阅下文。

17.2　无偏移计时

目前最常用的刺激计时方法遵循如下逻辑（但这并不适用于 fMRI）。

- 当试次 / 刺激开始时，打开计时器（从 0 开始）。
- 每次屏幕刷新时，检查计时器，查看是否超出了预期时间。
- 如果没有超过，那么在本次屏幕刷新时间内呈现刺激。

上述逻辑看上去非常合理，且适用于多数实验设计。然而，计时通常会超过预期的刺激持续时间，超出的时间不会多于一帧（例如，16.67ms）。原因是，既然我们已经设置了计时要超过刺激持续时间，我们一般就至少可以达到这个时间。如果需要呈现持续时间为 2s 的刺激，而计时器显示 1.998s（与目标的持续时间只差 2ms），则按照上述逻辑，我们会在下一帧呈现刺激，而最终刺激的持续时间将可能为 2.014s。

虽然这对多数研究并构不成问题，但如果每个试次都超时，则会对 fMRI 研究产生严重影响。或者，我们可以使用帧数计时来提高精度，但如果系统偶尔出现丢帧的情况，这种方式就不太有效，因为这也会引起超时。另一个解决方案是，将时间阈值设置为目标持续时间减去小于一帧（例如，半帧）的时间，这样一来我们就不会每次都超时了。该方案通常更好，但依旧不能确保超时的问题得到有效校正。

PsychoPy 中有一种解决方案，可以通过改变下一个试次的呈现时间，从本质上修正当前试次的超时问题。该方案的实现依赖于一种不会重置的倒计时器，逻辑如下。

- 在每个试次开始时，倒计时器不会重置。
- 当前一个试次结束时，将剩余时间与下一个试次的预期时长相加。
- 每次屏幕刷新时，检查倒计时器是否为 0。
- 如果为 0，进入下一个试次，同时将下一个试次的时间加入倒计时器。

该方案的关键在于不将倒计时器归零，而是将上一个试次的超时或欠时的时间保留下来。这在 PsychoPy 中称为**无偏移计时**。当实验结束时，计时误差不会超过一帧，且没有累计偏差。

只有当程序在已知时间点结束时，无偏移计时才适用。如果需要通过某种反应来结束试次，那么无偏移计时就不适用。如果需要基于某种表达式或其他事件来结束试次，那么无偏移计时也不适用，你可能需要通过其他方式来与扫描仪同步。例如，对于扫描仪脉冲而言，你可能想要让每个试次在相同的时间点开始且试次的长度会不断变化。如果是这样，你也可以像前面介绍的那样，创建一个 `waitTrigger` 程序，将其插入每个试次开始前的循环中，而不要只在实验开始时才插入。

即使每个试次的持续时间都是事先指定的，但如果仍使用帧数进行计算而不使用时间点，那么无偏移计时也同样不适用。因为如果计算机丢帧或屏幕以非常规的频率刷新，那也会产生许多问题。

在 Builder 界面中，Flow 面板可以识别出能够使用无偏移计时的程序，并显示为绿色而不是红色。因此，如果实验需要使用 fMRI，最好查看程序是否显示为绿色。

17.3　在 fMRI 研究中如何校准显示器

运行 fMRI 实验的另一个问题是如何校准显示器。这通常和其他工作不同，因为屏幕通常离参与者比较远，且参与者只能通过一个反射镜系统观察屏幕。另外，我们也很难对屏幕进行伽马校正，因为屏幕的旁边就是一个巨大的磁场，而且我们也无法将光度计带进房间。

实操方法：共享实验室

应用 fMRI 进行实验的另一个问题是，几乎所有的 fMRI 设备由多人共享。因此，在你使用完 fMRI 设备后，很可能其他人也会使用该设备进行完全不同的研究。那么问题就来了，你可能花了一小时来仔细校准所有参数，你好不容易校准了显示器，而之后的另一个用户却将投影仪 / 显示器亮度调低了，那么你的校准也就白费了。

如果你使用公共实验室，那么请在实验前检查以下内容。

- 显示器的分辨率没有变化（在计算机的控制面板中查看）。
- 显示器的位置没有变化。
- 显示器本身的设置（例如，亮度）没有改变。理想情况下，你可以尝试阻止别人对你校准好的设备进行更改，要么锁定设置，要么在设备上贴上警示条。

17.3.1　磁共振中屏幕的空间校正

在 fMRI 研究中，屏幕的空间校正问题与在标准实验室里使用平板显示器进行校准的区别不大。为了测量视角度（表征刺激大小的最常用方法），你需要知道屏幕的宽度（单位为厘米和像素）。在这种情况下，屏幕的宽度指实际可见区域的像素（即不包括边框），这和常规屏幕的测量是一样的。此外，你还需要知道屏幕的宽度（以像素为单位），并且确保其未被修改。因为在公共实验室中人们经常修改显示器的分辨率，却不知道平板显示器或投影仪在原始分辨率下的工作效果最佳（参阅第 13 章）。

空间校正的最后一个问题涉及反射镜以及它如何影响参与者与屏幕之间的距离。假设镜子是平面镜，那么你提供给 PsychoPy 显示器中心的距离值（单位为厘米）应为光线从眼睛出发，经由镜子反射至屏幕的距离。例如，如果你有一面呈 45° 角的镜子，这面镜子距离参与者的眼睛 5cm，反射后至屏幕的距离为 3m，那么你报告给 PsychoPy 的距离应为 305cm。

解决方案：参与者与屏幕的距离是否不同

在很多心理学研究中，参与者的头部将被固定在腮托（颌托）或头靠上，因此所有参与者与屏幕之间的距离都相同。但在 fMRI 实验中情况则不同，参与者会轻微地前后移动，以使他们的大脑处于扫描仪内的最佳位置。根据实验所需精度，对于每位参与者，你可能都要测量镜面与屏幕之间的距离。因此，在实验开始前，你可能需要提醒自己更新 PsychoPy 中的距离设置，例如，在等待扫描仪启动时，可以给自己留言“乔纳森，你设置屏幕距离了吗？”或使用第 15 章介绍的 README 文件。此外，你很快就会意识到，每次都将卷尺伸进扫描仪内去测量与镜子之间的距离会显得十分尴尬，尤其是当参与者已经躺在里面的时候。因此，我们建议先测量镜子到扫描仪床上某个已知位置（例如，参与者脚部附近）的距离，之后对于每位参与者，只需要测量屏幕到该点的距离，并计算所需的总距离即可。

17.3.2　扫描仪显示器的伽马校正或色彩校正

希望你从未干过这样的蠢事——将金属物体带入扫描室，并把它卡在了昂贵的扫描仪上。如果你拿的是光度计，则还有一个潜在问题即普通光度计大约价值 1000 英镑[①]，而分光光度计（例如，PR655）至少价值 10000 英镑！把光度计贴到扫描仪上不仅需要关闭系统才能取下，其内部的精密电路也可能会被损坏（虽然目前没有实例证据来证明该设备会因高磁场而损坏，但是我们也不想成为第一个迫害者）。

如果我们无法将光度计带到扫描室，那该如何对显示器进行伽马校正呢？有如下几种方法。

- **通过窗口进行校准**。可以使用点光度计（spot photometer），例如 Minolta LS100 或 Spectrascan PR655，从控制室内将它远距离指向屏幕。我们不需要特别担心窗口上的网眼。虽然从屏幕到光度计的亮度可能会降低，但这也是成比例的，因此即使这可能会略微低估最大亮度值，但伽马校正不会受到影响。这样一来，设备就会安全地待在控制室内，并指向扫描室内的投影仪屏幕，而你就可以根据 13.5 节中的说明进行

① 1 英镑约 8.756 人民币（2020 年 9 月）。——编者注

校准了。

- **将图像投影到控制室内**。如果你无法通过窗口将光度计指向投影仪的屏幕，则可以尝试将屏幕移到投影室，或直接将投影仪指向控制室的空白墙上。这样虽然只能测量出大概的绝对光度（和色度），但可以确保投影仪的输出是线性的。
- **使用心理物理学下的伽马校正**。如果因为扫描仪和控制室的布局而无法将光度计指向屏幕，则可以使用 13.5 节所述的伽马校正法。现在你对屏幕的亮度显然没有任何预估值，但该方法是一种不需要任何设备即可线性化投影仪的好方法。在校准的时候请务必注意，虽然控制室内的计算机屏幕上可能会显示投影图像的副本，但你需要看的是投影的图像，而不是控制室内计算机屏幕上的图像。因为这二者的伽马值可能不同，你可能会因此校准错了显示器。
- **购买 DLP 投影仪**。当然，线性化屏幕的另一个方法是购买本质上线性的设备，如 DLP 投影仪（详情请参阅 13.1 节）。

第18章

创建EEG实验

学习目标：学习使用并行端口发送触发脉冲，同时确保所有事件的计时都与触发脉冲密切相关。

在进行神经成像（EEG、fMRI、MEG）实验时，我们通常需要通过某种形式在呈现刺激的计算机和神经成像硬件之间发送信号。在进行EEG实验时，通常的预期是呈现刺激的计算机会控制每个试次的开始，并通过触发信号来通知EEG硬件某一试次（或其他事件）已经开始了。因此，我们需要将触发事件发送给EEG系统。相反，在fMRI实验中（如第17章所述），通常由扫描仪发送触发脉冲，而呈现刺激的计算机负责接受脉冲，并相应地开始试次。

在本章中我们不会关注某一特定的EEG硬件配置，希望你对自己的硬件及其需求有足够的了解（换句话说，我们不会对每种EEG系统的触发方法都进行测试）。

18.1 EEG研究有何特别之处

通常，系统的计时无须达到亚毫秒级的精度（例如，因为屏幕刷新一次需要若干毫秒，参与者反应的差异也可能为几十毫秒）。但对于EEG实验来说，这些说法都不太适用。事件相关电位（Event-Related Potential，ERP）中的某些成分只能持续几毫秒，且波幅也很小，因此，如果没有精准的同步性，这些成分就可能（随时间被淹没）无法探测到。另外，尽管参与者的反应存在不同的潜伏期（latency），但他们ERP波形的某些部分在计时上却高度一致。

因此，在这些实验中，精准计时则十分重要。当然，其精度需求也取决于ERP测量的是什么具体事件。如果ERP测量的与视觉刺激的起始时间有关，那么对于刺激开始（毫秒级精度）的标记则十分重要，这意味着你需要使用一台高速计算机，并用光敏二极管仔细检查显示器的计时情况。如果你的研究需要测量的ERP与参与者的按键反应有关，那么这些信息的记录同样也需要高时间精度的设备（这意味着不能使用计算机键盘）。基本上，不论你想要采用何种事件来测量你的“事件相关”电位，你都需要非常精确地对信息进行记录，这也意味着你需要使用专门的硬件，至少在一开始时是这样的。

18.2 发送EEG触发信号

目前市面上有很多不同的EEG系统，每种系统都有自己特有的信息传递方式。经常会有人问：“PsychoPy可以与我的EEG系统通信吗？”问题的答案几乎肯定是“可以”。也有人问：“如何让 PsychoPy 与我的 EEG 系统通信呢？”这个问题的答案是“请先告诉我们你的 EEG 系统的需求是什么”。

许多系统使用并行端口（parallel port）接收触发信号，或使用 USB 设备（如 LabJack）发送数字信号。这对于 PsychoPy 来说相对容易，因为 Builder 有支持并行端口和 LabJack 的内置文件，正如下面介绍的一样，你就不需要额外再为这些系统编写任何代码了。

其他系统则允许通过计算机网络协议（TCP/IP）进行通信。Python 也拥有内置的网络通信库，因此也可与这些系统进行通信。有些系统本身就有实现通信的库，且通常情况下，还有人会编写 Python 版本的库，这就意味着你也可以使用代码组件与系统进行通信。例如，EGI（Electrical Geodesics Incorporated）提供了 NetStation 库，同时也把它添加到了 Python 库（即由 PsychoPy 提供的 PyNetStation 库）中。

我们无法告诉你，你的硬件需要哪种触发信号，因此你需要十分了解该系统的人来帮助你。如果没有，你首先需要阅读该设备的系统文档，或者联系制造商，了解该硬件的需求。

18.3　通过并行端口或 LabJack 进行通信

通过并行端口或 LabJack 进行通信可能是在实验中发送和存储同步信号最简单的方法了。并行端口是一种简单的通信系统，它有许多引脚，每个引脚都可设置为“高电平”或“低电平”，它们共同代表着端口当前的状态。并行端口通常有 8 个及以上的可用引脚，因此我们通常认为它存储了一个 8 位（bit）的数字（例如，0~255 的任意整数）。该系统没有存储器或缓冲器，只有一个可被 EEG 系统频繁读取并且可被主机更新（存在亚毫秒级的延迟）的当前状态。

拥有真实并行端口的计算机越来越难找，但对于 Windows 和 Linux 系统的计算机来说，你可以购买并行端口作为附带装置。对于笔记本电脑和苹果计算机，你可以使用 USB 设备，例如，LabJack U3 就可以作为一个更灵活的替代方案。

如果记录系统的某个通道用来存储触发信号，且该触发通道可以取任意值（例如，0~255，与并行端口保持一致），那么你可以使用该端口来发送关于刺激或试次的当前状态信息。在某种程度上，编码这些信息的方式是由你决定的，但你也需要考虑对于分析软件（例如，EEGLAB 或 FieldTrip）来说，如何才能最简单地进行解码并分析信息。

最常用的编码方式或许是通过并行端口发送短暂脉冲以表示事件的发生。例如，每个刺激开始时，你都可以指定一个 ID 并将这个数字发送给端口。如前所述，并行端口没有任何存储器或缓冲器，只有一个当前状态，因此，当我们发送脉冲时，实际上将这个值赋予并行端口，而在短暂的暂停后，我们将它重置为 0 以结束脉冲。暂停的时间也取决于你，但你要确保这个时间够长，以便接收系统可以探测到脉冲。脉冲的持续时间可以尽可能长，这样做或许没有坏处，例如，你当然可以将其设置为屏幕刷新一次的时间，或 10ms，甚至 100ms 都没问题。在这种编码系统下，你还需要发送另一种不同的事件来表示刺激的结束。例如，你可以发送值为 2（持续 100ms）的脉冲来表示“恐惧面孔”条件的开始，值为 3 的脉冲表示“恐惧面孔”条件的结束，值为 4 的脉冲表示“开心面孔”条件的开始，等等。事实上，你可能希望脉冲的值是连续的，从技术上来说，我们的确可以做到这一点。之后，分析管道（analysis pipeline）就会对各个类型的事件进行搜索，并围绕各个事件的发生（例如，“恐惧面孔”的开始和结束等等），创建平均波形。

另一种编码方式是，在刺激或试次开始时，为刺激设置一个特定值，并在其持续时间内保持不变，最后将值重置为0表示刺激结束。用这种方式很容易编写代码，但可能不太利于分析软件对其进行解码和分析。

如果你或者你身边的人已经开始运行或分析EEG实验，那么你可以参考一下他们所做的工作。一旦你理解了呈现刺激的计算机与EEG硬件之间通信的方式，那么再在PsychoPy中进行操作就没那么困难了。

18.3.1 在PsychoPy的Builder中使用并行端口

在Components面板的I/O（Input/Output，输入/输出）选项卡下，找到并插入并行输出（Parallel out）组件。该组件既支持传统的并行端口，也支持LabJack设备。对于并行端口，你需要找到端口的地址（address），具体地址可在计算机的设备管理器中查看。PsychoPy已内置了一些常用的地址选项，你可在并行输出组件对话框的Port的下拉菜单中查看，同时你也可以在PsychoPy的偏好设置（在General选项卡里）中添加额外的端口地址选项。对于Windows系统，你需要使用0x0378的格式填写地址（0x用来告诉Python这是十六进制数）。在Linux系统中，并行端口地址的格式被简化为文件路径（例如，/dev/parport0），你可能还需要写入权限（write-permission）。

和其他组件一样，并行输出组件可以设置开始/结束的时间。此外，并行输出组件还可以设置Start data和Stop data，二者分别代表开始和结束时端口的值。如果你想发送特殊的短暂脉冲值以表示刺激的开始，可以将Start data的值设置为32，将Stop data的值设置为0，并将持续时间设置为一帧（屏幕刷新一次的时间应该足以让接收硬件探测到脉冲）。你可能还要将预期持续时间（expected duration）设置为0.016s，这样脉冲才会出现在程序的时间轴上。

18.3.2 将触发与屏幕刷新同步

如果触发与视觉事件（例如，视觉刺激的开始或结束）相关，那么你可能需要将触发与物理屏幕的刷新同步。设置同步后，“更改并行端口值”的指令将在显卡发送屏幕刷新的信号后立即发送。这种方法的时间精度非常高，它应该仅受限于我们所检测到的屏幕刷新频率（参阅12.2节）。

如果屏幕没有在我们要求的时间点刷新（例如，因为渲染没能及时完成而出现了丢帧现象），同步设置就会将这种情况考虑在内（虽然刺激将比你预期的晚一帧出现，但触发仍然会给出正确的开始时间）。唯一的问题是，如果显示器因为进行后处理（见13.1节）而产生一些不稳定的帧，PsychoPy就无法检测或处理这种计时误差。如果刺激的呈现受其影响，你就需要通过硬件来探测刺激的起始信息。

如果刺激并非基于视觉刺激（例如，触发信号识别的是听觉刺激而不是视觉刺激的开始），请确保将Sync to screen设置为False。这样一来，听觉刺激就会以最快的速度开始（尽管在很大程度上，它开始的速度取决于硬件），因此，触发信号最好能立刻发送，而不是等到下一次屏幕刷新时才发送。

18.4 通过网络连接发送 EEG 触发信号

如果你想通过其他方式（例如，自定义库或网络连接）来发送触发信号，那么你需要使用一些简单代码组件。对于网络信号，Python 利用 socket 库提供了一种可以相对简单地使用 TCP 或 UDP 的方法。

现在开始为实验编写代码。在实验中，将 `msg` 值发送到设备上，使设备与一个名为 `target` 的刺激起始进行联动。我们可以通过设置 `status` 属性完成上述操作，几乎所有 PsychoPy 组件都有 `status` 属性，我们可以用它来检测对象的状态是否为 `NOT_STARTED`（未开始）、`STARTED`（开始）、`FINISHED`（已完成）或 `PAUSED`（暂停，主要针对视频或音频）。在使用 `status` 属性的时候，我们无须担心实验中具体的计时问题，因为当我们改变目标刺激的开始时间时，触发的开始时间也会相应地发生变化。

实操方法：牢记组件顺序的重要性

在程序中，组件的运行严格遵守其出现的先后顺序。如果你希望某个事物能根据其他刺激的开始时间来调整自身的开始时间，则需要确保主要刺激（main stimulus）在组件顺序中排在首位。当在触发信号中使用组件时，如果将代码组件的顺序调整到 `target` 之前，触发信号的发送时间就会推迟一帧。虽然推迟一帧对精度影响不大，但精度本来可以更高。

根据实验的需求，我们可以将 `msg` 值作为条件文件的一部分，并将其设置为在每个试次中变化，或将其设置为某个固定值。请注意，与并行端口不同的是，网络协议并会不限制你只能发送 8 位整数，你甚至可以将 `msg` 的值设置为“bananaface”，尽管这很奇怪且用处不大，但系统的确能够发送并接收这个值。

在如下代码示例中，假设 EEG 系统的 IP 地址是 128.333.444.555[①]，且在端口 11111 接收输入。这两个数据极有可能是不正确的，所以你需要找到你自己系统的硬件端口地址。

使用 TCP/IP

为了使用 TCP/IP，你需要在试次中添加代码组件，在并在 Begin Experiment 部分中添加如下代码，以建立连接。

```
import socket
triggers = socket.socket(socket.AF_INET, socket.SOCK_STREAM)
triggers.connect( (128.333.444.555, 11111) )
```

① 真实的 IP 地址由 32 位 2 进制数组成，每 8 位为一组，共有 4 组，而每一组可转化为十进制表示方式。这就使每一组中的 3 位十进制数不会超过 255。——译者注

我们需要在每个试次开始时设置（或重置）一个值，表示触发信号还没有发送，在 Begin Routine 部分中添加如下代码。

```
triggerSent = False
```

接下来需要在每个刺激开始时更改信号，你可在 Each Frame 选项卡中进行这个操作。msg 的值可以在条件文件中设置，并根据不同的刺激指定不同的值；msg 的值也可以设置为固定值，如 STARTED。

```
if target.status==STARTED and not triggerSent:
    win.callOnFlip(triggers.send, msg) # synched method
    triggerSent = True # trigger is now on
```

给 triggerSent 赋值的原因是我们只想发送一次触发信号的值。但每次屏幕刷新时，上述代码都会执行，如果我们不检查是否已发送过触发信号，msg 的值就会不断被发送（每次隔约 16.7 ms）。因此，我们在试次开始时将它设置为 False，在一个触发信号发送后将它设置为 True。如果你需要发送多种不同的触发信号，也完全可行，但可能需要设置多个变量去追踪已发送或未发送的信号。

在上述代码中，我们假设 target 是视觉刺激，因此我们设置它与屏幕的刷新同步。如果你并不想同步，可以直接调用函数 trigger.send(msg)，而不是像前面那样只将它作为 win.callOnFlip() 的一个参数。

如果你的硬件需要使用 UDP 连接，其代码与 TCP/IP 连接的代码十分相似，两者之间的概念也完全相同。但在 UDP 中，我们无法保持“连接”状态——每次我们都只将数据发送到特定位置。在代码组件的 Begin Experiment[①] 部分中添加如下完整代码。

```
import socket
triggers = socket.socket(socket.AF_INET, socket.SOCK_DGRAM)
```

注意，上述代码中 socket 的类型从 socket.SOCK_STREAM 转换成 socket.SOCK_DGRAM，且我们没有使用 connect() 函数。Begin Routine 中的代码与则与 TCP/IP 中 Begin Routine 内添加的代码完全相同。

```
triggerSent = False
```

① 原文中此处为 Begin Routine，疑原文有误，结合上下文应为 Begin Experiment。——译者注

Each Frame 中代码的逻辑与 TCP/IP 中的完全相同，但对于 UDP，我们需要指定信息发送的地址（因为我们并没有与某个位置保持连接状态）。

```
if target.status==STARTED and not triggerSent:
    triggers.sendto(msg, (128.333.444.555, 11111))
    triggerSent = True # trigger is now on
```

同理，如果不希望脉冲与屏幕的刷新同步，则可以修改下面这行代码。

```
win.callOnFlip(triggers.sendto, msg, (128.333.444.555, 11111))
```

修改后的代码如下。

```
triggers.sendto(msg, (128.333.444.555, 11111))
```

18.5 使用自定义库

最后一个选择则是某些系统推荐使用其自定义库与 EEG 硬件进行通信。但我们希望这些硬件制造商已经完成了其对应的 Python 库的编写（大部分硬件制造商已意识到 Python 是许多科学家的首选语言，你可以直接问问他们是否有对应的 Python 库）。如何在 PsychoPy 中使用第三方库的问题已经超出了本书的范围，但关键步骤通常如下。

- 确保第三方库支持的 Python 版本与 PsychoPy 提供的 Python 版本相匹配（撰写本书时，我们正在将 PsychoPy 提供的 Python 版本升级为 3.6[①]，但支持 Python 2.7 的版本还会保留一段时间，以支持只提供 Python 2.7 库的制造商）。
- 将库放在某个可访问（可读）的位置。
- 打开 PsychoPy 的偏好设置，在 General 选项卡中将库的位置添加到 paths 设置（例如，`'C:\\Users\\jwp\\libs'`，`'C:\\AnotherLocation'`）中。
- 使用一个或多个代码组件添加库所需的代码。

① 3.2.4 版的 PsychoPy 已经将 Python 版本升级为 3.6 了。——译者注

第19章

在实验中添加眼动追踪

学习目标：学习如何连接眼动仪；学习在 Builder 界面下通过使用参与者的实时注视点和瞳孔数据来进行实验研究。

眼动追踪可以用来实时追踪参与者对刺激的注视过程（例如，一个精确地出现在参与者当前注视位置的光标或掩膜刺激）。或者，我们可能想要记录参与者的眼球运动或瞳孔扩张的程度，并将其作为实验的因变量。PsychoPy 可以运用集成软件 ioHub 去连接一系列眼动追踪系统或其他硬件。本章将简要介绍 ioHub 的使用方法，并演示如何对眼动仪进行连接和校准，以及如何实时查看眼球的位置数据。在视觉搜索任务中的每一个试次开始之前，我们都可以通过 ioHub 来确保参与者都注视着初始注视点。当你学会如何使用 ioHub 后，你会发现使用眼球位置来控制刺激将会非常简单。

实操方法：本章将会运用代码

虽然 Builder 界面中还没有眼动仪组件，但我们还是认为有必要在本书中介绍眼动追踪，因为这是一项十分有用且应用广泛的技术。现在，为了在 Builder 界面的实验中添加眼动追踪，你需要通过编写代码来实现 PsychoPy 与眼动仪硬件的通信。

别担心，我们会手把手地教你！

19.1 Builder 界面中的眼动追踪

眼动追踪是一种探测大脑和行为的好方法。当然，测量眼球运动、注视点和瞳孔直径本身也是令人着迷的研究。同时，眼动追踪也可以应用于许多其他研究中，尽管这些研究并不重点关注注视控制和瞳孔测量。例如，你想确保在每个试次开始前，参与者都注视着屏幕上相同的刺激位置。因此，我们将重温第 9 章中的视觉搜索实验，在该实验的基础上添加一个程序，用于检查在正式任务开始之前，参与者是否注视着屏幕的中心。一旦你可以查看眼动仪中的注视数据，那么运用注视点的实时坐标来控制刺激将非常容易和便捷。

19.1.1 功能强大的 ioHub

不同的眼动仪公司为我们提供了许多不同型号的眼动仪，同时市面上也有很多用于眼动追踪的技术，目前大多数现代系统趋向于使用视频的图像处理技术，来提取瞳孔中心和来自角膜表面的一个或多个反射。每个制造商都用自己独有的方式来连接和控制眼动仪，而且即使两个眼动仪均出自同一个制造商，如果版本不同，二者的连接和控制方法也会存在很大差异。因此，将眼动追踪与实验控制软件相结合是非常具有挑战性的，你必须对你所使用的眼动仪的通信协议（communication protocol）十分熟悉，而且它还需要与控制刺激的软件相兼容。

通过一个整合的软件系统（即以相同的方式控制多种眼动仪），PsychoPy 简化了上述操作。这不仅可以教会人们如何控制眼动仪，还降低了技术难度。另外，这也便于在不同的实验室中进行同一眼动实验（因为不同实验室拥有不同的眼动仪，而在传统方式下，若要进行相同的实验，你需重新编写程序），同时 PsychoPy 也可让眼动实验适应眼动仪软硬件的升级[①]。而这一切都可以通过 ioHub 软件包来实现。

ioHub 提供了单个通用的软件系统，用于控制各种制造商的眼动仪。此外，每个制造商都有自己存储数据的格式，想用一种统一的方法来分析来自不同实验室（各实验室可能使用不同型号或版本的眼动仪）的实验数据则非常具有挑战性。因此，ioHub 的另一个关键特性是，无论使用哪一款眼动仪，它记录数据的格式都是一致的（HDF5）。而且，ioHub 还提供了数据分析与可视化工具，因此你无须再使用每个制造商提供的不同的专有软件。

ioHub 由 Sol Simpson 开发，最初，国际眼动研究者协会（International Eye Movement Researchers' Association）是各种眼动追踪社区的代表，该协会委托 Sol Simpson 开发了 ioHub。但与 PsychoPy 类似，为了推广 ioHub，Sol Simpson 决定将 ioHub 变为一个开源、免费且可跨平台使用的软件包。不过，收集和分析眼动追踪的数据只是运行眼动追踪实验的一部分，人们仍需要一个能够准确控制和呈现刺激的系统。Sol Simpson 发现 PsychoPy 可以满足上述需求，所以他便将 ioHub 以 `psychopy.iohub` 的 Python 软件包形式整合到了 PsychoPy 项目中。

19.1.2 ioHub 支持的眼动仪

目前，ioHub 支持以下眼动仪供应商的产品[②]：

- SR Research（*EyeLink*）；
- SMI SensoMotoric Instruments（*iViewX*）；
- Tobii Technologies；
- LC Technologies（*EyeGaze* 与 *EyeFollower*）；
- EyeTribe；
- Gazepoint（GP3）。

① 有时，就算是同一款眼动仪，但如果系统版本不同（例如，由 1.0 版本升级到 3.0 版本），那么其连接和控制眼动仪的方法可能就会存在差异。而 PsychoPy 提供了一种整合的软件系统，可以让你以同一种方法连接和控制不同型号、不同版本的眼动仪。——译者注

② 现在 ioHub 主要支持 GazePoint、SR Research 和 Tobii Technologies 公司的眼动仪。SMI 眼动仪目前已被苹果公司收购。——译者注

如果你的眼动仪没有出现在上述列表中，不用太惊慌。因为 ioHub 是开源的，它能够添加其他眼动仪及其他类型的硬件。通常（但也不一定），制造商会为他们的系统提供应用程序编程接口（Application Programming Interface，API），因此 ioHub 的设备支持功能也能够扩展到其他新的或已有的系统中。

19.1.3　ioHub 与 PsychoPy 的其他部分异步执行

PsychoPy 实验通常有一种规律：在循环中，程序在不断重复运行（例如，每隔几秒）；并且在程序运行中，每一次屏幕刷新时（通常每秒 60 次），都会绘制刺激与检查反应。虽然某些眼动仪以相似或甚至更低的频率（25~60Hz）测量眼球位置和瞳孔直径，但高端系统的采样率可以高达每秒 2000 次。而 PsychoPy 代码通常以屏幕刷新的周期进行运行，那么代码运行速度是否跟得上系统的采样率呢？答案是“不能”。因此，ioHub 独立于 PsychoPy 的其他部分，作为独立的软件运行，且与眼动仪相连接，在技术上这叫作两个程序异步执行。也就是说，ioHub 与眼动仪并行运行——ioHub 可以根据任何所需的速度运行，以使它跟上眼动仪发送的数据流，且它不像 PsychoPy 的其他部分一样受限于屏幕刷新的频率。Builder 下脚本的运行速度也不需要跟上 ioHub，脚本与 ioHub 仅仅在必要时才互相通信。例如，ioHub 以 500Hz 的频率实时收集并存储来自眼动仪的注视数据，而同时，在 LCD 上，Builder 下的脚本以 60Hz 的频率更新视觉刺激。如果其中一个刺激的位置受到当前注视位置的控制，实验代码就会请求 ioHub 在每次屏幕刷新时获取一次注视位置的值。也就是说，ioHub 以每秒 500 次的采样率接收和存储数据，但我们只需要定期从数据流中获取数据，以便对在更低刷新频率下运行的刺激进行相应的控制。

19.1.4　快速监控其他硬件

在 Builder 界面中，我们通常只需要在每次屏幕刷新时检查参与者的反应（例如，按键和鼠标移动），因为处理输入信息的速度比屏幕上更新刺激的速度更快是没有意义的。但是，你可能会担心这会对反应时测量强加一个最小的间隔时间，因为我们只能在屏幕每刷新一次时收集一次反应。出于各种原因，与在反应时测量上寻求亚毫秒级精度的人相比，这个问题实际上对于普通用户来说并不严重（Ulrich & Giray，1989）。除了可以从眼动仪中收集数据外，ioHub 能够从各种硬件中收集数据（例如可以从键盘、鼠标、手柄和 LabJack 硬件接口等中收集数据）。因为 ioHub 并不局限于屏幕刷新的循环，所以与 Builder 中的代码相比，它能够以更高的频率收集反应。相关内容在本书中将不再拓展，因为与使用 Builder 界面的人相比，程序员用到该信息的可能性更大。但记住，你可以使用 ioHub 替代 PsychoPy 中标准的键盘和鼠标检测功能，以便在更高分辨率下测量反应时。

19.2　配置 ioHub

Builder 界面中实际上并没有眼动仪组件，所以我们该如何设置 ioHub 呢？最简单的方法其实是编辑文本文件（包括控制眼动仪所需的参数）并让 ioHub 读取该文件，这和使

用 .csv 等格式的文件指定循环条件有些类似。这种文件需要精心编写，才能被 ioHub 正确读取。幸运的是，Sol Simpson 采用了更容易读取和编辑的 YAML 格式。

延伸阅读：YAML

随着时间的推移，关于 YAML 的正式定义一直在改变。

为了获取别人一定的信任，请你确保 YAML（/'jæməl/）的发音和读 mammal（/'mæməl/）是相似的。

19.2.1 YAML 格式

为了帮助你了解 YAML 格式，请看下面从 EyeLink 眼动仪的 YAML 配置文件中提取的一小段代码。

```
runtime_settings:
    # sampling_rate: Specify the desired sampling rate to use.
    # Actual sample rates depend on the model being used.
    # Overall, possible rates are 250, 500, 1000, and 2000 Hz.
    sampling_rate: 250

    # track_eyes: Which eye(s) should be tracked?
    # Supported Values: LEFT_EYE, RIGHT_EYE, BINOCULAR
    track_eyes: RIGHT_EYE
```

在文件中，我们为每个特定命名的键（例如，`sampling_rate`）都赋予了一个有效值（例如，250），键名与值通过冒号隔开。与 Python 代码类似，YAML 文件具有层级结构，并由空格控制。例如，上述代码中，`sampling_rate` 键和 `track_eyes` 键都集中在 `runtime_settings` 下。在编辑这些文件时，为了维持层级结构，保留缩进是非常重要的。除此之外，最好为示例文件制作一个副本，以确保在你的编辑出现问题时，你能重新访问未更改的原始文件。

请注意，YAML 文件可以包含注释行（与 Python 代码类似，以 # 开头），用来解释各种参数的意义及它们可取的值。Builder 的 ioHub 演示样例中有很多 YAML 文件的示例，其中包含了所有的可能值，你可以在支持的眼动仪中设置这些值。可在 GitHub 网站的 PsychoPy GitHub 资源库中查看上述相关内容。

实操方法：危险的制表符

为了与其他代码保持一致，在 Python 中推荐使用空格键来添加空白字符，而不是用制表符来添加空白字符。但在 YAML 中，空白字符必须由空格组成，因为在解析文件时，制表符会引起错误。

可以在文本编辑器中使空白字符可见。在这种情况下，你可以发现那些明显错误的制表符，还可以知道在一个缩进中有多少空格。免费的文本编辑器很多，但千万不要使用文字处理软件，因为它们真的会损坏简单的文本文件。

19.2.2 真正的 ioHub 配置文件

下面是真正的 ioHub YAML 配置文件，其中包含控制 SMI iView X Hi Speed 眼动仪的设置。为了使该配置文件看起来更简洁，我们省略了所有注释行（例如，解释某一个键的意义及可取的值）。如果你无法理解所有的细节（某些具体细节可能是针对此版眼动仪的），也请不要担心。例如，我们使用网络上发送的消息与此版特定的眼动仪进行通信，因此 ioHub 需要识别眼动仪的 IP 地址（192.168.110.63，位于端口 4444 上），才可以发送信息。此外，ioHub 还需要了解运行 PsychoPy 的计算机的详细信息，才可以收集眼动仪返回的信息和数据。

从以下文件中希望你可以看到文件的层级结构。首先，我们需要指定 ioHub 监控的硬件设备，至少需要指定如下两个设备——眼动仪以及呈现刺激的显示器。然后，为了保证文件的完整性，我们给键盘和鼠标留了一些参考信息，但如果你只打算使用 Builder 中标准的键盘和鼠标组件，可以忽略这些参考信息。

最后，我们需要对 ioHub 存储眼动追踪数据的方式进行一些设置。在本案例中，我们启用了 ioHub 自带的通用数据文件记录系统，但如果你倾向于使用眼动仪自带的数据记录格式，也是可以的。

```
# specify what devices to monitor
monitor_devices:
    - Display:
        name: display
        reporting_unit_type: pix
        device_number: 1
        physical_dimensions:
            width: 1574
            height: 877
            unit_type: mm
        default_eye_distance:
            surface_center: 1649
            unit_type: mm
        psychopy_monitor_name: DLP

    - Keyboard:
        name: keyboard

    - Mouse:
        name: mouse
```

```
    - Experiment:
        name: experimentRuntime

# SMI iView eye tracker configuration
- eyetracker.hw.smi.iviewx.EyeTracker:
    name: tracker
    save_events: True
    stream_events: True
    event_buffer_length: 1024
    monitor_event_types: [BinocularEyeSampleEvent]
    network_settings:
        send_ip_address: 192.168.110.63
        send_port: 4444
        receive_ip_address: 192.168.110.65
        receive_port: 4444
    runtime_settings:
        sampling_rate: 500
        track_eyes: LEFT_EYE
        sample_filtering:
            FILTER_ALL: FILTER_OFF
        vog_settings:
            pupil_measure_types: PUPIL_DIAMETER
        calibration:
            type: FIVE_POINTS
            auto_pace: Yes
            pacing_speed: FAST
            screen_background_color: 20
            target_type: CIRCLE_TARGET
            target_attributes:
                target_size: 30
                target_color: 239
                target_inner_color: RED
            show_validation_accuracy_window: False
    model_name: HiSpeed

# specify data storage options
data_store:
    enable: True
    experiment_info:
        title: Visual search with eye tracking
    session_info:
        code: SUBJECT01
```

19.3　为 ioHub 编程

配置 ioHub 其实是一个相对简单的过程，你只需要简单地编辑文本文件即可。但如本章开头的“实操方法”所述，如果要真正与眼动仪建立通信，控制它并将眼动位置的数据发送回 PsychoPy，仍需要使用 Python 进行编程。虽然 PsychoPy 中没有图形化的组件来执行这些任务，但可在 Builder 界面的代码组件的不同选项卡下进行设置。由于选项卡里的代码在实验的不同时间运行，因此实验的基本方案如下。

19.3.1　BEGIN EXPERIMENT 选项卡

实验开始前，我们需要进行以下初始设置。

- 与眼动仪建立通信。
- 向眼动仪发送配置信息，例如，指定要记录哪只眼睛的相关信息，测量的采样率，参与者的实验 ID 等。
- 校准眼动仪，使要追踪测量的眼球位置与屏幕中的注视坐标相匹配。

19.3.2　BEGIN ROUTINE 选项卡

试次开始时的操作如下。

- 通知眼动仪开始记录或发送数据。
- 向眼动仪发送与刺激相关的信息（例如，当前呈现图像的文件名）。眼动仪自带的数据文件可能需要该信息，在眼动仪自身的操作软件中，这些信息也被用来在图像上实时呈现注视的情况。

19.3.3　EACH FRAME 选项卡

“实时任务”由此开始。即每次刷新屏幕时，我们需要进行如下操作。

- 读取当前注视位置以检查参与者注视的地方是否正确。
- 更新刺激的位置以跟随注视（例如，移动注视光标，或对参与者当前注视的单词使用掩膜）。
- 检查参与者当前是否稳定地注视着固定位置，是否存在眼跳（目光快速转向其他地方），或是否正在眨眼。例如，在眼跳和视觉抑制时，我们可能需要通过操纵刺激完成变化盲视任务（change-blindness task）。
- 向眼动仪发送与事件相关的信息，这些信息可能需要被记录在眼动议自身的数据文件中（例如，当刺激发生变化或参与者做出反应的时候）。

19.3.4　END ROUTINE 选项卡

试次结束时的操作如下。

- 让眼动仪暂停或停止记录与发送数据。

- 让眼动仪保存本次试次的数据（可能实验没有使用 ioHub 的数据存储方式）。
- 在 PsychoPy 或 ioHub 数据文件中添加其他必需的变量（例如，每个试次开始时参与者是否正确地看着注视点）。

19.3.5 END EXPERIMENT 选项卡

根据不同的眼动仪版本，你可能需要做以下一些收尾工作。

- 让眼动仪保存数据文件（可能每个试次结束时数据没有被保存）。
- 断开 PsychoPy 与眼动仪的连接。

19.4 在视觉搜索任务中添加眼动追踪

我们已经花了不少时间来介绍 ioHub，现在让我们来进行实际操作。在第 9 章中，我们创建了视觉搜索任务，而这里我们将在其基础上添加实时眼动追踪。

眼动数据的作用是什么？由图 9-1 可知，随着干扰刺激数量的增加，参与者寻找相同颜色目标刺激的时间也增加，而且每增加一个干扰刺激，寻找的时间大约增加 200ms。这也许并不是巧合，因为 200ms 恰好是人类眼跳或注视周期的长度。如果刺激之间相隔很远，参与者必须单独注视和检查每个刺激，那么每增加一个干扰刺激，他搜索的时间还会额外增加 200ms。但在第 9 章中，我们无法控制试次开始时参与者首先注视的位置。在试次开始时，如果参与者恰好注视着刺激出现的位置，即使干扰刺激数量很多，参与者的反应时也会异常短。在刺激出现前，如果我们可以控制参与者注视的位置，则试次与试次间的误差就可以尽可能地被消除。

因此，在添加眼动追踪之前我们需要对该任务做的第一个改进是：只有当参与者稳定地注视着初始注视刺激时，试次才可以开始。这实际上非常简单，但在开始之前，我们需要安装和配置眼动仪。

19.4.1 为眼动仪配置 ioHub

在前面我们已经学习了如何通过编辑 YAML 文件为特定的眼动仪配置 ioHub，你也可以在 PsychoPy 的演示样例或 GitHub 网站上的 PsychoPy 页面中找到相关示例文件。你需要根据你的系统查阅特定文件，必要时你需要查询眼动仪制造商提供的文档，以确保输入适当的值。你也需要明确如何与眼动仪通信，怎样使用校准程序，测量哪只眼睛以及想要接收眼球的哪些信息内容（是否只需要眼球的注视位置或瞳孔直径等信息，或需要眼球正在进行眼跳、注视、眨眼等信息）。

实操方法

实际上，第一次对各细节进行正确配置是最烦人的，它比本章接下来的所有操作都要麻烦。

在创建 YAML 配置文件之后，你还需要让 ioHub 清楚它所在的位置。简单的做法就是在每次实验开始时出现的 Experiment Info 对话框中添加一个字段。首先单击工具栏中的 Experiment Settings 图标，之后单击 + 按钮，添加新的字段（见图 19-1），将其命名为“Eye tracker config”，并将 YAML 文件名粘贴到对应的默认值中。如果 YAML 文件和 .psyexp 文件不在同一个文件夹中，你还需要添加 YAML 文件的相对路径。

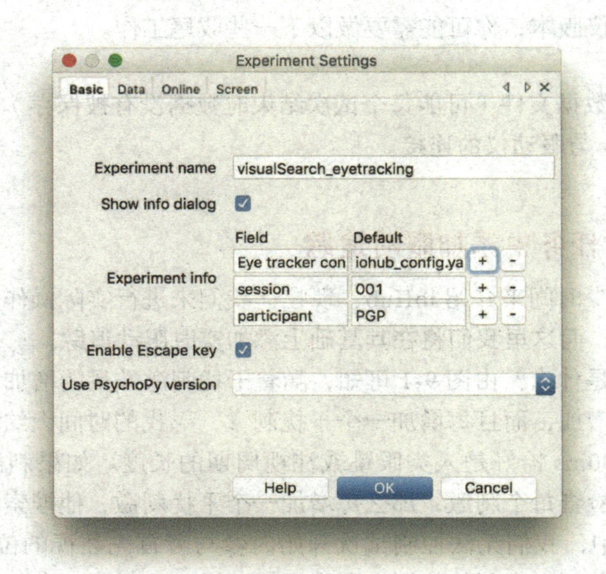

图 19-1 在 Experiment Settings 对话框中添加字段

注：Experiment Settings 对话框中新添了 Eye tracker config 字段（默认值为 iohub_cofig.yaml）。ioHub 用此 YAML 文件读取所需的配置信息以操控眼动仪。

现在，我们需要编写一些代码使 ioHub 读取配置文件。由于还需要完成一些任务（例如，连接和校准眼动仪），因此我们需要在实际实验程序所处的循环开始之前，在 Flow 面板中创建一个名叫 tracker_setup 的新程序。在 tracker_setup 中插入键盘组件，把持续时间设置为无限长，且设置为当按下任意键时，强制结束程序。这意味着在完成必要的设置之前，实验不会开始。另外，也可以插入文本组件，呈现类似于“正在设置眼动仪，请稍候”的文本，让参与者知道当前的进展。

现在我们可以开始进行操作了。在程序中插入代码组件，在 Begin Experiment 选项卡中添加如下代码，让 ioHub 读取配置文件。

```
# keep track of we manage to connect:
tracker_connected = False

# get the name of our YAML config file from the expInfo dialog:
config_file = expInfo['Eye tracker config']
```

```
# load some useful libraries
from psychopy.iohub import util, client

# now import the config file
io_config = util.readConfig(config_file)
```

如果上述代码可以正确运行，ioHub 将会读取所有 YAML 文件中的配置细节，并将它们放在一个列表（包含在名为 io_config 的变量内）中。

19.4.2　连接眼动仪

下一步，让 ioHub 获取配置信息，尝试连接眼动仪（YAML 文件中应已包含如何与特定眼动仪建立通信的细节）。如果不能连接，我们应立即终止实验。在上述代码后继续添加如下代码。

```
# attempt to connect to the devices in the config file:
io = client.ioHubConnection(io_config)

# check that we can specifically get the details
# for the eye tracker device (named 'tracker' in the
# YAML file):
if io.getDevice('tracker'):
    # give it a name so we can refer to it:
    eye_tracker = io.getDevice('tracker')
    tracker_connected = True

if not tracker_connected:
    print("Quitting: we couldn't connect to the eye tracker.")
    core.quit()
```

19.4.3　设置和校准眼动仪

每个眼动仪都有自己的安装及设置过程和校准机制。幸运的是，ioHub 可以帮助我们完成上述工作。因此，无论使用什么系统，只需要运行如下命令，就可以用相同的方式进行设置（该代码的插入位置请参阅后文）。

```
eye_tracker.runSetupProcedure()
```

当运行这条命令时，ioHub 会显示一个对话框，见图 19-2a。在本案例中，按下 E 键就可以实时看到眼球被追踪的情况，见图 19-2b。我们也可以利用这个对话框，校准眼动仪并确认校准的质量。

通过在屏幕上呈现校准目标，ioHub 可以自动完成校准。只有当眼动仪检测到有效注视信号时，校准目标才会移到下一个位置。我们需要在 YAML 文件中指定相关参数，例如，校准目标呈现的数量，它们的大小和颜色，变化的速度，手动还是自动接受等。

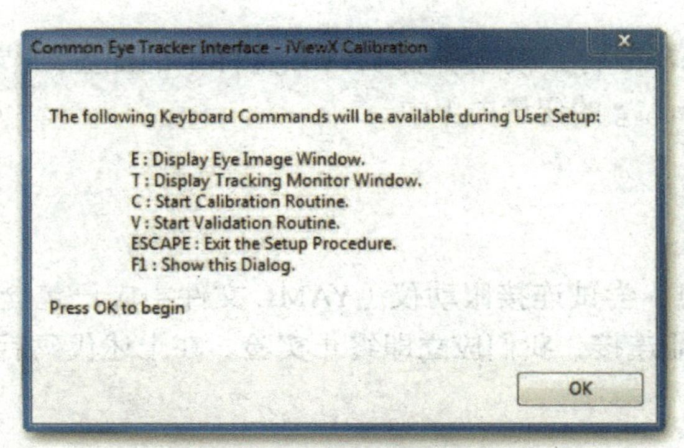

a）ioHub 中的眼动仪通用设置对话框

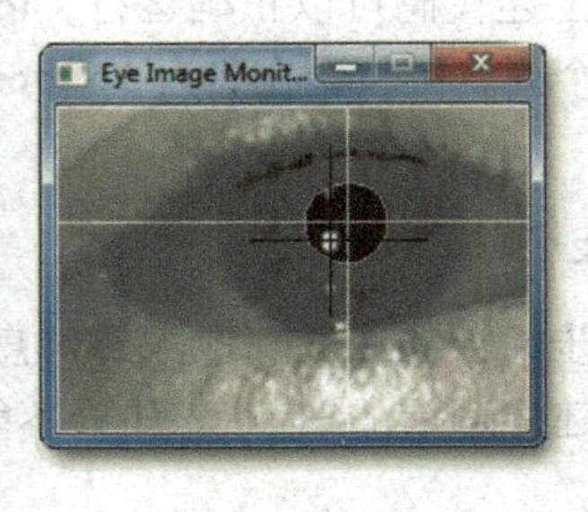

b）眼睛的实时图像窗口

图 19-2 设置和校准眼动仪

ioHub 通过自己创建窗口而非使用 Builder 界面下呈现刺激的标准窗口来绘制校准目标。因此，在校准之前，我们需要最小化 Builder 下呈现刺激的标准窗口（一般叫作 `win`），使得 ioHub 窗口在它的前面显示。在完成校准后，再将 Builder 下呈现刺激的标准窗口最大化。为了成功运行校准进程，需要添加如下代码。

```
if io.getDevice('tracker'):
    # give it a name so we can refer to it:
    eye_tracker = io.getDevice('tracker')
    tracker_connected = True

    # minimize the Builder window to get it out of the way:
    win.winHandle.minimize()

    # show ioHub windows for running the calibration:
    eye_tracker.runSetupProcedure()

    # allow keypresses to go back to the Builder window:
    win.winHandle.activate()

    # and maximize it to continue the experiment:
    win.winHandle.maximize()

if not tracker_connected:
    print("Quitting: we couldn't connect to the eyetracker.")
    core.quit()
```

19.4.4　确保参与者注视着注视点

现在我们将要使用一些注视数据。如前所述，每个试次开始前，我们都需要插入检查环节，以确保参与者正确地注视着屏幕的中心。

首先，在 instruct 和 trial 程序之间插入新的程序，将其命名为 fixation（见图 19-3 中的 Flow 面板）。在程序中，插入多边形（polygon）组件，将其作为注视目标。把它的位置设置为 (0,0)（屏幕的中心），大小设置为 (20,20)（单位为像素），顶点数设置为 99（使之看上去像圆形）。在 Polygon Component 对话框中的 Advanced 选项卡下，可以设置填充颜色和边框颜色。最重要的是，持续时间这一栏不填——我们希望注视目标的呈现时间为无限长，因为在我们知道参与者正确地注视到注视目标之前，程序应该一直保持运行。

现在，我们需要编写代码来监控注视数据流，以检测稳定注视是否出现。我们插入代码组件，并将程序每次开始时都需要运行的代码放入 Begin Routine 选项卡中。首先，让眼动仪向 ioHub 发送注视和眼动事件的数据流。然后，设置一个变量去持续追踪我们是否已检测到参与者注视到目标刺激的开始时间——它的初始值必须为 False，因为我们还没有做任何检查。

```
# tell the tracker to start streaming eye data to ioHub:
eye_tracker.setRecordingState(True)

# keep track of whether we have detected the onset of
# the fixation yet:
fixation_started = False
```

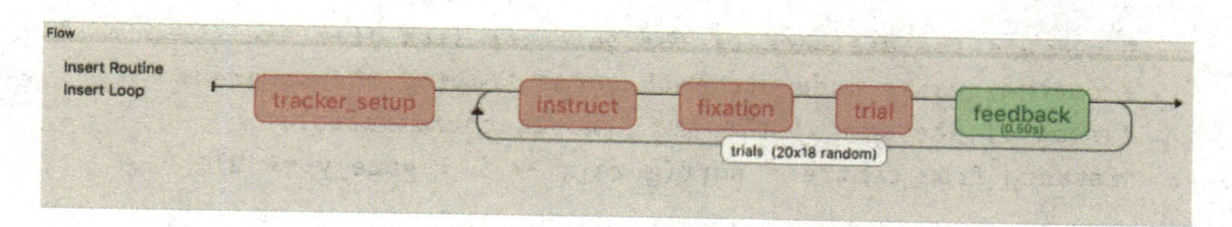

图 19-3　在 instruct 和 trial 程序之间插入新的程序

注：视觉搜索任务的 Flow 面板，在进行修改后，其中包含了眼动追踪。实验开始时，添加 tracker_setup 程序，以连接和校准眼动仪。在 instruct 和 trial 程序之间插入新的程序，将其命名为 fixation。确保在每次循环重复时，只有当参与者能稳定地注视着屏幕中心的目标时，试次才开始。

既然已启动了眼动数据流，那么现在我们需要开始检测有效注视是否出现。注视有两个关键的特征——稳定的位置及最短持续时间。将最短持续时间设置为 300ms，或在代码中设置为 0.3（因为 PsychoPy 用秒计时）。如果检测结果满足上述两个特征，我们就可以相信参与者的眼睛正在注视着刺激，而不是在短暂的眼跳过程中偶然扫过了该刺激。我们将稳定位置的阈值定义为以被注视的刺激为圆心半径为 30 像素的圆。阈值不是任意选择的，它最合适的值取决于很多因素，可能是技术上的（例如，眼动仪的信号变化）或心理上的（参与者的注视稳定性会受到眼球震颤、方波急跳、疲劳引起的视觉漂移等因素的影响）。正因为如此，你可能会期待阈值能随实验部分的不同而有所变化，而不是将其硬编码到实验中。此外，你可能还希望以视角度为单位对其进行设置，因为在通常情况下与其他单位（例如，像素）相比，视角度对于眼动研究者来说更有意义。

为了获取当前注视位置（用 *x* 和 *y* 坐标表示）以及参与者眼睛与屏幕中心的距离，我们需要使用毕达哥拉斯定理（Pythagorean Theorem）来进行计算。如果你忘记了高中所学的几何知识，请参阅附录 A。

第一步，获取当前注视位置。请记住，ioHub 正以眼动仪的采样率接收眼动位置的数据，因此我们只需要在每次屏幕刷新时请求得到当前值即可。

```
# ask ioHub for the current gaze coordinates
gaze_pos = eye_tracker.getPosition()
```

如果 ioHub 获取了一个有效的眼动位置值，它应该以 Python 列表或元组对象的形式出现，即 (x,y) 坐标。如果 ioHub 不能获取来自眼动仪的有效值，它会返回单个值（类似于 Python 中的 None 对象，或代表错误编码的一个数字）。因此，在进行下述操作前，我们需要检查 ioHub 是否已经获取了一个列表或元组对象。

```
# check that we got a pair of gaze coordinates:
if type(gaze_pos) in [list, tuple]:

    # we did, so split the list into individual x and y values:
    gaze_x, gaze_y = gaze_pos

    # compute the distance of the gaze position from the
    # centre, using good old Pythagoras (taking the square
    # root of the sum of the two squared coordinates):
    distance_from_centre = sqrt(gaze_x ** 2 + gaze_y ** 2)

    # check the eye is within 30 pixels of the centre:
    if distance_from_centre <= 30:

        if not fixation_started:
            # this is the first sample close enough
            # to the target to qualify:
            fixation_started = True

            # record the time when the fixation began:
            fixation_start_time = t

        # else the fixation is already underway, so
        # check if it has exceeded the duration criterion
        # of 0.3 seconds:
        elif t - fixation_start_time > 0.3:
            # the fixation is complete, so move on to
            # the rest of the trial:
            continueRoutine = False
```

```
else:
    # even if a fixation had started, the eye must
    # have moved away, so start searching again:
    fixation_started = False
```

19.4.5 制作跟随注视的刺激

在某些任务中，我们需要制作跟随注视的刺激（stimulus gaze contingent）。例如，你希望刺激的位置随参与者当前注视位置的变化而持续变化。你可以将其用作注视光标，让它像鼠标指针一样在屏幕上移动，来显示参与者当前正看的位置；它也可以用作掩膜或人造盲点，以遮挡当前注视位置的所有信息。在本实验中，我们不需要创建由注视控制的刺激，但我们仍会教你如何进行操作，因为它非常简单。

我们现在开始制作注视光标，这可以监控 `fixation` 程序的运行情况以及校准的准确性（至少在屏幕中心）。在 `fixation` 程序中，添加另一个圆形刺激（有 99 个顶点的多边形组件），将其设置为比刺激略大 [大小为（0，0），不填充任何颜色，这样它就不会遮挡下面的刺激（即，将其设置为一个空心圆）]。使刺激跟随注视的关键步骤是，将刺激的位置设置为当前注视的坐标。在 Position 字段中输入 (gaze_x, gaze_y)，并设置为每一帧更新。

这个圆形可以根据参与者眼球实时移动的位置而自行移动。但我们只将它放到 `fixation` 程序中，因为我们不希望它出现在试次的主要部分中，以免干扰参与者。

19.4.6 用眼睛代替鼠标

在原始版本的视觉搜索任务（参阅第 9 章）中，参与者需要在屏幕中寻找目标刺激。一旦找到，便将鼠标指针移动到目标刺激的位置，并通过单击来结束试次。但如果我们正在记录眼动，则不需要使用鼠标来提供次要的和间接的空间反应了，我们可以将注视位置作为所选目标刺激位置的直接指示器，还可以通过它来记录参与者实际搜索目标刺激的过程。

如何确认目标刺激已找到并结束试次呢？用注视数据就可以解决这个问题：例如，设置停留时间（dwell time）阈值，当注视时间超过该阈值时就结束试次。但该方法不是特别适用，因为虽然参与者注视着目标刺激，但这不一定意味着他们辨别出了该目标刺激，这在视觉搜索任务中很普遍，即参与者朝向目标刺激，但又错误地移开目光继续寻找。上述就是眼动追踪领域有名的**米达斯接触**（Midas touch）问题——注视某物并不是要采取某个行动的充分依据。例如，想象一下计算机操作系统的眼动追踪界面，我们不希望将参与者对某一控件的每次注视都解释为参与者想单击该控件。因此，为了确保参与者注视刺激是因为他们想采取某些行动，我们还需要得到参与者的其他反应，例如，眼睛的其他反应方式（如持续地眨眼）或手动反应（类似于按某个键或单击鼠标）。

如果参与者按了某个键，我们只需要检查参与者是否正注视着正确的刺激，就可以避免米达斯接触问题了。

```
# get the current gaze position:
gaze_pos = eye_tracker.getPosition()

# check that it contains a pair of x & y coordinates:
if type(gaze_pos) in [list, tuple]:
    gaze_x, gaze_y = gaze_pos
    have_valid_gaze = True

else: # must be None or an error code:
    have_valid_gaze = False

# avoid the Midas touch by only checking if the target
# is selected if a key is pressed:
keys = event.getKeys()

if keys: # if the list of keys isn't empty..
    # we're hogging the keyboard, so need to manually
    # check for the escape key:
    if 'escape' in keys:
        core.quit()

    # only proceed if we have current gaze coordinates:
    elif have_valid_gaze:

        # if the target is being fixated:
        if target.contains(gaze_x, gaze_y):
            # record RT and end the trial
            thisExp.addData('RT', t)
            continueRoutine = False

        else: # participant is looking somewhere else
            # so give feedback:
            wrong_sound.play()
            # and continue with the trial
```

要检查参与者是否正注视着目标刺激，除了运用毕达哥拉斯定理外，还可以使用如下方法。

```
if target.contains(gaze_x, gaze_y):
```

大多数 PsychoPy 的视觉刺激可以使用 `.contains()` 方法。不过运用该方法或毕达哥拉斯定理都各有利弊。

- `.contains()` 方法考虑了反应是否发生在特定形状刺激的边界内，例如，图像刺激的形状是矩形，而多边形刺激的形状可以是三角形。相反，毕达哥拉斯方法只能检测反应坐标是否在以刺激为圆心、以指定长度为半径的圆内。因此，不管刺激的形状如何，该方法所测的有效检测区域都是圆形。

- 采用毕达哥拉斯方法，我们可以改变半径的阈值，并允许存在一定的误差，例如，眼动仪数据的校准偏差。但如果采用 `.contains()` 方法，那么只要反应坐标不在以刺激为圆心、以指定长度为半径的圆内，即使它离边界只有 1 像素的距离，`.contains()` 方法也将返回 `False`。

对于小型刺激来说（例如，本次视觉搜索任务中使用的形状），毕达哥拉斯方法更加适合，因为你不需要进行绝对完美的校准。但在实际情况中，你应该根据具体需求采用不同的方法。

19.4.7 结束程序

在视觉搜索任务中，一旦找到目标刺激，程序就会结束。我们可以在 End Routine 选项卡中添加下面的一小段代码，它的意思是在参与者找到目标刺激后，停止记录数据（记住，它在每个 `fixation` 程序开始时会重新启动）。

```
if eyetracker:
    eyetracker.setRecordingState(False)
```

19.4.8 结束实验

在大多数 PsychoPy 实验中，我们很少在代码组件的 End Experiment 选项卡中添加代码，因为当实验快结束时，Builder 会自动完成大部分的收尾工作。但在眼动追踪实验中，我们还需要考虑其他问题。首先，我们之前连接了外部设备和软件（眼动追踪系统），因此在实验结束时我们需要断开二者之间的连接，以便下次再使用，同时，也方便它们进行一些相应的内部处理。其次，因为 ioHub 是独立运行的软件，我们最好关闭它，以防它没能自动关闭。

```
# terminate communications with the eye tracker:
if eyetracker:
    eye_tracker.setConnectionState(False)

# tell ioHub to close and tidy up:
io.quit()
```

19.5 通过 ioHub 存储数据

到目前为止，我们已经介绍了如何查看实时眼动数据：首先在试次开始前检查参与者是否注视着中央注视点，然后在试次中检查参与者是否找到了正确的目标刺激。对于许多不以眼动为研究目的的课题来说，上述操作已经能够满足它们的实验需求了，即只用于评估任务的合规性或收集反应。但如果你还需要离线检查和分析眼动数据，就要将数据永久存储在磁盘上。在之前的 YAML 配置文件中添加如下设置，就可以通过 ioHub 存储大量的数据了。

```
# specify data storage options:
data_store:
    enable: True
    experiment_info:
        title: Visual search with eye tracking
    session_info:
        code: SUBJECT01
```

为什么要使用 ioHub 的数据存储，而不使用 PsychoPy 的标准数据输出呢？因为眼动追踪实验会产生高吞吐量的数据（频率大于 1 kHz），而对于 PsychoPy 来说，这很难处理。如果“以瞬时精度呈现刺激”和“存储大量数据”这两项任务同时进行，PsychoPy 的主要任务则会受到影响；而 ioHub 可以将来自多个设备的高吞吐量事件传输到一个统一的数据文件中。因此，PsychoPy 软件的主要部分与 ioHub 是并行且异步执行的，它们分别执行各自擅长的任务，而我们则只需要充分利用两者的功能。

19.5.1　HDF5 文件

PsychoPy 主要使用简单的 .csv 数据文件格式，其中每一列代表一个变量，每一行包含一个试次中这些变量的值。此格式不适用于存储原始眼动数据，因为 .csv 文件中的每个单元格仅包含一个值（例如，反应时）。然而，即使几秒的眼动追踪也能够产生成千上万个值，例如，眼球观测位置的坐标。因此，为了有效存储眼动数据和其他变量，我们需要使用更加灵活的文件格式。

ioHub 则使用 HDF5 文件，这是一种复杂的数据存储格式，可以用一种有效的方式处理大型、多维度的科学数据集。HDF5 不是表格文本文件，而是一种数据库格式，可以包含不同维度的多个表格。例如，每一行都包含一个试次的数据，与 PsychoPy 的标准数据输出同样有效。但 HDF5 还可以包含一些单独的表格，表格中每一行都记录一个眼动仪样本的数据（有成千上万行）。各种数据表格还可以相互联系，因为它们使用是一致的时间戳。例如，你可以将自己的事件信息发送给 ioHub，如试次开始和结束的时间，正因为数据都基于同一个时间戳，所以这些信息会进入各自的表格，并与其他设备的数据流相匹配，以便查看当这些事件发生时与其相对的鼠标、键盘或眼动仪事件的发生时间。

因为数据格式分层，所以后续内容也可以被添加到同一个文件中。我们只需要为每个会话（session）提供独特的受试者识别码（Subject Identification Code，SIC，即常说的被试编号）即可。相比之下，PsychoPy 为每个会话都生成新的 .csv 数据文件，所以在分析阶段我们必须整理所有数据。

解决方案：查看 HDF5 文件的内容

通常，分析存储在 HDF5 文件中的数据需要编写一些代码。HDF5 文件是一种层次数据库文件；与 .csv 文件不同的是，无法用一般的电子表格软件打开 HDF5 文件。但我们可以通过一个免费程序（HDFView）来打开并探索 HDF5 文件的结构，并以更简单的表格格式输出数据，甚至还可以粗略地绘制一些时间序列数据图。HDF Group 是维护 HDFS 格式的组织，你可以上网搜索一下它并下载免费的 HDFView 软件（见图 19-4）。

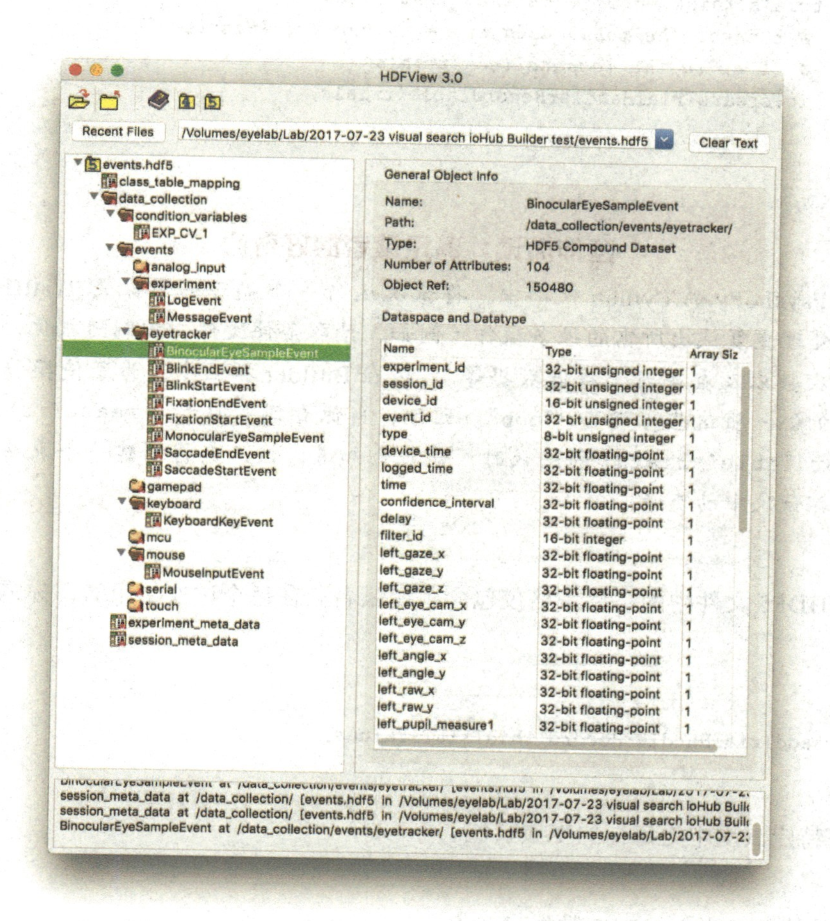

图 19-4　由 ioHub 生成的 HDF5 文件，用 HDFView 软件打开它

注：与 PsychoPy 的标准 .csv 文件（单一表格输出）不同，HDF5 文件有层级结构，包含很多相关表格。这里，主要的眼动表格用绿色标注，右边的面板显示了其中包含的变量。这种表格可以包含数百万个数据点，而其他表格则非常简单。例如，experiment_meta_data 表格仅包括一行与实验相关的信息，如标题和说明。不同的事件表格中，每一行都标有同一个时间戳，因此，按键、鼠标移动和自定义信息都可以暂时与眼动数据流相连。

19.5.2　将条件文件嵌入 HDF5 数据库中

即使你使用 ioHub 的 HDF5 数据存储方式，Builder 也会保存一份 .csv 数据文件（除非你在 Experiment Settings 对话框中另有设置）。但是，将一些重要信息嵌入 HDF5 文件中对我们的研究很有用，我们可以通过将 ioHub 连接到实验程序的循环来实现这一点。此外，循环本身也与外部的条件文件相连，因此我们需要将 ioHub 与循环相连，这样它才能在其数据存储中生成一个包含条件文件中变量的表格。

```
# only do this once:
if trials.thisN == 0: # on the first trial,
    # connect the ioHub data store to our TrialHandler
    # (i.e. to the loop called 'trials'):
    io.createTrialHandlerRecordTable(trials)
```

延伸阅读：满足读者的好奇心

在 PsychoPy 的 Python 代码中，将试次运行一个循环的对象是 TrialHandler，它负责处理重复试次所需的很多操作（例如，读取条件文件，控制随机化，记录剩下的试次数以及在磁盘上存储数据等）。但在 Builder 界面中，为了使操作更加简单，我们统一将这些标记为“loop”。因此，当你看到类似于 `.createTrialHandlerRecordTable(trials)` 的函数时，你就会知道，该函数将创建一个表格，用于记录循环试次中的变量。

现在，HDF5 文件中的条件表格仅包含了变量名。在每个试次结束时，你需要调用如下函数。

```
io.addTrialHandlerRecord(thisTrial.values)
```

它会在特定试次中为每行的变量赋值。

19.5.3　将其他信息嵌入 HDF5 数据存储中

我们也可以将自定义信息嵌入 ioHub 数据存储中，例如，嵌入那些没有在条件文件中预先指定的信息。举个例子，如果你想指出某些事件发生的时间，你可以将连续的眼动数据流划分成相应的阶段。在 `fixation` 程序开始时，添加如下代码即可。

```
io.sendMessageEvent('fixationtask_start')
```

同样，在 trial 程序开始时，也可以添加如下代码。这样，我们就能了解眼动在什么时候开始记录实际搜索任务的数据（而不是之前的注视阶段）。

```
io.sendMessageEvent('trial_start')
```

19.6 将图像刺激保存到磁盘中

在进行视觉搜索任务时我们需要使用动态刺激，也就是说，在每个试次中都需要绘制多边形刺激，并将它们随机散布在屏幕上，而不是只呈现磁盘中的一些静态图像文件。对于眼动追踪实验的分析来说，这可能会产生一些问题。因为我们经常想将注视数据叠加在参与者正在观察的信息上，所以如果每个试次结束时信息都消失的话，那么问题就会变得很棘手。幸运的是，PsychoPy 有两个重要的函数：一个叫作 getMovieFrame()，它可以获取当前屏幕呈现的内容并将其保存到存储器中；另一个叫作 {saveMovieFrames()}，它可以将那些信息保存到磁盘中的一个文件里。

让我们找到 trial 程序中的代码组件，并在 End Routine 选项卡中添加如下代码。这样，在每个试次结束时，屏幕呈现的内容都可以保存到磁盘中且文件名唯一。因为实验中的刺激是随机生成的，所以我们需要确保每个文件的名称都包含参与者的详细信息和试次编号，只有这样，之后图像才可以与数据匹配。

```
# get the subject ID and the current trial number:
subject = expInfo['participant']
trial_num = trials.thisN

# insert that info into a filename:
image_file = 'subject_{}_trial_{}.png'.format(subject, trial_num)

# get the image displayed on the screen:
win.getMovieFrame()

# save it to disk, in .png format:
win.saveMovieFrames('stimuli/' + image_file, codec='png')

# add it to the data for this trial:
thisExp.addData('image_file', image_file)

# and store it in the HDF file:
io.addTrialHandlerRecord(thisTrial.values())
```

注意，HDF5 文件仅用于存储与循环相关的变量（如果它们在条件文件中已指定）。因此，为了存储 image_file 变量，请确保条件文件中有一列是具有该标签的，且条件文件中的这一列应为空，因为只有在实验过程中，我们才能知道哪个图像名与哪个试次相关联。

如图 19-5 所示，每个试次中所呈现的动态刺激都将以位图图像的形式进行保存。在眼动分析阶段，通过显示完成任务所需的注视点空间序列，该图像可以用于覆盖该试次相应的眼动数据。

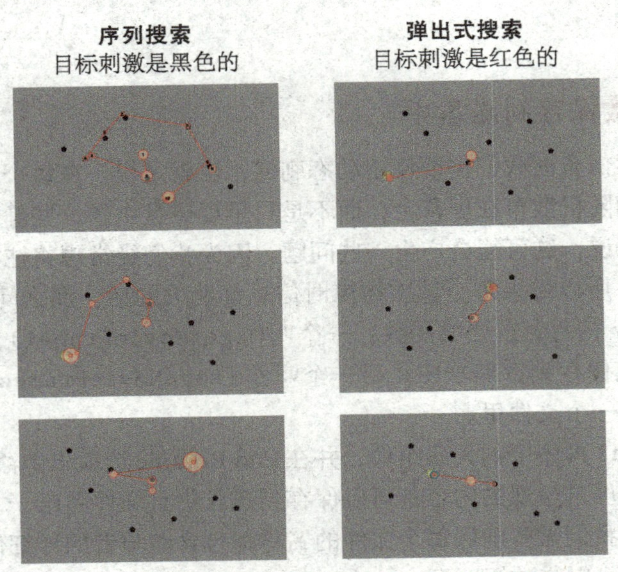

图 19-5 视觉搜索任务中，个别试次的扫描路径

注：试次结束时，PsychoPy 会保存背景图像，用于覆盖相应的注视数据。如果六边形目标刺激是黑色的，3 个试次的数据见左边一列。为了在相似的黑色五边形干扰刺激中定位目标刺激，参与者需要花费较多的时间在屏幕上进行连续搜索。右边一列中，六边形目标刺激是红色的，它在黑色干扰刺激中十分突出，在这种情况下，参与者找到目标刺激所需的注视序列更短。

PsychoPy——刺激生成器

除了可以用来记录实验中呈现的内容外，`win.saveMovieFrames()` 还有其他许多用途。例如，我们可以不用 PsychoPy 来运行实验，而只用它来生成实际实验使用的位图刺激。又比如，有时文本刺激在不同计算机上会呈现不同结果：给定的字体可能丢失或被其他字体替换，即使是相同的字体，在不同的操作系统中呈现的结果也可能不同。而对于眼动追踪研究来说，如果想让刺激在不同计算机中的像素完全相同，可以通过生成静态位图图像（static bitmap image）来实现。也就是说，可以使用 Builder 界面中的任何组件在 PsychoPy 中正常地创建刺激，最后可以将整个屏幕另存为位图文件。另外，在实验过程中，通过呈现整张图像，所有的视觉刺激组件都可以被单个图像组件替代，这将极大地简化实验的编写与运行。

另存为位图文件的另一个原因是你创建的刺激可能过于复杂，而要想创建动态刺激就必然会带来时间问题。例如，你可能需要创建一个由数百个刺激组件分层构成的刺激，而将整个窗口另存为位图文件，则可以减少打开和呈现单个位图（呈现刺激）的时间。

解决方案：成为做报告的专家

许多人的幻灯片十分无聊且满屏充斥着要点和文字。通常情况下，解释动态任务的最好方法就是进行动态展示，而不是进行口头描述或使用静态图表。通过 PsychoPy，可以保存图像，创建动画，即收集一系列输出的位图，然后使用软件将它们拼接成电影文件或 GIF 动画。

甚至连一些学术期刊都开始鼓励人们提交动画刺激。可以将动画刺激添加到文章在线版本的方法部分中，或添加到图像摘要（graphical abstracts）中以吸引读者。

此外，通过动画展示任务可以让你的个人网站变得更加生动有趣，同时，你还可以将其分享到某些网站上。在社交网站上展现一些有意思的动画，还可以使你获得更多的关注者。

19.7　结论

你已经读完了本书中最复杂的一章了，太棒了！虽然我们已经尽可能减少其他章中的代码，但在本章中，我们不可避免地介绍了很多代码。希望你现在已经了解 Builder 界面及其组件的作用——Builder 界面的背后隐藏了很多复杂的过程和代码，从而使你可以更关注实验的设计。然而，就目前而言，在 Builder 界面中进行眼动追踪实验仍需要我们使用一些 Python 代码。但在完成一些令人兴奋的实验的过程中，这些代码确实可以为我们提供许多全新且强大的功能。

附录 A 数学知识

你可能还能记住一些在学校学过的数学基础知识。但是，如果你想让事物或刺激以有趣的方式移动或改变，那么你曾学过的那些简单的几何函数都会对你很有帮助。

A.1 正弦和余弦

还记得 cos(θ) 和 sin(θ) 吗？若想通过一个角度计算三角形的高度和边长，就需要用到这两个函数。事实上，它们还有另一个巧妙的用途——在 –1~+1 生成平滑变化的波。为什么说它们有用呢？如果我们想让某物前后移动（或进行其他有规律的运动），那么使用 sin(θ) 和 cos(θ) 通常是最简单的方法。

我们可以认为 sin(θ) 和 cos(θ) 函数是用来定义圆的。想象一个半径为 1（任何大小都可以）的圆，假设 θ 是一个点围绕圆旋转的角度。按照惯例，θ 从 0° 开始，位于圆的右边（即 3 点整的位置）。θ 的值随着这个点以逆时针方向围绕圆旋转而增加（如果你是工程师，可以用弧度作为单位）。

正弦和余弦如何与 θ 相关呢？在上述假设中，sin(θ) 表示点距离圆心的垂直距离，cos(θ) 表示点距离圆心的水平距离（见图 A-1）。垂直距离最初是 0，但随着这个点旋转到圆的最高点（12 点整的位置），sin(θ) 的值最大，即 sin(θ) 达到最大值 1，之后则开始减少。当这个点旋转了半个圆时（9 点整的位置或 180°），垂直距离又一次变为 0；当这个点到达圆的最低点时（6 点整的位置或 270°），垂直距离为 –1。因此，sin(θ) 是一个从 0 开始的波，在 –1~+1 平滑地变化（见图 A-2）。cos(θ) 也是如此，只是水平距离从最大值开始，即当 θ=0° 时（点在圆最右边的位置）取最大值，之后水平距离逐渐减少，当点到达圆的最高点时，水平距离为 0。因此，我们可以创建一个在屏幕上以圆形轨迹运动的刺激。将刺激的位置设置为 `$(sin(t),cos(t))`，刺激就会按照圆的轨迹移动，具体轨迹取决于设置的单位。由于屏幕的高宽比大多不是 1:1，因此使用归一化单位会产生椭圆轨迹。不过，可以将刺激的单位设置为 height，这样圆形轨迹会更标准。

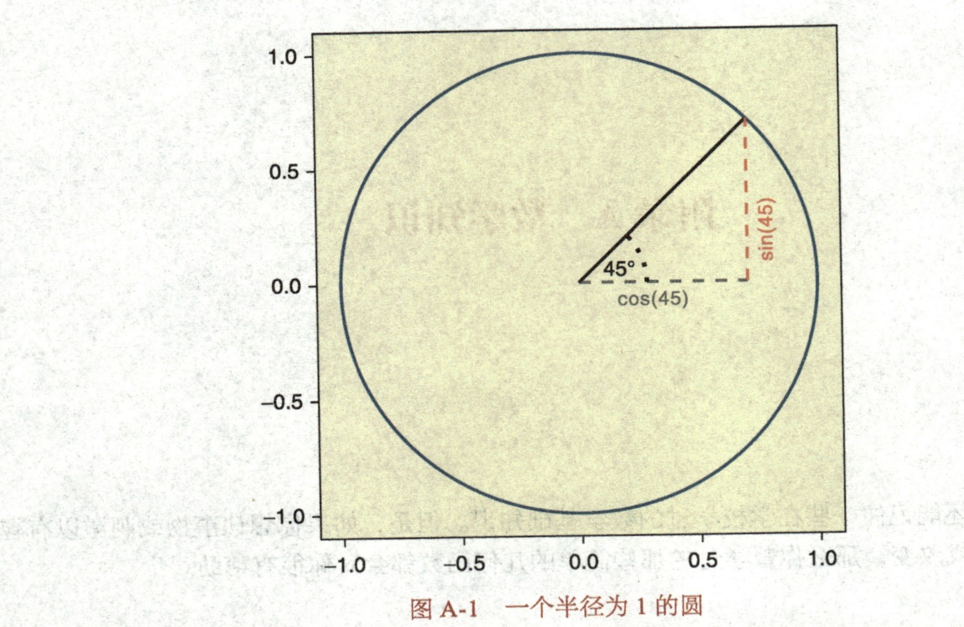

图 A-1 一个半径为 1 的圆

注：圆上任意一点的位置都可由该点与开始位置（3 点整的位置）之间的角度定义（图中为 45°）。随着这个点在圆上旋转，正弦和余弦函数的值表示它与圆心之间的垂直距离和水平距离。

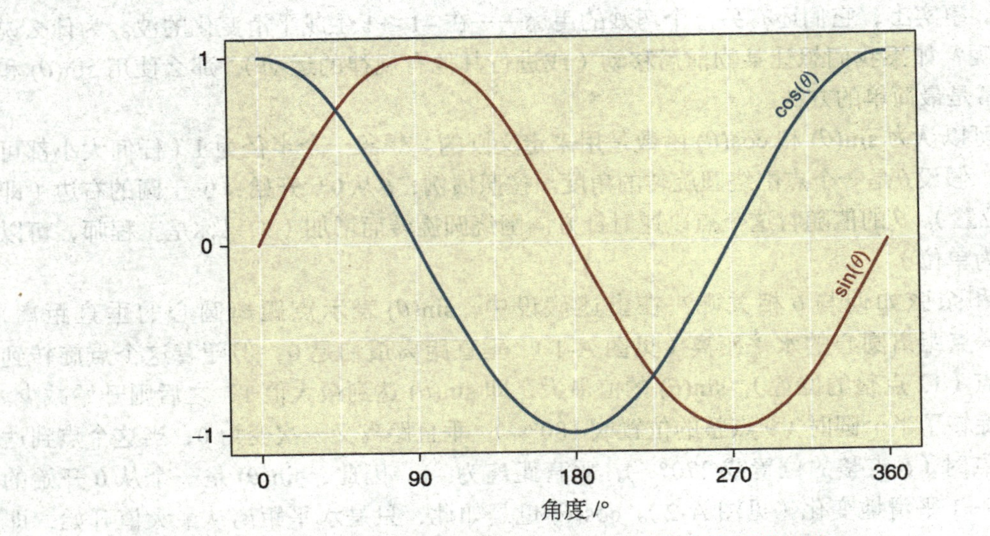

图 A-2 绕单位圆旋转一周，正弦和余弦函数的值

注：例如，在 0°（3 点整的位置）时，半径所在直线完全水平，其水平分量（余弦）为 1，而垂直分量（正弦）为 0。在 45° 时，半径所在直线介于完全水平与完全垂直之间，两个分量相等，因此，正弦和余弦函数的曲线相交（值大约为 0.707）。

解决方案

大多编程语言以弧度为单位来处理角度问题，但大多数普遍人更喜欢使用度。

一个圆中，2π 弧度 $=360°$ 。通过乘以 π 再除以 180，可以将角度值从度转换为弧度。为了方便起见，Builder 界面从 numpy 库引入了一对函数——deg2rad() 和 rad2deg()。此外，Builder界面中还引入了一个变量，叫作pi（即圆周率），因此，你完全没有必要通过手动输入数值来炫耀你能背出圆周率小数点后多少位的数字。

A.2 重新调节和改变开始点

可以通过乘以或除以某个值，来增加或减少任何变量的值，也可以通过加减来改变其初始值。如果我们想扩大一个圆（刺激的单位可能为像素，因此圆的半径为 200 像素，而不是 1 像素），我们需要将其位置设置为 `$(sin(t)*200,cos(t)*200)`。另外，如果想改变变量的初始值（在本案例中，即改变圆心），我们需要加或减某个值。如果在 x 值上加 100，在 y 值上减 100，即 `$(sin(t)*200+100,cos(t)*200-100)`，最后我们会在屏幕的右下角（第四象限）中得到一个圆。

请注意，计算机以特定的顺序进行数学运算。你可能还记得学校老师为了教会你正确的运算顺序而用的单词“BODMAS”（Brackets, Orders or powers, Division, Multiplication, Addition, Subtraction）（括号，阶乘或幂，除法，乘法，加法，减法）。其关键在于乘除运算总在加减运算之前进行，而书写顺序与运算顺序无关。因此，$-4+5t$ 与 $5t-4$ 得到的结果相同，因为括号里的乘以 5 总是在减去 4 之前进行运算。如果你需要在乘除之前进行加法运算，就需要添加括号，例如，$(-4+2)\times 5=-2\times 5=-10$，而 $-4+2\times 5=+6$，因为括号里乘法运算首先进行。可以进入 PsychoPy 中的 Shell 面板（切换到 Coder 界面，并查看 Shell 面板的底部），试着输入一些包含和不包含括号的表达式，然后看看它们的结果。

A.3 毕达哥拉斯定理

根据毕达哥拉斯定理[①]，直角三角形的斜边长度（即最长的那条边，通常用 c 表示）与另外两条直角边（a 和 b）的长度满足以下关系。

$$a^2+b^2=c^2$$

即

$$c=\sqrt{a^2+b^2}$$

这个公式对于计算两个物体之间的距离非常有用。例如，如果我们想知道鼠标指针的当前位置与屏幕中心的距离，我们就可以使用毕达哥拉斯定理来进行计算。如果你在程序中有

① 毕达哥拉斯定理即常说的勾股定理。——译者注

一个鼠标对象（假设将它命名为 `mouse`），通过代码 `x,y=mouse.getPos()`，你可以随时获取该对象的位置。x 和 y 值表示鼠标对象相对于屏幕中心的位置，其单位与屏幕的单位相同（在 Builder 界面的 Preferences 对话框中设置）。因此，鼠标对象与屏幕中心的距离就可以通过公式 `sqrt(x**2+y**2)` 计算。注意，在 Python 语法中，`**` 代表将后面的值作为指数，所以 `sqrt(x**2+y**2)` 即为 $\sqrt{x^2+y^2}$。

如果要计算两个物体之间的距离，而不是它们与屏幕中心的距离，需要先将两个物体的位置坐标对应相减，即 X 与 x 和 Y 与 y 值相减，然后再进行计算。可以通过 `x,y=mouse.getPos()` 和 `stimX,stimY=stim.getPos()` 两个函数来获得两个物体的位置坐标，然后再计算两个物体之间的距离，代码如下。

```
dist = sqrt((stimX-x)**2 + (stimY-y)**2)
```

即

$$\text{dist} = \sqrt{(\text{stim}X - x)^2 + (\text{stim}Y - y)^2}$$

生活中有更多简单的数学公式可以帮助你节约时间，让你的生活变得更加有趣，去找到它们，甚至拥抱它们吧[①]！

① 虽然有的人觉得数学很令人头疼，一旦提起数学就是一副“我是拒绝的”的表情。但在 PsychoPy 中，使用一些数学公式将会大大减轻你的工作量，并优化你的实验。另外，相对于高数来说，这些公式实在是太简单了，它们都是中学所学的知识，你只需要稍加复习即可。——译者注

附录 B　部分练习的参考答案

除了这里的参考答案之外，还可以从 sagepub 网站的在线资料中找到所有相关练习的代码。

练习 2.1 的部分参考答案

（a）要改变屏幕的颜色，进入 Experiment Settings 对话框，选择 Screen 选项卡，就可以找到关于颜色的设置。通过 RGB 格式可以改变 PsychoPy 中的颜色，但也可以输入颜色名称，或右击并从 Color System 对话框中选择新的颜色。

练习 2.2 的参考答案

要改变出现的单词，你需要修改条件文件。如果你想让两个条件文件都可用，则需要将它们重命名为 `conditions_en.xlsx` 和 `condition_fr.xlsx`，之后就可以创建不同版本的实验。在第 8 章，你可以了解到更多关于如何控制它们的信息，但那是一个更高级的话题。

练习 2.3 的参考答案

正确完成该练习十分简单。与练习 2.2 相同，你只需要改变条件文件，使 `corr_ans` 的值为 `word`，而不是 `word_color`。但之后你可能会新建 `trial` 程序或进行其他更加复杂的操作。在学习本书的过程中，你需要提升自己的一个地方就是，思考如何用简单的方法完成实验。

练习 2.4 的参考答案

如果你还没有查看 Builder 界面中的演示文件，请注意，当你第一次使用演示文件时，你需要将它们解压到你选择的文件夹中，以便将自己的副本保留在该应用程序之外。要进行此操作，请从菜单栏中选择 Demos → Unpack。

在 Stroop 实验的扩展版演示文件中，`feedback` 程序使用了一些 Python 代码来创建一些文本（在一个名为 msg 的变量中），而变量 msg 之后用于文本组件中并呈现在屏幕上。请查看对话框中的代码，这是非常基础的 Python 语句，如 if...else...。

练习 3.1 的参考答案

可以为此新建一个程序，但新建的程序与你刚才为 Stroop 任务创建的 instructions 程序十分相似。因此，将 Stroop 任务中的 instructions 程序复制并粘贴到此处，改变一下文本组件的内容，就可以用于本实验了。而对于 thanks 程序，则不需要做任何编辑工作。

一旦你在菜单栏的 Experiment 菜单中找到 Copy Routine 和 Paste Routine 后，任务将变得非常简单了。但你需要在 PsychoPy 的同一个实例（instance）中打开两个实验以完成粘贴步骤。如果在 Windows 系统中分别双击两个实验，它们则会在 PsychoPy 的两个不同实例中打开。因此，你需要到 PsychoPy 中打开新的窗口（用 Ctrl-N 快捷键），并在该窗口中打开另一个实验。这样就可以在同一个 PsychoPy 实例中打开两个实验，而且两个实验之间还可以进行交互。

练习 3.2 的参考答案

在正式开始前，你需要为练习试次新建条件文件，其中，列数应与正式实验所用的条件文件相同，但行数需要比正式实验所用的条件文件少，使用的刺激图像应与正式实验中不同，这样可以避免提前曝光刺激。

练习 4.1 的参考答案

你需要获取一些眼睛（朝向左侧或右侧）的图像文件。如第 3 章所述，可以将这个图像文件用作刺激。同时，为了控制眼睛朝向左侧或右侧，可以使用两个不同的图像文件（在你喜欢的图像编辑器中，翻转图像并保存副本），并在条件文件中引用相应的图像文件（eyesLeft.jpg 或 eyesRight.jpg）。在某些试次中，还可以通过将刺激的宽度设置为负值，使 PsychoPy 自动完成图像翻转的任务。因为在宽度或高度为负值时，刺激将分别沿 x 轴或 y 轴翻转。

除此之外，请确保眼睛注视目标刺激和未注视目标刺激的试次数相同，因为我们希望眼睛的注视不受其他信息影响，从而来判断它是否会本能地和自动地影响参与者的行为。

练习 4.2 的参考答案

Posner 和他的同事们研究了线索和刺激（刺激起始异步性，SOA）之间在不同的时间间隔条件下的注意线索效应，并发现了一些有趣的特性。其中一个惊奇的现象是：当线索不提供刺激的位置信息时，根据不同的 SOA，我们可以测量到线索的正效应或负效应（加速、减速或反应时）。当 SOA 很短暂且线索无效时（如 100ms），如果刺激出现在线索指向的位置时，参与者的反应速度更快；当 SOA 变长时（如 300ms），可能会出现相反的效应，即当刺激出现在之前线索指向的位置时，参与者的反应更慢。这种现象叫作返回抑制（inhibition of return），抑制会阻止注意力再次关注刚才的位置，导致参与者的反应时变长。

对于参与者来说，运行含有多个时间进程的线索化实验来得到返回抑制效应会花费他们很多时间。但你会发现，和空间线索化任务一样，其实创建含有有效和无效线索的实验其实也非常有趣。现在你可以在条件中添加多种 SOA 了。

练习 5.1 的参考答案

注意，不透明度是从 0（完全透明，不可见）到 1（完全不透明，完全可见）的参数。可以用两种方式逐渐显示图像。第一种是逐渐增加图像的不透明度。例如，将图像的不透明度设置为 `$t/5`，图像会在 5s 内逐渐可见。第二种是在不透明度逐渐降低的掩膜后创建刺激，从而逐渐显示刺激（将掩膜的不透明度设置为 `$1-t/5`，掩膜会在 5s 内逐渐消失）。但无论使用哪种方法，当使用表达式设置不透明度时，都需要选择 set every frame。

练习 5.2 的参考答案

制作一对简单的眼球需要 4 个对象——两个眼白和两个瞳孔。将它们放置在注视点的两侧，让瞳孔以正弦曲线的模式左右移动。为了完成任务，你可以不断缩放运动的振幅（用乘法）以及平移运动的中心（用加法或减法）。一些小技巧如下。

- 不要使用归一化单位，用单位 norm 来绘制圆形的瞳孔会非常困难。使用 height、pix 或 cm 作为单位则更佳。
- 先绘制眼睛的白色椭圆部分，再绘制瞳孔，即在 Routine 面板中，将瞳孔组件放置在眼白组件的下方。
- 完成所有设置后，先绘制一只眼睛。完成后，右击组件，复制并粘贴（粘贴组件在 Builder 界面的菜单栏的 Experiment 菜单中，或直接用 Ctrl–Alt–V 快捷键）。这样，第二只眼睛的所有设置也完成了，剩下的就是改变位置了。

练习 6.1 的参考答案

在代码组件的 Begin Routine 选项卡的末尾处（更新 `nCorr` 值后），添加如下代码就可以完成这项工作了（可以参阅第 6 章中追踪参与者的表现的方式）。

```
if nCorr >= 4:
    practice.finished = True
```

在下一个循环开始时，名为 `practice` 的循环终止，但这并不会导致当前程序终止。因此，参与者仍然可以在其他试次中得到反馈。该代码也不会终止循环之后紧接着的其他程序，只有在下一次试图进入循环时才会影响实验。

练习 6.2 的参考答案

使用代码组件 trackProgress，创建变量 msg，将 msg 与文本组件一起使用，且文本组件将根据 msg 的值进行更新。如果你知道总试次数且试次数不变，你只需要对总试次数进行硬编码，代码如下。

```
msg = "{}/30".format(trials.thisN)
```

但我们不推荐使用该方法。因为你可能改变了实验，却忘记了更新试次数。参与者本应该完成 30 个试次，实际上却完成了 38 个试次，他们一定会感到非常恼火。更好的方法是插入如下代码。

```
msg = "{}/{}".format(trials.thisN, trials.nTotal)
```

练习 7.1 的参考答案

这个练习非常简单，至少你可以自己着手开始——使用 Bing 搜索引擎。因为使用 PsychoPy 的人很多，也有很多人在 Bing 上问相关问题，Bing 可以告诉你哪些内容是有用的。

用 Bing 搜索一下“PsychoPy rating scale”（PsychoPy 评定量表），你可以直接在线进入正确的文档页面。在 Bing 的前两条搜索结果中，一个引导你进入 Builder 评定量表组件的文档中，另一个引导你进入 Python 库下的评定量表文档。如果你需要编程，而不使用 Builder 界面，你只能使用后者。实际上，我们更希望你使用后者，因为使用 Customize everything 选项可以直接打开代码编辑页面。不过不必担心，如果你打开了 Builder 界面中的 Components 面板，向下滚动，找到 Customize everything 的入口，你也可以进入相应页面。

现在，在编程文档页面的顶部，你可以看到如下代码（自动换行可能会略有不同）。

```
class psychopy.visual.RatingScale(
    win, scale='<default>', choices=None,
    low=1, high=7, precision=1, labels=(),
    tickMarks=None, tickHeight=1.0,
    marker='triangle', markerStart=None, markerColor=None,
    markerExpansion=1, singleClick=False, disappear=False,
    textSize=1.0, textColor='LightGray', textFont='Helvetica Bold',
    showValue=True, showAccept=True, acceptKeys='return',
    acceptPreText='key, click', acceptText='accept?', acceptSize=1.0,
```

```
leftKeys='left', rightKeys='right', respKeys=(),
lineColor='White', skipKeys='tab', mouseOnly=False,
noMouse=False, size=1.0, stretch=1.0, pos=None,
minTime=0.4, maxTime=0.0, flipVert=False, depth=0,
name=None, autoLog=True, **kwargs)
```

针对每一项的解释都在同一界面的下方，但你可能仍然不知道如何在 Customize everything 选项中使用这些内容。基本上，可以插入上述任意项，并用逗号隔开，而没有指定的项会恢复为默认值。例如，如果你想要评定分数精确到小数点后一位（即，用 1.1 或 2.7 这样的评定分数），你可以编写 `precision=10`，然后保持其他设置不变，运行程序后你会发现量表的每两个刻度（Tick）标签之间都会有 10 个选项值。或者可以插入 `high=5,precision=10,noMouse=True`，得到 5 点量表，评定分数精确到小数点后一位，且参与者只能按向左或向右的方向键以做出反应，而不能使用鼠标。[①]

为了让文本更清晰，可以在逗号之后换行。

```
low=1, high=7,
precision=10, labels=("Hate it", "Love it")
```

但下面这种情况可能会导致语法错误（syntax error）。

```
low=1, high=7,
precision=10, labels
=("Hate it", "Love it")
```

练习 7.2 的参考答案

乍一看，插入多个评定量表似乎很简单。你需要插入一个文本刺激，它由循环中的 `word` 变量和两个评定量表组成（我们仅以两个量表举例），同时你需要将刺激和两个量表移动到屏幕上可见的位置。至此，这个练习已经部分完成，但为了让它运行得更加顺畅，还需要对一些设置进行更改。

（1）默认情况下，参与者在 PsychoPy 正式实验中可以多次选择评定量表的分数，选择完毕后单击 Accept 按钮确认。但如果你需要完成多个评定，这可能就会很麻烦。因此，在设置量表属性的对话框中，选择 Advanced 选项卡，取消勾选 Show accept 复选框，勾选 Single click 复选框，避免参与者因多次单击而误单击了 Accept 按钮。

（2）当其中一个评定完成后，试次就会结束，因为在设置中 Force end of Routine 复选

① 我们仅仅列举了几个属性和函数的功能，至于其余的代码，你可以自行探索。——译者注

框被默认勾选了。所以，你需要在两个评定量表的设置中都取消勾选该复选框。

（3）不过，我们目前没有设置任何结束试次的事件。所以我们将添加键盘组件，在勾选 Force end of Routine 复选框的情况下，使用空格键结束试次。这样，参与者在对评定量表的每一项做出反应后，可以按下空格键进入下一项。

（4）在实验中，参与者可能不知道应该如何操作。因此，可以在屏幕的上方添加文本组件，呈现指导语，例如，Click on the ratings and press space key to move on。

完成这些设置后，实验的运行应该会更加顺畅。以另一种方法可以完成这个练习。可以依次呈现评定量表，每个量表都有自己的程序。可以将文本放到每个 Routine 面板的上方，把相关的评定项放到下方。通过这种方式设置的评定量表看上去更加自然，但你在设计时无法同时看到所有的评定，如果你不在意这个，就无妨。有时你不得不决定是否要对实验设计进行微调，也许它和你原本想象的不同，但这样可能更容易操作。

练习 8.1 的参考答案

具体步骤如下。

（1）创建呈现图像的程序，并确保创建的是单一程序，在这里我们并不需要关心它的图像是房屋还是人脸（请使用类似于 `filename` 的变量名）。

（2）创建两个条件文件，并指定人脸图像的文件名和房屋图像的文件名（如 `faceTrials.xlsx` 和 `houseTrials.xlsx`）。

（3）创建外层循环以控制每个区组中的部循环所使用的条件文件（`faceTrials.xlsx` 或 `houseTrials.xlsx`），并将其指定为条件文件（命名为 `blocks.xlsx`）中的一个变量。

为了分别获取 3 个区组，可以通过以下 3 个方法创建 `blocks.xlsx`。

- 文件为 6 行，将外层循环的 loopType 设置为 random（随机）且只重复一次。
- 文件为两行，将外层循环的 loopType 设置为 fullRandom（完全随机）且重复 3 次。效果与之前的解决方案完全相同。
- 文件为两行，将外层循环的 loopType 设置为 random（随机）且重复 3 次。这种情况与上面略有不同，因为区组的随机化相比之下会受到更多的限制。

练习 8.2 的参考答案

首先，为外部区组创建两个条件文件——`groupA.xlsx` 为房屋图像的条件文件，`groupB.xlsx` 为人脸图像的条件文件，并确保将外层循环的 loopType 设置为 sequential，而不是 random。

然后，在 Experiment Settings 中的 Experiment info 中添加 group 变量，并在外层循环的条件文件中输入 `$"group{}.xlsx".format(expInfo['group'])`。

现在，不同组的条件文件将由上述对话框中的代码选择，而每个区组的条件文件都由这个组的条件文件决定。

练习 9.1 的参考答案

我们之前讲过一个例子——当鼠标指针悬停在刺激上时，如何使用鼠标将刺激放大。这道练习的答案与那个例子的操作十分相似。需要在代码组件的 **Each Frame** 选项卡中插入一些代码。假设你有两个图像刺激，分别命名为 `image_1` 和 `image_2`，并且有一个名为 `mouse` 的鼠标组件。具体代码如下。

```
# check if the mouse pointer coordinates lie
# within the boundaries of each of the stimuli:
if image_1.contains(mouse):
    image_1.contrast = 0.5 # decrease its contrast
else:
    image_1.contrast = 1 # reset it to normal
if image_2.contains(mouse):
    image_2.contrast = -1 # totally invert it
else:
    image_2.contrast = 1 # reset it to normal
```

练习 9.2 的参考答案

单击并拖动刺激实际上非常简单。通过鼠标的 `isPressedIn()` 函数我们可以知道，当前鼠标按钮已被按下且鼠标指针在刺激范围之内。因此，我们只需要将刺激的位置设置为当前鼠标指针的位置。因为每次屏幕刷新时，鼠标的位置都会被更新，这样一来，参与者就可以在屏幕上实时且平滑地拖动刺激了。具体代码如下。

```
if mouse.isPressedIn(image_1):
    image_1.pos = mouse.pos
```

参考文献

Anstis, S. M., & Cavanagh, P. (1983). A minimum motion technique for judging equiluminance. In L. T. Mollon & J. D. Sharpe (Eds.), *Colour vision* (pp. 156–166). London: Academic Press.

Carpenter, R. H. S. (1988). *Movements of the eyes*. London: Pion Limited.

Dahl, C. D., Logothetis, N. K., Bülthoff, H. H., & Wallraven, C. (2010). The thatcher illusion in humans and monkeys. *Proceedings of the Royal Society B: Biological Sciences*, *277*(1696), 2973–2981.

Derrington, A. M., Krauskopf, J., & Lennie, P. (1984). Chromatic mechanisms in lateral geniculate nucleus of macaque. *The Journal of Physiology*, *357*(1), 241–265.

Elwood, R. W. (1995). The California verbal learning test: Psychometric characteristics and clinical application. *Neuropsychology Review*, *5*(3), 173–201.

Frischen, A., Bayliss, A. P., & Tipper, S. P. (2007). Gaze cueing of attention: Visual attention, social cognition, and individual differences. *Psychological Bulletin*, *133*(4), 694–724.

García-Pérez, M. A. (2001). Yes-no staircases with fixed step sizes: Psycometric properties and optimal setup. *Optometry and Vision Science*, *78*(1), 56–64.

Johnson, J. A. (2014). Measuring thirty facets of the Five Factor Model with a 120-item public domain inventory: Development of the IPIP-NEO-120. *Journal of Research in Personality*, *51*, 78–89.

Ledgeway, T., & Smith, A. T. (1994). Evidence for separate motion-detecting mechanisms for first- and second-order motion in human vision. *Vision Research*, *34*(20), 2727–2740.

Lejuez, C. W., Richards, J. B., Read, J. P., Kahler, C. W., Ramsey, S. E., Stuart, G. L., Strong, D. R., & Brown, R. A. (2002). Evaluation of a behavioral measure of risk taking: The balloon analogue risk task (BART). *Journal of Experimental Psychology: Applied*, *8*(2), 75–84.

MacLeod, C. M. (1991). Half a century of research on the Stroop effect: An integrative review. *Psychological Bulletin*, *109*(2), 163–203.

MacLeod, D. I., & Boynton, R. M. (1979). Chromaticity diagram showing cone excitation by stimuli of equal luminance. *Journal of the Optical Society of America, 69*(8), 1183–1186.

Mike, B. A., White, D., & McNeill, A. (2010). The glasgow face matching test. *Behavior Research Methods, 42*(1), 286–291.

Nobre, A. C., Sebestyen, G. N., Gitelman, D. R., Mesulam, M. M., Frackowiak, R. S. J., & Frith, C. D. (1997). Functional localization of the system for visuospatial attention using positron emission tomography. *Brain, 120*(3), 515–533.

Peirce, J. W. (2007). PsychoPy-Psychophysics software in Python. *Journal of Neuroscience Methods, 162*(1–2), 8–13.

Posner, M. I. (1980). Orienting of attention. *The Quarterly Journal of Experimental Psychology, 32*(1), 3–25.

Preston, M. S., & Lambert, W. E. (1969). Interlingual interference in a bilingual version of the stroop color-word task. *Journal of Verbal Learning and Verbal Behavior, 8*(2), 295–301.

Scase, M. O., Braddick, O. J., & Raymond, J. E. (1996). What is noise for the motion system? *Vision Research, 36*(16), 2579–2586.

Stroop, J. R. (1935). Studies of interference in serial verbal reactions. *Journal of Experimental Psychology, 18*(6), 643–662.

Thompson, P. (2009). Margaret thatcher: A new illusion. *Perception, 38*(6), 483–484.

Ulrich, R., & Giray, M. (1989). Time resolution of clocks: Effects on reaction time measurement—Good news for bad clocks. *British Journal of Mathematical and Statistical Psychology, 42*(1), 1–12.

Watson, A. B., & Pelli, D. G. (1983). QUEST: A Bayesian adaptive psychometric method. *Perception & Psychophysics, 33*(2), 113–120.